高职高专规划教材

建筑给水排水工程施工图识读

许 洁 主编

中国建筑工业出版社

图书在版编目（CIP）数据

建筑给水排水工程施工图识读/许洁主编. —北京：中国
建筑工业出版社，2015.2（2022.9重印）
（高职高专规划教材）
ISBN 978-7-112-17747-9

Ⅰ.①建… Ⅱ.①许… Ⅲ.①建筑-给水工程-工程施工-建
筑制图-识别-高等职业教育-教材②建筑-排水工程-工程施工-
建筑制图-识别-高等职业教育-教材 Ⅳ.①TU82

中国版本图书馆 CIP 数据核字（2015）第 027142 号

本书是一门实践性很强的教材，以实际工程施工图为例，介绍了
建筑给水排水施工图的识读方法。本书共分 8 章，主要包括建筑给水
排水工程基本知识、建筑给水排水工程制图与识图的基本知识、建筑
给水排水工程总平面图的识读、建筑给水工程施工图的识读、建筑排
水工程施工图的识读、消火栓给水系统施工图的识读、建筑给水排水
工程详图的识读、建筑给水排水工程实例施工图的识读。

本书可作为高职高专给水排水工程技术、工程造价等专业以及大
中专院校相关专业的教材，也可供从事给水排水工程施工、监理以及
相关工程技术人员参考使用。

责任编辑：朱首明 李 阳
责任设计：张 虹
责任校对：李美娜 关 健

高职高专规划教材
建筑给水排水工程施工图识读
许 洁 主编
*
中国建筑工业出版社出版、发行（北京西郊百万庄）
各地新华书店、建筑书店经销
北京红光制版公司制版
北京圣夫亚美印刷有限公司印刷
*
开本：787×1092毫米 横 1/8 印张：17½ 字数：445 千字
2015 年 3 月第一版 2022 年 9 月第三次印刷
定价：35.00 元
ISBN 978-7-112-17747-9
（27031）

前　言

建筑给水排水工程施工图表达了建筑给水排水工程设计的主要内容和技术要求，是建筑给水排水工程施工的主要依据。快速、准确地识读施工图是施工技术人员、监理人员和即将从事工程建设的有关人员必备的基本技能，是高职院校学生必须加以重点培养的实践技能。

本教材以能力培养为主线，恰当地融合理论知识与实践技能训练，重点培养学生扎实的施工图识读能力。本书的主要特点是注重实用性，采用了三套工程实例施工图，图纸完整、系统性强，内容丰富，插图真实直观，叙述简练、通俗易懂。

本书由甘肃建筑职业技术学院许洁任主编，魏钢、张冰、王磊参编。本书第 2 章、第 4 章、第 5 章、第 6 章、第 7 章由许洁编著，第 1 章、第 3 章由张冰编著，第 8 章由魏钢、王磊编著，全书由许洁负责统编，环境与市政工程系主任王荣主审。

在编写本教材的过程中，编者参阅了大量的文献资料，引用了同类书刊中的部分内容，同时得到了中国华西工程设计建设有限公司、甘肃建筑职业技术学院主管教学副院长、教授级高工李社生的帮助和支持，在此表示衷心的感谢！

由于编著者水平有限，对于书中不妥之处，敬请广大读者予以指正。

目　录

第1章　建筑给水排水工程基本知识

1.1　建筑给水工程基本知识

建筑给水工程亦称室内给水工程，它的主要任务是根据用户用水量、水质和水压的要求，将水由城镇给水管网或自备水源给水管网引入室内，经配水管网送至生活、生产和消防用水设备的冷水供应系统中。

1.1.1　给水系统的分类

按其用途不同，给水系统基本上可以分为以下三类：

1. 生活给水系统

供给人们饮用、烹调、盥洗、淋浴、冲洗卫生洁具等生活用水的给水系统，称为生活给水系统。除水压、水量应满足需要外，水质必须严格符合国家规定的生活饮用水水质标准。

2. 生产给水系统

供给生产设备冷却、原料洗涤、加工，以及各类产品制造过程中所需的生产用水的给水系统，统称为生产给水系统。由于生产种类、生产工艺各异，对水量、水压、水质及安全方面的要求不同，因而生产给水系统种类很多。

3. 消防给水系统

为扑灭建筑物所发生的火灾，供给建筑物内各类消防设备灭火用水的给水系统，称为消防给水系统。消防给水系统必须按照建筑防火规范的要求，保证有足够的水量和水压，但对水质无特殊要求。

以上三种基本给水系统，在实际中可以单独设置，也可以设置两种或三种合并的给水系统。如生活和生产共用的给水系统；生活和消防共用的给水系统；生产和消防共用的给水系统；生活、生产和消防共用的给水系统。有时为了强调供水用途的特定性和系统功能的差异，将上述三类基本给水系统再细分为饮用水给水系统、纯水给水系统、杂用水给水系统（中水工程）、消火栓给水系统、自动喷水灭火系统和循环使用的生产给水系统等。

1.1.2　给水系统的组成

建筑给水系统一般由水源、引入管、水表节点、管道系统、给水附件、增压和贮水设备、给水局部处理设施和消防设备等组成。

1. 引入管

引入管是室外给水接户管与建筑物内部给水管道间的连接管。当用户为一幢单独建筑物时，引入管也称进户管；当用户为住宅小区、工厂、学校等建筑群体时，引入管指总进水管。

2. 水表节点

安装在引入管上的水表及其前后设置的阀门、泄水装置等总称为水表节点。阀门用来关闭管网，以便检修或拆换水表；泄水装置主要是用来放空管网、检测水表精度及测定进户点压力值；设置管道过滤器的目的是过滤管道内的杂质，保护水表，保证水表计量精度；水表用以计量建筑物总用水量。在某些公共建筑物内，在需要计量水量的某些部位和设备的前部也要安装水表，住宅建筑物内每户均要安装分户水表。

水表节点分为有旁通管和无旁通管两种。对于不允许断水的用户一般采用有旁通管的水表节点，对于那些允许在短时间内停水的用户，可以采用无旁通管的水表节点。为了保证水表前水流平稳，计量准确，螺翼式水表前应有长度为8～10倍水表公称直径的直线管段。其他类型水表的前后，则应有不小于300mm的直线管段。

水表节点一般设在水表井中。温暖地区的水表节点一般设在室外，寒冷地区的水表节点宜设在建筑物内部大厅或其他不被冻结的地方。

3. 管道系统

管道系统是建筑物内部管道的总称，包括水平或垂直干管、立管、横支管等。

4. 给水附件

给水附件是指管路上的各类阀门及各式配水龙头、仪表等，按用途可以分为控制附件和配水附件两类。

控制附件包括闸阀、止回阀、截止阀、减压阀等各式阀门，用于调节水量、水压，控制水流方向，以及关断水流，便于管道、仪表和设备检修。配水附件即配水龙头，俗称水嘴、水栓，用于向卫生洁具或其他用水设备配水。

5. 增压和贮水设备

当室外给水管网中的水压、水量不能满足用户用水要求时，或者用户对水压稳定性、供水安全性有要求时，需设置各种附属设备，如水泵、水箱、水池和气压水罐等增压和贮水设备，以保证室内给水管网水压的要求。当某些部位水压太高时，需设置减压设备，如减压水箱。

6. 室内消防系统

建筑物应按照现行国家标准《建筑设计防火规范》GB 50016的规定进行设置。需要设置消防系统时，一般首先考虑消火栓灭火系统，主要设备有消火栓、水枪和水龙带。当消防上有特殊要求时，还应安装自动喷水灭火系统，包括喷头、控制阀等。

7. 给水局部处理设施

当有些建筑对给水水质要求很高，超出我国现行生活饮用水水质标准时，如某些特殊行业对水质有特殊要求时，需要设置一些设备、构筑物等进行给水深度处理。

1.1.3 给水方式

给水方式是指建筑内部给水系统的供水方案。影响供水方案的决定因素是市政给水管网与用户对水质、水量和水压的要求之间的关系。因此首先要估算出室内供水压力，调查室外管道供水压力，再按照二者之间的关系，初步确定供水方案。

1. 建筑内部给水方式选择的原则

建筑内部给水方式的选择应按以下原则进行：

1）在满足用户要求的前提下，应力求给水系统简单，管道长度短，以降低工程费用和运行管理费用。

2）应充分利用室外给水管网的水压直接供水，当室外给水管网的水压（或水量）不足时，应根据卫生安全、经济节能的原则选用贮水调节和加压供水方案。

3）根据建筑物用途、层数、使用要求、材料设备性能、维护管理、节约供水、能耗等因素综合确定。供水应安全可靠、管理维修方便。

4）不同使用性质或计费的给水系统，应在引入管道后分成各自独立的给水管网。

5）生产给水系统应优先设置循环给水系统或重复利用给水系统，并应充分利用其余压。

6）生产、生活和消防给水系统中的管道、配件和附件所承受的水压，均不得大于产品标准规定的允许工作压力。

7）卫生器具给水配件承受的最大工作压力不得大于 0.6MPa；居住建筑入户管道给水压力不应大于 0.35MPa。

8）对于建筑物内部的生活给水系统，当卫生器具给水系统配件处的静水压力超过规定时，宜采用减压限流措施。

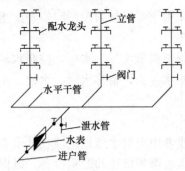

图 1-1 直接给水方式

2. 给水方式

1）直接给水方式

当室外管网的水压、水量能经常满足用水要求，建筑内部给水无特殊要求时，采用直接给水方式。该方式将建筑内部给水系统与室外给水管网直接相连，利用室外管网的水压直接供水，建筑物内部只设置给水管道系统，不设置加压及贮水设备，如图 1-1 所示。这种方式供水较可靠，系统简单，投资少，并可以充分利用室外管网的压力，节约能源；但系统内部无贮备水量，当室外管网停水时，室内系统会立即断水。

2）单设水箱给水方式

当一天内室外管网大部分时间内能满足建筑内用水要求，仅在用水高峰时，由于室外管网压力降低而不能保证建筑物上层用水时，采用单设水箱给水方式，如图 1-2 所示。该方式将建筑内部给水系统与室外给水管网连接，并利用室外管网压力供水，同时设高位水箱调节流量和压力。低谷用水时，可利用室外给水管网水压直接供水并向水箱进水，水箱贮备水量；高峰用水时，室外管网水压不足，则由水箱向建筑内给水系统供水。这种方式系统简单，投资少，可以充分利用

室外管网的压力，节省能源；由于屋顶设置水箱，供水可靠性比直接供水方式好。但设置水箱会增加建筑物的结构荷载，并给建筑物的立面处理带来一定的困难。

3）设置水泵和水箱的给水方式

当室外管网中的水压经常或周期性地低于建筑内部给水系统所需压力，建筑内部用水量较大且不均匀时，宜采用设置水泵和水箱的联合给水方式。该方式是用水泵从室外管网或贮水池中抽水加压，并利用高位水箱调节流量，如图 1-3 所示。虽然这种方式设备费用较高，维护管理比较麻烦，但水箱的容积小，水泵的出水量比较稳定，供水可靠。

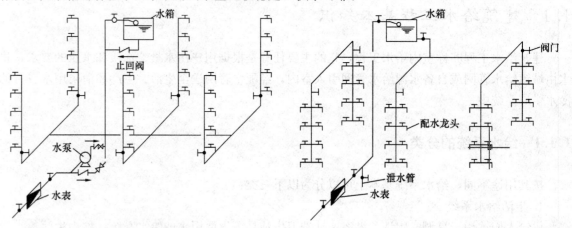

图 1-2 单设水箱给水方式   图 1-3 设置水泵和水箱给水方式

4）设水泵的供水方式

当室外给水压力大部分时间满足不了建筑内部用水需要，且建筑内部用水量较大又较均匀时，则可设置水泵增加压力，这种供水方式常用于工厂的生产用水。对于用水不均匀的建筑物，单设水泵的供水方式一般采用一台或多台水泵的变速运行方式，使水泵供水曲线和用水曲线相接近，并保证水泵在较高的效率下工作，从而达到节能的目的。供水系统越大，节能效果就越显著。图 1-4 为水泵出口恒压的变速运行给水方式，其工作原理为：当给水系统中流量发生变化时，水泵扬程也随之发生变化，压力传感器不断向控制器输入水泵出水管的压力信号，当测得的压力值大于设计给水量对应的压力值时，则控制器向调节器发出降低电流频率的信号，从而使水泵转速降低，水泵出水量减少，水泵出水管压力下降，反之亦然。

5）分区供水的给水方式

在多层建筑物中，当室外给水管网的压力仅能供到下面几层，而不能满足上面几层用水要求时，为了充分有效地利用室外给水管网的压力，常将给水系统分成上下两个供水区，下区由外网压力直接供水，上区采用水泵水箱联

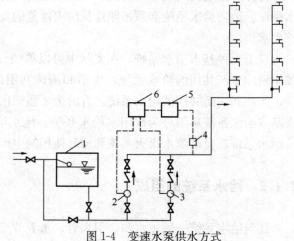

图 1-4 变速水泵供水方式
1—贮水池；2—变速泵；3—恒速泵；4—压力传感器；
5—调节器；6—控制器

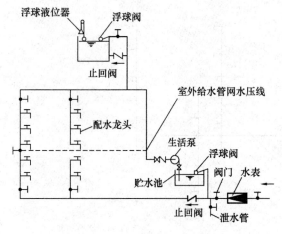

图 1-5 分区给水方式

合供水方式（或其他升压供水方式）供水，如图 1-5 所示。这种方式能充分利用室外给水管网的水压，节省能源，而且消防管道环形供水，提高了消防用水的安全性。但此种方式系统复杂，安装维护较麻烦。上下两区可由一根或两根立管连通，在分区处装设闸阀，从而提高供水的可靠性。在高层建筑中，为了减小静水压力，延长零配件的寿命，给水系统也需采用分区供水。

6）设气压给水设备的供水方式

当室外给水管网水压经常不足，而用水水压允许有一定的波动，又不宜设置高位水箱时，可以采用气压给水设备升压供水，如地震多发区、人防工程或屋顶立面有特殊要求等建筑的给水系统以及小型、简易、临时性给水系统和消防给水系统等。该方式就是用水泵从室外管网或贮水池中抽水加压，利用气压给水罐调节流量和控制水泵运行，如图 1-6 所示。这种方式水质不易受污染、灵活，而且不需设高位水箱。但是，变压式气压给水的水压波动较大，水泵平均效率较低，耗能多，供水安全性也较差。气压给水设备有变压式、恒压式和隔膜式三种类型。现在很少采用气压供水作为独立的供水方式。

7）分质给水方式

根据不同用途所需的不同水质，分别设置独立的给水系统即分质给水方式。饮用水给水系统供饮用、烹饪、盥洗等生活用水，水质符合《生活饮用水卫生标准》GB 5749 的规定。杂用水给水系统水质较差，仅需符合《城市污水再生利用　城市杂用水水质》GB/T 18920 的规定，只能用于建筑内冲洗便器、绿化、洗车、扫除等用水。近年来为了确保水质，有些国家还采用了饮用水与盥洗、沐浴等生活用水分设两个独立管网的分质给水方式，生活用水均先入屋顶水箱，空气隔断后，再经管网供给各用水点，以防回流污染；饮用水则根据需要，深度处理达到直接饮用的要求，再进行输配。

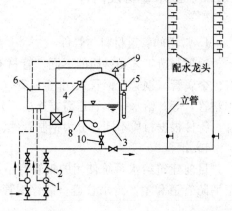

图 1-6　气压给水方式

1—水泵；2—止回阀；3—气压水罐；4—压力信号器；5—液位信号器；6—控制器；7—补气装置；8—排气阀；9—安全阀；10—阀门

1.1.4　高层建筑给水系统

高层建筑是指建筑高度（以室外地面至檐口或屋面面层高度计）超过 24m 的公共建筑、工业建筑或 10 层及以上的住宅（包括首层设置商业服务网点的住宅）。

1. 技术要求

整幢高层建筑若采用同一给水系统供水，则下层管道中的静水压力就会很大。过大的静水压力会缩短管道、附件的使用寿命，并会造成使用不便，水量浪费，同时需要采用耐高压的管材、附件和配水器材，增加费用。因此，高层建筑给水系统必须解决低层管道中静水压力过大的问题。

为克服高层建筑给水系统低层管道中静水压力过大的弊病，保证建筑供水的安全可靠性，高层建筑给水系统应采取竖向分区供水，即在建筑物的垂直方向按层分段，各段为一区，分别组成各自的给水系统。高层建筑给水系统分区范围一般为：住宅、旅馆、医院宜为 0.30～0.35MPa，办公楼宜为 0.35～0.45MPa。

2. 给水方式

1）串联式

各区分设水箱和水泵，低区的水箱兼作上区的水池（图 1-7）。其优点是：无需设置高压水泵和高压管线；水泵可保持在高效区工作，能耗较少；管道布置简单，较省管材。缺点是：供水不够安全，下区设备故障将直接影响上层供水；各区水箱、水泵分散设置，维修、管理不便，且要占用一定的建筑面积；水箱容积较大，将增加结构的负荷和造价。

2）并列式

各区升压设备集中在底层或地下设备层，分别向各区供水，如图 1-8 所示。其优点是：各区供水自成系统，互不影响，供水较安全可靠；各区升压设备集中设置，便于维修、管理。水泵、水箱并列供水系统中，各区水箱容积小，占地少。能源消耗相对比较小。缺点是各区均需设水箱，管材消耗较多，且高区需要高压水泵和耐高压管材。

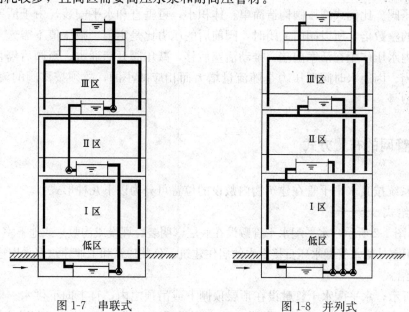

图 1-7　串联式　　　　图 1-8　并列式

3）减压式

如图 1-9 所示，建筑物的全部用水量由设置在底部的水泵加压，提升至屋顶总水箱，再由此水箱依次向下区供水，并通过各区水箱或减压阀减压。此种方式的优点是：水泵数量少，占地少，且集中设置便于维修、管理；管线布置简单，投资省。缺点是：各区用水均需提升至屋顶水箱，不但水箱容积大，而且对建筑结构和抗震不利，同时也增加了电耗；供水不够安全，水泵或屋顶水箱输水管、出水管的局部故障都将影响各区供水。采用减压阀供水方式，可省去减压水箱，进一步缩小了占地面积，可使建筑面积充分发挥经济效益，同时也可避免由于管理不善等原因可能引起的水箱二次污染现象，但下区供水压力损失较大，水泵能源消耗较大。

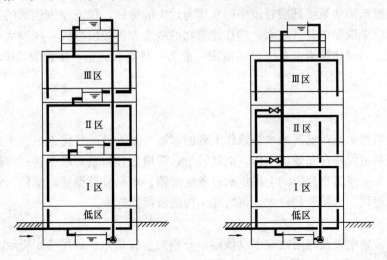

图 1-9　减压式

减压阀有可调式和比例式之分，一般设计时生活给水系统采用可调式减压阀；消防给水系统采用比例式减压阀。比例式减压阀构造简单、体积小，可垂直和水平安装，由于活塞后端受水面为前端受水面的整数倍，所以阀门关闭时，阀前后的压力比是定值，减压值不需人工调节。当阀后用水时，管内水压作用在活塞前端，推动活塞后移，减压阀开启通水，至阀后停止用水，活塞前移，阀门关闭。因通水时阀后压力是随流量增大而相应减小的，故须按该阀的流量-压力曲线选用其规格、型号。

1.1.5　给水管网的布置方式

各种给水系统按其水平干管在建筑物内敷设的位置可分为以下几种形式：

1. 下行上给式

如图 1-1、图 1-2 所示，水平配水干管敷设在底层（明装、埋设或沟敷）或地下室顶棚下，自下而上供水。利用室外给水管网水压直接供水的居住建筑、公共建筑和工业建筑多采用这种方式。

2. 上行下给式

如图 1-3 所示，水平配水干管敷设在顶层顶棚下或吊顶之内，自上向下供水。对于非冰冻地区，水平干管可敷设在屋顶上；对于高层建筑也可敷设在技术夹层内。一般设有高位水箱的居住、公共建筑或下行布置有困难时多采用此种方式。其缺点是配水干管可能因漏水或结露损坏吊顶和墙面，寒冷地区干管还需保温，以免结冻。

3. 中分式

如图 1-10 所示，水平干管敷设在中间技术层内或某中间层吊顶内，向上下两个方向供水。一般层顶用作露天茶座、舞厅或设有中间技术层的高层建筑多采用这种方式。其缺点是需设技术层或增加某中间层的层高。

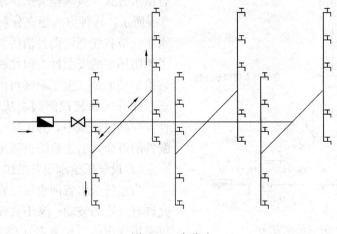

图 1-10　中分式

1.1.6　给水管材及附件

1. 常用的管道材料与管件

根据制造工艺和材质的不同，管材有很多品种。按材质分为黑色金属管（钢管、铸铁管）、有色金属管（铜管、铝管）、非金属管（混凝土管、钢筋混凝土管、塑料管）和复合管（钢塑管、铝塑管）等。给水排水管道需要连接、分支、转弯、变径时，对不同管道就要采取不同材质的管件。管件根据材质不同，分为钢制管件、铸铁管件、铜制管件和塑料管件等。

1）钢管

目前建筑给水系统使用的钢管有不镀锌钢管和镀锌钢管（热浸）两种。不镀锌钢管主要用于消防管道和生产给水管道。镀锌钢管主要用于管径小于等于 150mm 的消防管道和生产给水管道。

钢管具有强度高、接口方便，承受内压力大，内表面光滑，水力条件好等优点。但抗腐蚀性差，造价较高。

不镀锌钢管的连接方法有焊接和法兰连接，镀锌钢管连接方法有螺纹连接和法兰连接。

（1）焊接只能用于非镀锌钢管，因为镀锌钢管焊接时锌层遭到破坏，会加速锈蚀，焊接多用于暗装管道。焊接后的管道接头紧密、不漏水，施工迅速，不需要配件，但无法像螺纹连接那样方便拆卸。

（2）法兰连接一般用于直径较大（50mm 以上）的管道与阀门、水泵、止回阀、水表等的连接。连接前先将法兰焊接或用螺纹连接在管端，再用螺栓连接起来。

（3）螺纹连接是利用各种管件将管道连接在一起。常用的管件有管箍、三通、四通、弯头、活接头、补芯、对丝、根母、丝堵等。

2）塑料管

建筑生活给水常用的塑料管材主要有硬聚氯乙烯管（UPVC）、聚丙烯管（PP-R）、交联聚乙烯管（PEX）、氯化聚氯乙烯管（PVC-C）、聚乙烯管（PE）、聚丁烯管（PB）等。塑料管材耐腐蚀，不受酸、碱、盐和油类等介质的侵蚀，质轻而坚，管壁光滑、水力性能好，容易切割，加工安装方便，并可制成各种颜色。但强度低，耐久、耐热性能（PP-R、PEX 管除外）较差。一般用于输送温度在 45℃ 以下的建筑物内外的给水。

塑料管可以采用热熔对接、承插粘接、法兰连接等方法连接。

3）给水铸铁管

给水铸铁管一般用于埋地管道，有低压管、普压管和高压管三种，工作压力分别为不大于 0.45MPa、0.75MPa 和 1MPa。当管内压力不超过 0.75MPa 时，宜采用普压给水铸铁管；超过 0.75MPa 时，应采用高压给水铸铁管。铸铁管具有耐腐蚀、接装方便、寿命长、价格低等优点，但性脆、重量大、长度小。铸铁管一般应做水泥砂浆衬里。管道宜采用橡胶圈柔性接口。

4）铝塑复合管

铝塑复合管的内外塑料层采用的是交联聚乙烯，主要用于生活冷、热水管，工作温度可达 90℃。铝塑复合管具有一定的柔性、保温、耐腐蚀、不渗透、气密性好、内壁光滑、质量轻、安装方便。铝塑复合管宜采用卡套式连接。当使用塑料密封套时，水温不超过 60℃。当使用铝制密封套时，水温不超过 100℃。

5）铜管

铜管可以有效地防止水质被污染，且光亮美观、豪华气派，目前其连接配件、阀门等也配套产出，根据我国几十年的使用情况，验证其效果优良，只是由于管材价格较高，现多用于宾馆等较高级的建筑之中。铜管具有耐热、延展性好、承压能力强、化学性质稳定、线性膨胀系数小等优点。

6）陶土管

陶土管又称缸瓦管，有涂釉和不涂釉两种。陶土管表面光滑、耐酸碱腐蚀，是良好的排水管材，但切割困难、强度低，运输安装过程耗损大，室内埋设覆土深度要求在 0.6m 以上，在荷载和振动不大的地方，可作为室外的排水管材。

7）石棉水泥管

石棉水泥管重量轻、不易腐蚀、表面光滑、容易割锯钻孔，但性脆、强度低、抗冲击力差、容易破损，多作为屋面通气管、外排水雨水水落管之用。

2. 给水附件

1）配水附件

配水附件是指安装在卫生器具及用水点的各式水龙头，是使用最为频繁的管道附件。

（1）球形阀式配水龙头：一般安装在洗涤盆、污水盆、盥洗槽卫生器具上，直径有 15mm、20mm、25mm 三种。

（2）旋塞式配水龙头：一般是铜制的，多安装在浴池、洗衣房、开水间的热水管道上。

（3）普通洗脸盆水龙头：安装在洗涤盆上，单供冷水或热水。

（4）单手柄浴盆水龙头：可以安装在各种浴盆上。

（5）装有节水消声装置的单手柄洗脸盆水龙头：这种水龙头既能节水，又能减小噪声。

（6）利用光电控制启闭的自动水龙头：这种水龙头能够利用光电原理自动控制水龙头的启闭，不仅使用方便，而且可以避免自来水的浪费。

2）控制附件

控制附件就是各种阀门。常用的有截止阀、闸阀、止回阀、浮球阀及安全阀等。

（1）截止阀：只能用来关闭水流，但不能作调节流量用。截止阀关闭严密，但水流阻力较大，一般安装在管径小于或等于 50mm 的管道上。安装时注意方向，应使水低进高出，防止装反。

（2）闸阀：用来开启和关闭管道中的水流，也可以用来调节流量。闸阀阻力较小，但水中杂质沉积阀座时，阀板关闭不严，易产生漏水现象。一般安装在管径大于或等于 70mm 的管道上。

（3）蝶阀：用于调节和关断水流，这种阀门体积小，启闭方便。

（4）止回阀：用于阻止水流的反向流动，常用的有以下几种形式：旋启式止回阀，水平安装和垂直安装均可，但因启闭迅速，易引起水锤，不宜在压力较大的管道上采用；升降式止回阀，只能水平安装，水流阻力较大，宜用于小口径的管道上；消声止回阀，可消除阀门关闭时的水锤冲击和噪声；梭式止回阀，是一种新型止回阀，不仅水流阻力小，且密封性能好。

（5）浮球阀：是一种能够自动打开自动关闭的阀门，一般安装在水箱或水池的进水管上控制水位。当水位达到设计水位时，浮球阀自动关闭进水管；当水位下降时，浮球阀自动打开，继续进水。浮球阀所用的浮球较大，阀芯也易卡住引起控制失灵。液压水位控制阀是浮球阀的升级换代产品，其作用同浮球阀，克服了浮球阀阀芯易卡住引起溢水等弊病。

（6）安全阀：主要用于防止管网或密闭用水设备压力过高，一般有弹簧式和杠杆式两种。

3）水表

水表是一种计量用户用水量的仪表，建筑给水系统广泛采用流速式水表。流速式水表是根据直径一定时流量与流速成正比的原理来计量水量的。水流通过水表时冲动翼轮旋转，并通过翼轮轴带动齿轮盘，记录流过的水量。

流速式水表可分为旋翼式、螺翼式、复式和正逆流水表四种类型，采用较多的是旋翼式、螺翼式。

螺翼式水表的翼轮轴与水流方向平行，水流阻力较小，多为大口径水表，适用于测大流量；旋翼式水表的翼轮轴与水流方向垂直，水流阻力较大，多为小口径水表，适用于小流量的测量；复式水表由主表及副表组成，用水量小时仅由副表计量，用水量大时，则由主表和副表同时计量，适用于用水量变化幅度大的用户；正逆流水表可计量管内正、逆两向流量之总和，主要用于计量海水的正逆方向流量。

水表按计数器的工作现状分为干式和湿式两种。湿式水表的传动机构和计量盘浸没在水中，而干式水表的传动机构和计量盘用金属盘与水隔开。湿式水表构造简单，计量准确，密封性能好，但如果水质浊度高，将降低水表精度，产生磨损而缩短水表寿命。湿式水表适用于水温不超过 40℃ 的洁净水。干式水表适用水温不超过 100℃ 的洁净水。

按读数机构的位置水表可分为现场指示型、远传型和远传现场组合型。现场指示型：计数器读数机构不分离，与水表为一体；远传型：计数器示值远离水表安装现场，分无线和有线两种；远传、现场组合型：即可在现场读取示值，在远离现场处也能读取示值。

一般情况下，公称直径小于或等于 50mm 时，应采用旋翼式水表；公称直径大于 50mm 时，应采用螺翼式水表。在干式和湿式水表中应优先采用干式水表。

1.1.7 给水管道的布置与敷设

给水管道布置与敷设应根据建筑物的性质、使用要求以及用水设备的位置等因素来确定，一般应符合以下基本要求：

①满足最佳水力条件；

②满足维修及美观要求；

③保证生产及使用安全；

④保证管道不受破坏。

1. 管道布置

为满足以上基本要求，室内给水管道的布置应尽量满足以下原则：

1）确保供水安全并力求经济合理：管道尽可能沿墙、梁、柱直线敷设。管路力求简短，以减少工程量，降低造价。干管应布置在用水量大或不允许间断供水的配水点附近。

不允许间断供水的建筑，应从室外环状管网不同管段，设2条或2条以上引入管，在室内将管道连成环状或贯通状双向供水。若不可能时，应采取设置高位水箱或增加第二水源等保证安全供水的措施。若必须同侧引入时，两条引入管的间距不得小于15m，并在两条引入管之间的室外给水管上装阀门。

2）保护管道不受损坏：给水埋地管道应避免布置在可能受重物压坏之处。管道不得穿越生产设备基础，也不宜穿过伸缩缝、沉降缝。管道不允许布置在烟道、风道、电梯井和排水沟内；不允许穿过变、配电室；不允许穿大、小便槽；当立管位于小便槽端部小于或等于0.5m时，在小便槽端部应有建筑隔断措施。

3）不影响生产和建筑物的使用：给水管道不得布置在遇水会损坏设备和引发事故的房间；不得布置在遇水能引起爆炸、燃烧或损坏的原料、产品和设备上面，并避免在生产设备的上方通过。

4）便于安装维修：布置管道时其周围要有一定的空间，给水管道与其他管道和建筑结构之间应留有一定操作距离。需进入检修的管道井，其通道不宜小于0.6m。管道井每层都应设检修设施，每两层应有横向隔断。检修门宜开向走廊。给水管道与其他管道和建筑结构的最小净距应满足安装操作需要，且不宜小于0.3m。

2. 管道敷设

给水管道的敷设有明装、暗装两种形式。

1）明装给水管道尽量沿墙、梁、柱平行敷设。明装管道造价低，安装、维修管理方便，但管道表面容易积灰、结露等，影响环境卫生，影响房间美观。一般民用建筑和生产车间，或建筑标准不高的公共建筑等，如普通民用住宅、办公楼、教学楼等可采用明装。

2）暗装给水横干管除直接埋地外，宜敷设在地下室、顶棚或管沟内，立管可敷设在管井中。管道采用暗装方式，卫生条件好、房间美观，但是造价高，施工要求高，一旦发生问题，维修管理不便。暗装适用于卫生及美观要求比较高的宾馆、高层建筑，或由于生产工艺对室内洁净无尘要求比较高的情况，如电子元件车间、特殊药品、食品生产车间等。

无论管道是明装还是暗装，应避免管道穿越梁、柱，更不能在梁或柱上凿孔。

1.2 建筑消防给水工程基本知识

1.2.1 建筑消防系统分类

建筑消防系统根据使用灭火剂的种类和灭火方式可分为下列3种灭火系统：

1）消火栓给水系统；

2）自动喷水灭火系统；

3）其他使用非水灭火剂的固定灭火系统，如二氧化碳灭火系统、干粉灭火系统、卤代烷灭火系统等。

1.2.2 室内消火栓给水系统

建筑内部消火栓给水系统是把室外给水系统提供的水量输送到用于扑灭建筑内火灾而设置的灭火设施，是建筑物中最基本的灭火设施。

1. 消火栓给水系统的组成

建筑内部消火栓给水系统一般由水枪、水带、消火栓、消防水池、消防管道、水源等组成，必要时还需设置水泵、水箱和水泵接合器等。水枪、水带、消火栓等设于有玻璃门的消防箱中。

2. 消火栓给水系统的给水方式

根据建筑物的高度，室外给水管网的水压和流量，以及室内消防管道对水压和水量的要求，室内消火栓给水系统一般有下面几种给水方式：

1）当室外给水管网的压力和流量能满足室内最不利点消火栓的设计水压和水量时，宜采用无加压水泵和水箱的消火栓灭火系统，如图1-11所示。

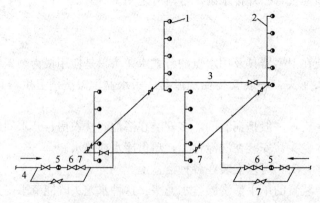

图1-11 无加压水泵和水箱的消火栓灭火系统

1—室内消火栓；2—消防立管；3—消防干管；4—进户管；

5—水表；6—止回阀；7—闸阀

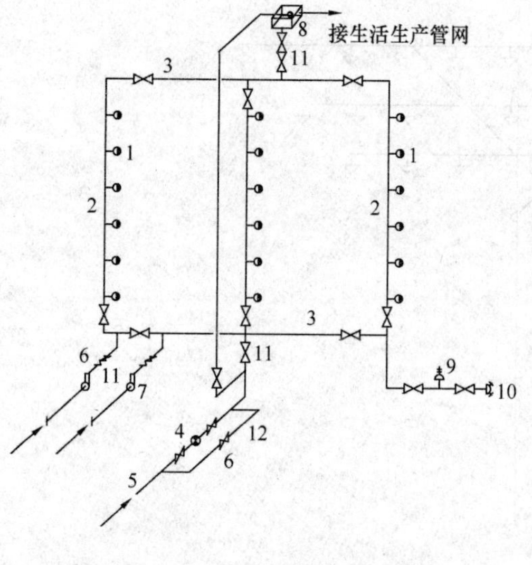

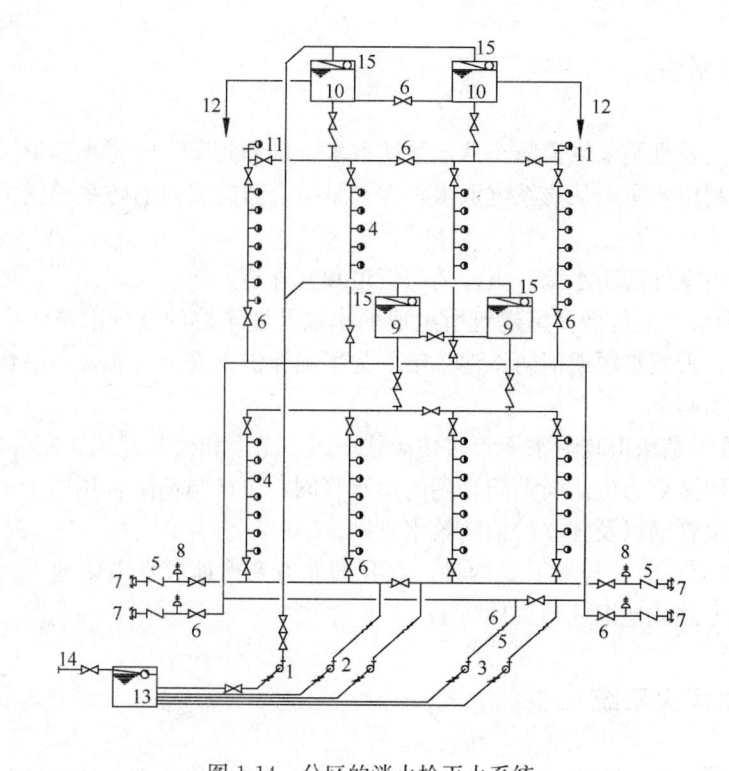

图1-14 分区的消火栓灭火系统

1—生活、生产水泵；2—一区消防水泵；3—二区消防水泵；4—室内消火栓和
远距离启动消防水泵的按钮；5—止回阀；6—闸阀；7—水泵接合器；8—安全
阀；9—一区水箱；10—二区水箱；11—屋顶消火栓；12—至生活、生产给水
管网；13—贮水池；14—进户管；15—浮球阀

2）当室外管网的压力和流量不能经常满足室内消防给水系统需用的水压和流量时，宜采用设有加压水泵和水箱的消火栓灭火系统，如图1-12所示。

3）建筑高度大于24m但不超过50m，室内消火栓栓口处静水压力不超过0.5MPa的工业与民用建筑室内消火栓灭火系统，仍可得到消防车通过水泵接合器向室内管网供水，以加强室内消防给水系统工作，系统可采用不分区的消火栓灭火系统，如图1-13所示。

4）建筑高度超过50m或室内消火栓栓口处静压大于0.8MPa时，消防车已难于协助灭火，室内消防给水系统应具有扑灭建筑物内大火的能力。为了加强供水安全和保证火场供水，宜采用分区的消火栓灭火系统，如图1-14所示。

3. 消火栓的设置

室内消火栓的布置应符合下列规定：

1）除无可燃物的设备层外，设置室内消火栓的建筑物，其各层均应设置消火栓。单元式、塔式住宅的消火栓宜设置在楼梯间的首层和各层楼层

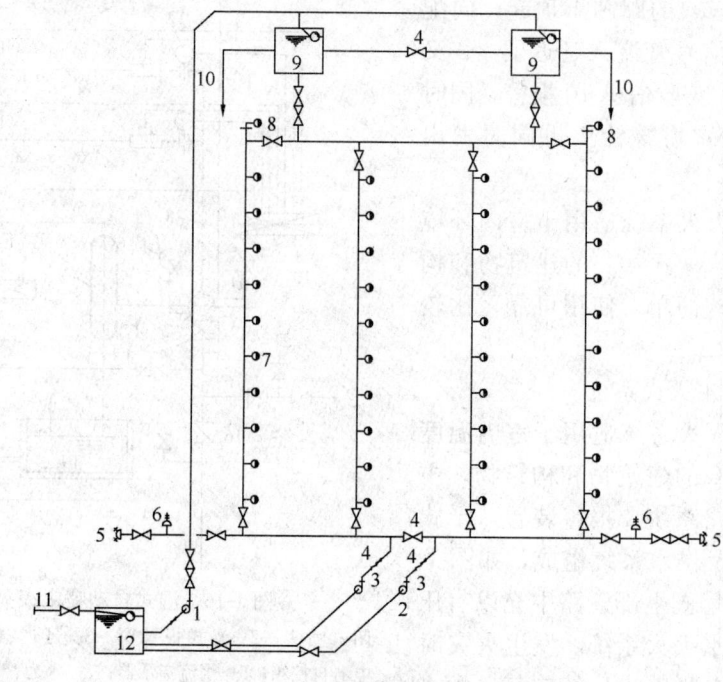

图1-12 设有加压水泵和水箱的消火栓灭火系统

1—室内消火栓；2—消防立管；3—消防干管；4—水表；
5—进户管；6—阀门；7—消防水泵；8—水箱；9—安全
阀；10—水泵接合器；11—止回阀；12—旁通管

图1-13 不分区的消火栓灭火系统

1—生活、生产水泵；2—消防水泵；3—止回阀；4—阀门；5—水泵接合器；6—安全
阀；7—室内消火栓和远距离启动消防水泵的按钮；8—屋顶消火栓；9—水箱；10—
至生活、生产给水管网；11—进户管；12—贮水池

休息平台上，当设两根消防竖管确有困难时，可设一根消防竖管，但必须采用双口双阀型消火栓。干式消火栓竖管应在首层靠出口部位设置，便于消防车供水的快速接口和止回阀的设置。

2）消防电梯间前室内应设置消火栓。

3）室内消火栓应设在明显易于取用的地点。栓口离地面高度为1.1m，其出水方向应向下或与设置消火栓的墙面成90°角。冷库的室内消火栓应设在常温穿堂内或楼梯间内。高层厂房、高架仓库和甲、乙类厂房中室内消火栓的间距不应大于30m；其他单层和多层建筑中室内消火栓的间距不应大于50m。

4）同一建筑物内应采用统一规格的消火栓、水枪和水带。

4. 消火栓消防系统管道布置

室内消火栓超过10个且室内消防用水量大于15L/s时，室内消防给水管道至少应有两条引入管与室外环状管网连接，并应将室内管道连成环状或将引入管与室外管道连成环状。7～9层的单元住宅，其室内消防给水管道可为枝状，引入管可采用一条。超过6层的塔式（采用双出口消火栓者除外）和通廊式住宅，超过5层或体积超过10000m³的其他民用建筑，超过4层的厂房和库房，如室内消防竖管为两条或两条以上时，应至少每两根竖管相连组成环状管道。

1.2.3 室外消防系统

室外消防系统主要是用来供消防车从该系统取水，供消防车、曲臂车等带架水枪的用水，控制和扑救火灾；或利用消防车从该系统取水，经水泵接合器向室内消防系统供水，增补室内消防用水的不足。

室外消防系统由室外消防水源、室外消防管道和室外消火栓组成。

1）室外消防给水系统是指多幢建筑所组成的小区及建筑群的室外消防给水系统。消防用水可由市政给水管网、天然水源或消防水池供给。为了确保供水安全可靠，高层建筑室外消防给水系统的水源不宜少于两个。

2）室外消防管道是从市政给水干管接往居住小区、工厂和公共建筑物室外的消防给水管道。室外消防管网按其用途分为生活与消防合用的给水管网，生产与消防合用的给水管网，生产、生活与消防合用的给水管网以及独立的消防给水管网。

3）室外消火栓有地上式与地下式两种。在我国北方寒冷地区宜采用地下式消火栓，在南方温暖地区可采用地上式或地下式消火栓。

1.2.4 自动喷水灭火系统

自动喷水灭火系统是一种固定形式的自动灭火装置。系统的喷头以适当的间距和高度安装于建筑物、构筑物内部。当建筑物内发生火灾时，喷头会自动开启灭火，同时发出火警信号，启动消防水泵从水源抽水灭火。

自动喷水灭火系统可分为闭式自动喷水灭火系统和开式自动喷水灭火系统。闭式自动喷水灭火系统包括湿式自动喷水灭火系统、干式自动喷水灭火系统、预作用自动喷水灭火系统和重复启闭预作用自动喷水灭火系统；开式自动喷水灭火系统包括雨淋喷水灭火系统、水幕灭火系统和水喷雾灭火系统。

1. 闭式自动喷水灭火系统

闭式系统主要可分为湿式系统、干式系统、预作用系统和重复启闭预作用系统。闭式自动喷水灭火系统主要部件有闭式喷头、报警阀、水流报警装置、延迟器和火灾探测器等。

系统供水干管应布成环状，进水管不少于两条。环状管网供水干管应设分隔阀门，当某一管段损坏或检修时，分隔阀所关闭的报警装置不得多于三个，分隔阀门应设在便于管理、维修和容易接近的地方。

在报警阀前的供水管上，应设置阀门，其后面的配水管上不得设置阀门和连接其他用水设备。

自动喷水灭火系统宜采用镀锌焊接钢管，每根配水支管或配水管管径不得小于25mm。配水立管宜设在配水干管的中央，配水支管宜在配水管的两侧均匀分布，如图1-15所示。

1）湿式自动喷水灭火系统

湿式自动喷水灭火系统由闭式喷头、配水管网、水流指示器、湿式报警阀、延迟器、压力继电器、电器自控箱、火灾收信机、火灾报警装置及消防水泵和水箱等组成，如图1-16所示。平时

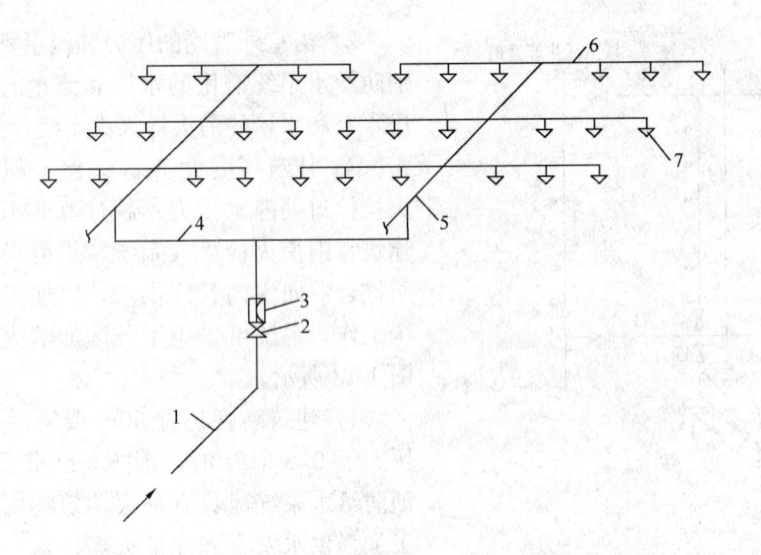

图 1-15 闭式自动喷水管网的布置

1—供水管；2—总闸阀；3—报警阀；4—配水干管；5—配水管；6—配水支管；7—闭式喷头

系统内充满水，当闭式喷头1打开后，配水管8内压力降低，从供水管网中流来的水把湿式报警阀（图1-17）的阀芯1顶起，向配水管网供水，并经信号管流入延迟器3、又经压力继电器4向火灾收信机10报警，同时启动消防水泵14，水力警铃7也同时发出报警。

湿式自动喷水灭火系统适用于室内环境温度不低于4℃且不高于70℃的建筑物和构筑物。这种系统结构简单，使用可靠，比较经济，故应用广泛。

2）干式自动喷水灭火系统

干式自动喷水灭火系统适用于室内温度低于4℃或高于70℃的建筑物和构筑物，主要由闭式喷头、管路系统、报警装置、干式报警阀、充气设备及供水系统组成，如图1-18所示。由于在报警阀上部管路中充以有压气体，故称干式喷水灭火系统。发生火灾时闭式喷头1打开，首先喷出压缩空气，配水管网内气压降低，利用压力差的原理，干式报警阀2被打开，水流入配水管8，再从喷头里流出。同时水流到达压力继电器3，令火

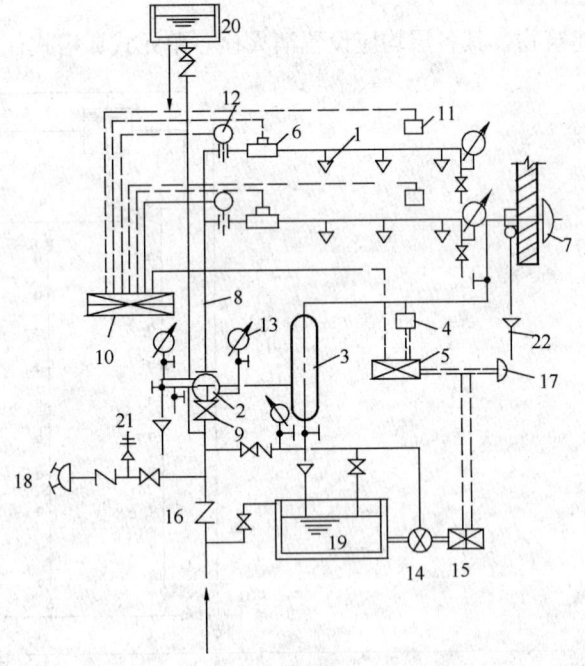

图 1-16 湿式自动喷水灭火系统

1—闭式喷头；2—湿式报警阀；3—延迟器；4—压力继电器；5—电器自控箱；6—水流指示器；7—水力警铃；8—配水管；9—阀门；10—火灾收信机；11—感温、感烟火灾探测器；12—火灾报警装置；13—压力表；14—消防水泵；15—电动机；16—止回阀；17—按钮；18—水泵接合器；19—水池；20—高位水箱；21—安全阀；22—排水漏斗

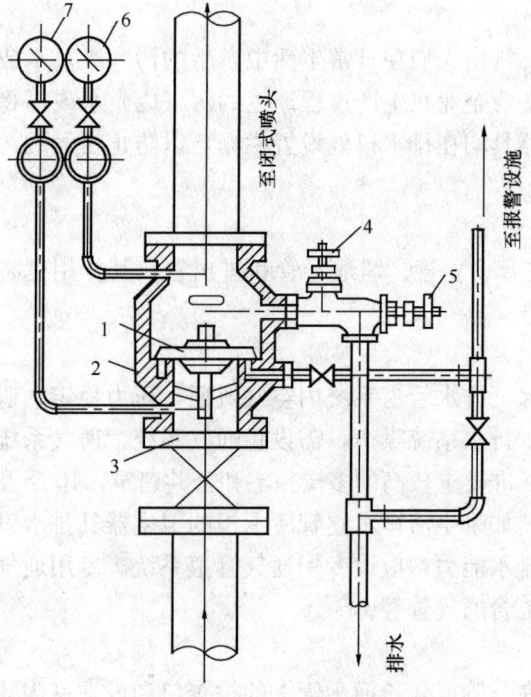

图 1-17　湿式报警阀原理

1—阀芯；2—底座凹槽；3—阀门；4—试铃阀；5—排水；

6—阀后压力表；7—阀前压力表

去灭火的功能。

重复启闭预作用系统的组成和工作原理与预作用系统相似，不同之处是重复启闭预作用系统采用了一种既可输出火警信号，又可在环境恢复常温时输出灭火信号的感温探测器。当感温探测器感应到环境的温度超出预定值时，报警并开启供水泵和打开具有复位功能的雨淋阀，为配水管道充水，并在喷头动作后喷水灭火。喷水过程中，当火场温度恢复至常温时，探测器发出关停系统的信号，在按设定条件延迟喷水一段时间后关闭雨淋阀停止喷水。若火灾复燃、温度再次升高时，系统则再次启动，直至彻底灭火。

该系统功能优于其他喷水灭火系统，但造价高，一般只适用于灭火后必须及时停止喷水，要求减少不必要水渍的建筑。例如电缆间、集控室计算机房、配电间、电缆隧道等。

2. 开式自动喷水灭火系统

开式系统主要可分为 3 种形式：雨淋喷水灭火系统、水幕灭火系统和水喷雾灭火系统。开式自动喷水灭火系统主要组件有开式喷头、雨淋阀和火灾探测传动控制系统等，如图 1-20 所示。

1）雨淋喷水灭火系统

雨淋喷水灭火系统由开式喷头、管道系统、雨淋阀、火灾探测器、报警控制装置、控制组件和供水设备等组成。

雨淋喷水灭火系统出水迅速，喷水量大，覆盖面积大，其降温和灭火效率显著。但系统的喷头全部为开式，启动完全由控制系统操纵，因而自动控制系统的可靠性要求高。适用于控制来势凶猛、蔓延快的火灾。

灾收信机 9 及水力警铃 5 报警。在大型系统中还可设置快开器 6，以加快打开报警阀的速度。干式报警阀如图 1-19 所示。

3）预作用自动喷水灭火系统

不允许有水渍损失的建筑物、构筑物中宜采用预作用自动喷水灭火系统。系统主要由火灾探测系统、闭式喷头、预作用阀、报警装置及供水系统组成。预作用喷水灭火系统将火灾自动探测控制技术和自动喷水灭火技术相结合，系统平时处于干式状态，当发生火灾时，能对火灾进行初期报警，同时迅速向管网充水使系统成为湿式状态，进而喷水灭火。系统的这种转变过程包含着预备动作的作用，故称预作用喷水灭火系统。

4）重复启闭预作用系统

重复启闭预作用系统是在预作用系统的基础上发展起来的一种自动喷水灭火系统新技术。该系统不但能自动喷水灭火，而且当火被扑灭后又能自动关闭系统。这种系统在灭火过程中能尽量减少水的破坏力，但不失

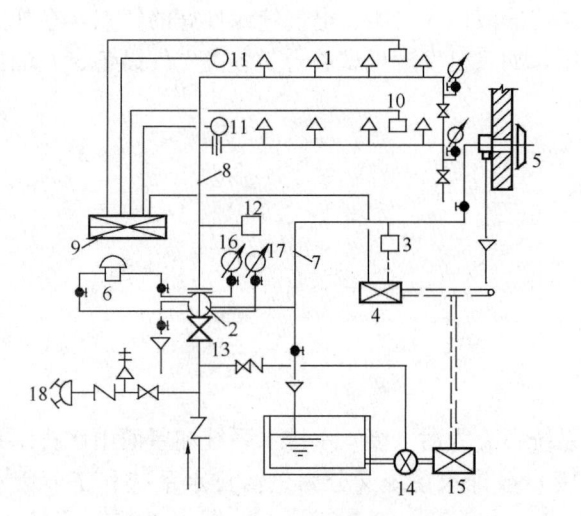

图 1-18　干式自动喷水灭火系统

1—闭式喷头；2—干式报警阀；3—压力继电器；4—电气自控箱；5—水力警铃；6—快开器；7—信号管；8—配水管；9—火灾收信机；10—感温、感烟火灾探测器；11—报警装置；12—气压保持器；13—阀门；14—消防水泵；15—电动机；16—阀后压力表；17—阀前压力表；18—水泵接合器

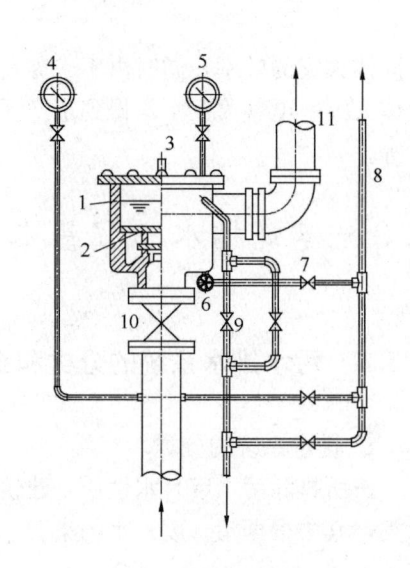

图 1-19　干式报警阀原理

1—阀体；2—差动双盘封阀板；3—充气塞；4—阀前压力表；5—阀后压力表；6—角阀；7—止回阀；8—信号管；9—截止阀；10—总闸阀；11—配水管

2）水幕灭火系统

水幕系统不直接扑灭火灾，而是阻挡火焰热气流和热辐射向邻近保护区扩散，起到防火分隔作用。

水幕系统的工作原理与雨淋自动喷水灭火系统基本相同，只是喷头出水的状态不同及作用不同。按水幕系统灭火的不同作用，可将该系统分为冷却型、局部阻火型及防火水幕带三种类型。冷却型水幕主要以冷却作用为主，增强建（构）筑物的耐火性能，以防火灾扩展。如某些不宜采用防火门、防火窗而用简易防火分隔物代替的部位，其上部设置的水幕即为此类。局部阻火型水幕设置于建筑物中一些面积较小（小于 3m² ）的孔洞、开口处。防火水幕带一般用在需要而无法装置防火分隔物的部位，如展览楼的展览厅、剧院的舞台等，防火水幕可起到分隔及防止火灾进一步扩大的作用。

3）水喷雾灭火系统

该系统用喷雾喷头把水粉碎成细小的水雾滴之后喷射到正在燃烧的物质表面，通过表面冷却、窒息以及乳化、稀释的同时作用实现灭火。由于水喷雾具有多种灭火机理，使其具有适用范围广的优点，不仅可以提高扑

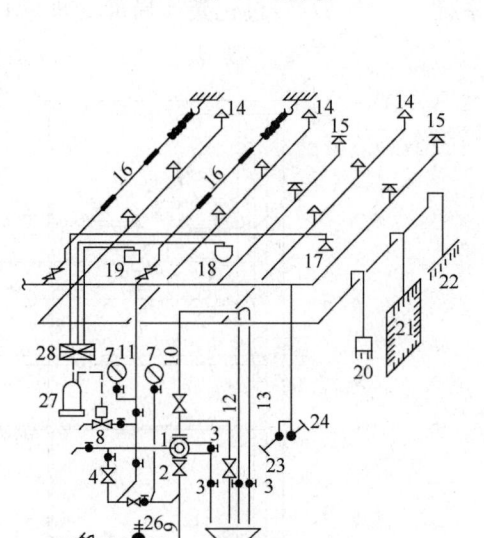

图 1-20　开式自动喷水灭火系统

1—成组作用阀；2—闸阀；3—截止阀；4—小孔阀（孔径 3mm）；5—止回阀；6—排水斗；7—压力表；8—电磁阀；9—供水干管；10—配水立管；11—传动管网；12—溢流管；13—放气管；14—开式喷头；15—易熔销封传动装置；17—感光探测器；17—感温探测器；19—感烟探测器；20—淋水器；21—淋水环；22—水幕；23—长柄手动开关；24—短柄手动开关；25—水泵接合器；26—安全阀；27—自控箱；28—报警装置

灭固体火灾的效率，同时由于水雾具有不会造成液体火飞溅、电气绝缘性好的特点，在扑灭可燃液体火灾、电气火灾中均得到了广泛的应用，如飞机发动机试验台、各类电气设备、石油加工场所等。

1.3 建筑排水工程基本知识

1.3.1 污水排水系统的分类和组成

1. 排水系统的分类

按所排除污（废）水性质，建筑排水系统可分为污（废）水排水系统和屋面雨水排水系统两大类，其中根据污（废）水的来源，污（废）水排水系统又分为生活排水系统和工业废水排水系统。

1）生活排水系统

生活排水系统接纳并排除居住建筑、公共建筑及工业企业的生活污水与生活废水。按照污（废）水处理、卫生条件或杂用水水源的需要，生活排水系统又可分为排除大便器（槽）、小便器（槽）以及用途与此相似的卫生设备产生的生活污水排水系统和排除盥洗、洗涤废水的废水排水系统。生活污水经过化粪池局部处理后排入室外排水系统；生活废水经过处理后，可作为杂用水，用来冲洗厕所、浇洒道路和绿地、冲洗汽车等。

2）工业废水排水系统

工业废水排水系统排除工业企业生产过程中产生的废水。按照污染程度的不同，可分为生产废水排水系统和生产污水排水系统。生产废水是指在使用过程中受到轻度污染或水温稍有增高的水，通常经某些处理后即可在生产中重复使用或直接排放水体。生产污水是指在使用过程中受到较严重污染的水，多半具有危害性，需要经过处理，达到排放标准后才能排放。

3）屋面雨水排水系统

屋面雨水排水系统是指收集排除屋面、墙面和窗井等雨（雪）水的系统。

2. 污（废）水排水系统的组成

建筑内部污（废）水排水系统一般由卫生器具和生产设备受水器、排水管道、清通设备和通气管道组成，如图1-21所示。在有些建筑的污（废）水排水系统中，根据需要还设有污（废）水的提升设备和局部处理构筑物。

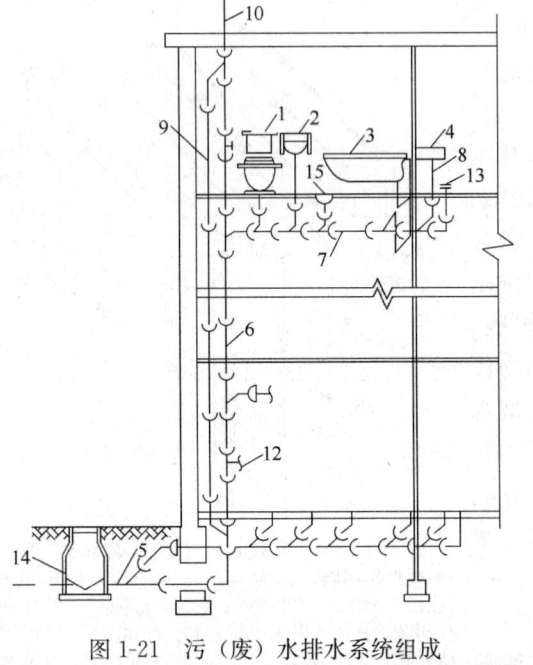

图1-21 污（废）水排水系统组成

1—坐便器；2—洗脸盆；3—浴盆；4—厨房洗涤盆；5—排水出户管；6—排水立管；7—排水横支管；8—器具排水管（含存水弯）；9—专用通气管；10—伸顶通气管；11—通气帽；12—检查口；13—清扫口；14—排水检查井；15—地漏

1）卫生器具和生产设备受水器

卫生器具又称卫生设备或卫生洁具，是接纳、排出人们在日常生活中产生的污（废）水或污物的容器或装置。生产设备受水器是接纳、排出工业企业在生产过程产生的污（废）水或污物的容器或装置。除便溺用的卫生器具外，其他卫生器具均在排水口处设置栏栅，以防止粗大的污物进入管道系统，堵塞管道。

2）排水管道

排水管道包括器具排水管（含存水弯）、横支管、立管、埋地干管和排出管。其作用是将各个用水点产生的污（废）水及时、迅速输送到室外。

3）通气系统

由于建筑内部排水管内是气、水两相流，为保证排水管道系统内空气流通，压力稳定，避免因管内压力波动使有毒、有害气体进入室内，减少排水系统噪声，需设置通气系统。通气系统包括伸顶通气管、专用通气管以及专用附件。建筑标准要求较高的多层住宅和公共建筑，10层及以上的高层建筑的生活污水立管宜设专用通气立管。如果生活排水立管所承担的卫生器具排水设计流量，超过仅设伸顶通气立管的排水立管的最大排水能力，应设专用通气管道系统。专用通气管道系统包括通气支管、通气立管、结合通气管和汇合通气管等。

4）清通设备

清通设备包括设在横支管顶端的清扫口，设在立管或较长横干管上的检查口和设在室内较长的埋地横干管上的检查口（井）。其作用是疏通管道内沉积物、黏附物，保障管道排水畅通。

5）提升设备

提升设备可通过水泵提升排水的高程或使排水加压输送。工业与民用建筑的地下室、人防建筑、高层建筑的地下技术层和地下铁道等处标高较低，在这些场所产生、收集的污（废）水不能自流排至室外的检查井，须设污（废）水提升设备。

6）污水局部处理构筑物

当建筑内部污水未经处理不允许直接排入市政排水管网或水体时，需设污水局部处理构筑物，如处理民用建筑生活污水的化粪池、降低锅炉、加热设备排污水水温的降温池、去除含油污水的隔油池以及以消毒为主要目的的医院污水处理构筑物等。

1.3.2 污水排水管道系统的类型

根据排水系统的通气方式，建筑内部污（废）水排水系统分为单立管排水系统、双立管排水系统和三立管排水系统，如图1-22所示。

1. 单立管排水系统

单立管排水系统是指只有一根排水立管，没有专门通气立管的系统。按建筑层数和卫生器具的多少，它可分为无通气管的单立管排水系统、有通气立管的普通单立管排水系统和特制配件单立管排水系统三种类型。

无通气管的单立管排水系统适用于立管短、卫生器具少、排水量小、立管顶端不便伸出屋面的情况。

有通气管的普通单立管排水系统适用于一般多层建筑。

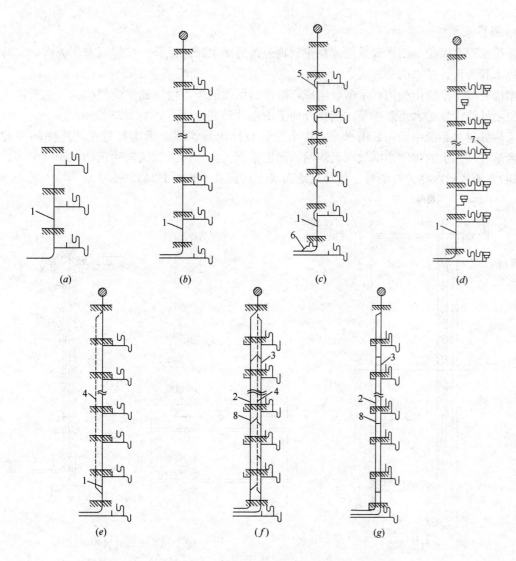

图 1-22　污水排水管道系统的类型

(a) 无通气管的单立管；(b) 普通单立管；(c) 特制配件单立管；(d) 吸气阀单立管；(e) 双立管；

(f) 三立管；(g) 废水与污水立管互为通气管

1—排水立管；2—污水立管；3—废水立管；4—通气立管；5—上部特制配件；6—下部特制配件；

7—吸气阀；8—结合通气管

特制配件的单立管排水系统是在横支管与伸顶通气排水系统的立管连接处，设置特制配件代替一般的三通，在立管底部与横干管或排出管连接处设置特制配件代替一般的弯头。这种通气方式是在排水立管管径不变的情况下利用特殊结构改变水流方向和状态，增大排水能力。因此也叫诱导式内通气。适用于各类多层和高层建筑。

2. 双立管排水系统

双立管排水系统是由一根排水立管和一根通气立管组成。排水立管和通气立管进行气流交换，也称干式外通气。适用于污（废）水合流的各类多层和高层建筑。

3. 三立管排水系统

三立管排水系统由一根生活污水立管、一根生活废水立管和一根通气立管组成，两根排水立管共用一根通气立管。三立管排水系统的通气方式也是干式外通气，适用于生活污水和生活废水需分别排出室外的各类多层和高层建筑。

在三立管排水系统中去掉专用通气立管，将废水立管与污水立管每隔两层互相连接，利用两立管的排水时间差，互为通气立管，这种外通气方式也叫湿式外通气。

1.3.3　排水管材、附件及卫生器具

1. 常用排水管材

1）铸铁管：是建筑内部排水系统目前常用的管材，具有耐腐蚀性强、使用寿命长、价格便宜等优点。

2）钢管：当排水管道管径小于 50mm 时，宜采用钢管，主要用于洗脸盆、小便器、浴盆等卫生器具与排水横支管间的连接短管。

3）排水塑料管：目前在建筑内使用的排水塑料管是硬聚氯乙烯塑料管（UPVC 管）。具有重量轻、耐腐蚀、不结垢、内壁光滑、水流阻力小、外表美观、重量轻、容易切割、便于安装、节省投资和节能等优点，但塑料管也有缺点，如强度低、耐温性能差、线性膨胀量大、立管产生噪声、易老化、防火性能差等。

2. 排水附件

排水附件主要有以下几种：

1）存水弯：存水弯是设置在卫生器具内部或与卫生器具排水管连接、带有水封的配件，其作用是防止排水管道系统中的气体窜入室内。按存水弯的构造分为管式存水弯和瓶式存水弯，管式存水弯有 P 形、S 形和 U 形三种。

2）检查口：装在排水立管上，用于清通排水立管。隔一层设置一个检查口，其间距不大于 10m，但在最底层和有卫生器具的最高层必须设置。

3）清扫口：装在排水横支管上，用于清扫排水横管。清扫口设置在楼板或地坪上且与地面相平。也可用带清扫口的弯头配件或在排水管起点设置堵头代替清扫口。

4）地漏：是用来排放地面水的特殊排水装置。地漏按其构造有扣碗式、多通道式、双算杯式、防回流式、密闭式、无水式、防冻式、侧墙式、洗衣机专用地漏等多种形式。

5）隔油器：隔油器通常用于厨房等场所，对排入下水道前的含油脂污水进行初步处理，隔油具装在水池的底板下面，亦可设在几个小水池的排水横管上。

6）滤毛器：理发室、游泳池、浴池的排水中往往夹带毛发等，易造成管道堵塞，所以在以上场所的排水支管上应安装滤毛器。

3. 卫生器具

1）盥洗用卫生器具主要有洗脸盆和盥洗槽。洗脸盆按外形分有长方形、椭圆形、马蹄形和三角形，按安装方式分有挂式、立柱式和台式。盥洗槽按水槽形式分有单面长条形、双面长条形和圆环形。

2）沐浴用卫生器具：主要有浴盆、淋浴器和净身盆。按使用功能浴盆分有普通浴盆、坐浴盆和旋涡浴盆；按形状分有长方形、圆形、三角形和人体形。淋浴器按供水方式分有单管式或双

管式；按出水管的形式分有固定式和软管式；按控制阀分有手动式、脚踏式和自动式；按莲蓬头分有散流式、充气式和按摩式；按清洗范围分有普通淋浴器和半身淋浴器。净身盆有立式和墙挂式两种。

3）洗涤用卫生器具：主要有洗涤盆、污水盆（池）和化验盆等。

4）便溺用卫生器具：主要有大便器、小便器和小便槽。大便器按使用方式分有坐式大便器、蹲式大便器和大便槽。坐式大便器多采用低水箱进行冲洗，按冲洗水力的原理有直接冲洗式和虹吸式两类。小便器按形状分有立式和挂式两类。

4. 冲洗设备

冲洗设备是便溺用卫生器具的配套设备，有冲洗水箱和冲洗阀两种。

1）冲洗水箱：按冲洗的水力原理冲洗水箱分为冲洗式、虹吸式两类；按启动方式分为手动式、自动式；按安装位置分为高水箱和低水箱。

2）冲洗阀：冲洗阀为直接安装在大、小便器冲洗管上的另一种冲洗设备。体积小，外表洁净美观，不需水箱，使用便利。

1.3.4 排水系统的布置与敷设

1. 排水管道的布置与敷设

1）横支管：排水横支管不宜过长，以免落差过大，一般不得超过 10m，应尽量不转弯或少转弯，避免发生阻塞。

2）立管：排水立管宜在靠近杂质最多和排水量最大的排水点处设置，尽快地接纳和排除横支管排来的污水；尽量减少不必要的转弯和曲折，以减少管道的阻塞几率。排水立管一般在墙角处明装，无冰冻危害的地区也可布置在墙外。当建筑物有较高卫生要求时，可在管槽内或管井内暗装。

3）排出管：排出管穿越外墙处应设预留洞，管顶上的净空高度不得小于建筑物的沉降量。排出管穿越基础时，预留孔洞的上面可设拱梁或套管，以防压坏管道。

2. 通气系统的布置与敷设

排水通气立管应高出屋面 0.3m 以上，并大于最大积雪高度，在距通气管出口 4m 以内有门窗时，通气管应高出门窗过梁 0.6m 或引向无门窗一侧。对于平屋顶，若经常有人逗留，则通气管应高出屋面 2.0m，并设置防雷装置。通气管上应做钢丝球或透气帽，以防杂物落入。

专用通气立管不得接纳污水、废水和雨水，通气管不得与通风管或烟道连接。

1.3.5 屋面雨水排水系统

建筑雨水排水系统是建筑物给水排水系统的重要组成部分，它的任务是及时排除降落在建筑物屋面的雨水、雪水，避免形成屋顶积水而对屋顶造成威胁，或造成雨水溢流、屋顶漏水等水患事故，以保证人们正常的生活和生产活动。

屋面雨水的排除方式可分为外排水系统和内排水系统，在有些建筑中也有采用内排水与外排水方式相结合的混合雨水排水系统。

1. 外排水系统

外排水雨水系统是雨水管系设置在建筑物外部的雨水排水系统。按屋面有无天沟，又分为檐沟外排水和天沟外排水两种方式。

檐沟外排水系统由檐沟和水落管组成，降落到屋面的雨水沿屋面集流到檐沟，然后流入隔一定距离沿外墙设置的水落管排至建筑物外地下雨水管道或地面，如图 1-23 所示。

天沟外排水系统由天沟、雨水斗、排水立管及排出管组成。天沟设置在两跨中间并坡向墙端，降落在屋面上的雨雪水沿坡向天沟的屋面汇集到天沟，沿天沟流向建筑物两端（山墙、女儿墙方向），流入雨水斗并经墙外立管排至地面或雨水管道，如图 1-24 所示。

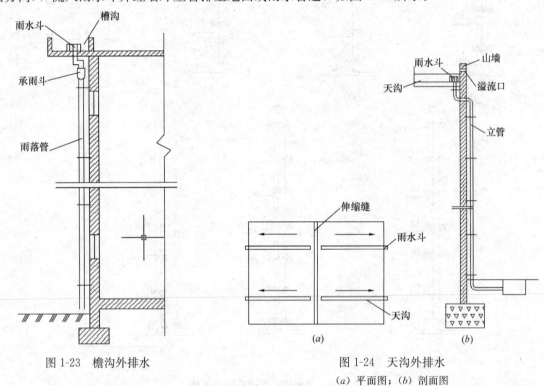

图 1-23　檐沟外排水　　　　图 1-24　天沟外排水
　　　　　　　　　　　　　　(a) 平面图；(b) 剖面图

2. 内排水雨水系统

内排水系统是雨水管系设置在室内的雨水排水系统。内排水系统可分为单斗雨水排水系统和多斗雨水排水系统。单斗系统的悬吊管只连接一个雨水斗，或不设悬吊管，而将雨水斗与立管直接相连。多斗系统悬吊管上连接的雨水斗不止 1 个，但不得多于 4 个。一根悬吊管上的不同位置的雨水斗的泄流能力不同，距离立管越远的雨水斗，泄流量越小，距离立管越近的雨水斗泄流量越大。由于单斗系统的雨水斗在排水时，掺气量小，排水能力大，故设计时应尽量采用单斗系统。

内排水系统由雨水斗、连接管、雨水悬吊管、立管、排出管、检查井及雨水埋地管等组成，如图 1-25 所示。

1）雨水斗：雨水斗是一种专用装置，设置在屋面雨水与天沟雨水进入雨水管道的入口处，具有拦截污物、疏导水流和排泄雨水的作用。目前国内常用的雨水斗有 65 型、79 型、87 型雨水斗、虹吸雨水斗等，有 75mm、100mm、150mm 和 200mm 等多种规格。

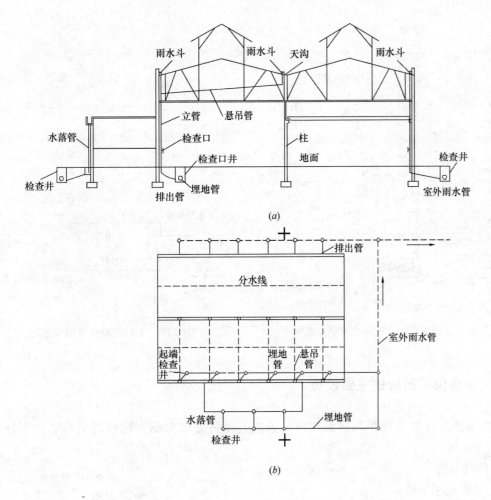

图 1-25 内排水系统
(a) 剖面；(b) 平面

2）连接管：连接管是连接雨水斗和悬吊管的一段竖向短管。连接管应牢固固定在建筑物的承重结构上，下端用 45°斜三通与悬吊管相连，其管径一般与雨水斗短管同径，但不宜小于100mm。连接管一般采用铸铁管或钢管。

3）悬吊管：悬吊管连接雨水斗和排水立管，是雨水内排水系统中架空布置的横向管道。悬吊管一般沿梁或屋架下弦布置，其管径不得小于雨水斗连接管，如沿屋架悬吊时，其管径不得大于300mm。悬吊管一般采用铸铁管，在可能受到振动或生产工艺有特殊要求时，可采用钢管焊接连接。

4）立管：雨水立管接纳雨水斗或悬吊管的雨水，与排出管连接。立管管径不得小于与其连接的悬吊管管径，立管管材与悬吊管相同。

5）排出管：排出管是立管与检查井间的一段有较大坡度的横向管道，排出管管径不得小于立管管径。排出管一般采用铸铁管。

6）埋地管：埋地管敷设在室内地下，承接立管的雨水并将其排至室外雨水管道。埋地管的最小管径为 200mm，最大不超过 600mm，其最小坡度与生产废水管道的最小坡度一致。

7）附属构筑物：常见的附属构筑物有检查井、检查口和排气井，用于雨水系统的检修、清扫和排气。

1.4　建筑热水工程基本知识

室内给水主要是解决冷水供应的问题，如果以一定的加热方式把冷水加热到所需要的温度，然后通过管道输送到各用水点，以满足人们日常生活、卫生医疗及生产的需要，这就是热水供应问题。

1.4.1　建筑热水供应系统的分类、组成及方式

1. 热水供应系统的分类

热水供应系统按其供应的范围大小可分为三种类型：

1）局部热水供应系统：在建筑物内各用水点设小型加热设备把水加热后供该场所使用。其热源为电力、燃气、蒸汽等。适用于用水点少、用水量小的建筑。

2）集中热水供应系统：在锅炉房和热交换间设加热设备，将冷水集中加热，向一栋或几栋建筑物各配水点供应热水。冷水一般由高位水箱提供，以保证各配水点压力恒定。集中热水供应系统一般适用于旅馆、医院等公共建筑。

3）区域热水供应系统：以集中供热的热网作为热源来加热冷水或直接从热网取水，用以满足一个建筑群或一个区域（小区或厂区）的热水用户的需要。因此，它的供应范围比集中热水供应系统要大得多，而且热效率高，便于统一维护管理和热能的综合利用。对于建筑布置比较集中、热水用量较大的城市和工业企业，有条件时应优先采用。

2. 热水供应系统的组成

以集中热水供应系统来说，一个比较完善的热水供应系统，通常由热源、加热设备、热水管网及其他设备和附件组成。

1）热源

热源是指把冷水加热成热水所需热量的来源。

图 1-26 的热源是蒸汽。蒸汽由锅炉中生产出来后，用热媒管送入水加热器将冷水加热。蒸汽凝结水由凝结水管排至凝结水池。锅炉、水加热器、凝结水箱、水泵以及热媒管道即组成了第一循环系统，其目的是制备一定数量的热媒。

2）加热设备

图 1-26 所示的加热设备是水加热器。水加热器中所需冷水由给水箱供给。冷水被蒸汽所带热量加热后，热水由配水管送到各个用水点。这种加热设备称为容积式水加热器。

3）热水管网

热水管网的作用是将加热设备的热水送至用水设备，热水管网和上部贮水箱、冷水管、循环管及水泵等构成第二循环系统。为了保证热水管网中的热水随时保持设计的温度，在某些热水管网中，除设置配水管道外，还需设置热水回水管道，以使管网中的水始终保持一定的循环流量，补偿管道的热损失。

如图 1-26 所示，热水管网是由配水管道（其中包括配水干管、配水立管和配水支管）及回水管道组成的。虚线所示管道为循环管。

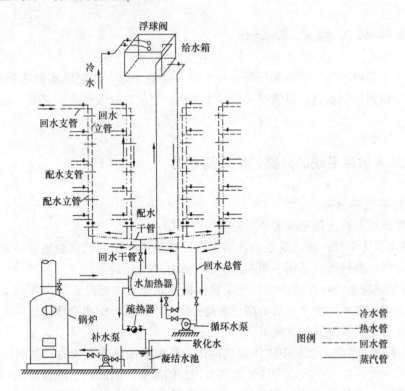

图 1-26　下行上给式热水供应系统

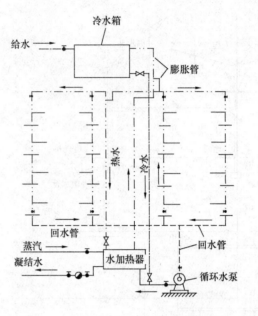

图 1-27　上行下给式全循环热水供应系统　　　图 1-28　下行上给式半循环系统

4）其他设备和附件

有水箱（开式或闭式）、循环水泵、各种器材和仪表、管道伸缩器等。

3. 热水供应系统的方式

1）室内热水供应方式，按其加热冷水的方法分为直接加热和间接加热。

2）按其配水干管在建筑内的位置，可分为上行下给式和下行上给式；配水干管敷设在建筑物的上部，自上而下地供应热水，称为上行下给式。配水干管敷设在建筑物的下部，自下而上供应热水，称为下行上给式，如图 1-27 和图 1-28 所示。

3）按其配水管网有无相应的循环管道，可分为全循环、半循环和非循环。

（1）全循环：所有支、立、干或立、干管上设循环管。这种系统可以使配水管网的任意点都能保证设计水温。图 1-26 所示的热水管网即为下行上给式全循环系统，图 1-27 所示为上行下给式全循环系统。

（2）半循环：仅对局部的干管设循环管，立管不设循环管。只能保证干管的设计水温。图 1-28 所示为下行上给式半循环系统。

（3）非循环：即不设循环管道。对于连续用水或定时集中用水的建筑，可不设循环管。

4）按其循环的运作方式又可分为机械循环和自然循环。

5）按其是否与大气相通又可分为开式和闭式两种。

1.4.2　热水供应系统的主要设备

水的加热分直接加热和间接加热两种方式。每种方式根据实际情况又有各种不同的加热设备。

1. 间接加热

1）容积式水加热器

容积式水加热器（图 1-29）是一种既能把冷水加热，又能贮存一定量热水的换热设备，有立式与卧式两种。它主要由外壳、加热盘管、冷热流体进出口等部分构成。同时还装有压力表、温度计和安全阀等仪表、阀件。高压蒸汽（或高温水）从上部进入排管，在流动过程中，即可把水加热，然后变成凝结水（或回水）从下部流出排管。

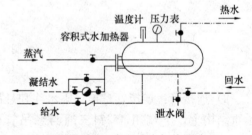

图 1-29　容积式水加热器

2）加热水箱

加热水箱多为开式，用钢板制成，装有排管或盘管，通入蒸汽，即可把箱中的水加热，冷水可用补给水箱补充。加热水箱多设在建筑物上部，可在用水量不大的热水供应系统中采用。

3）汽-水式加热器

它也称快速水加热器，是用蒸汽来加热水。主要由圆形的外壳、管束、前后管板、水室、蒸汽与凝结水短管、冷热水连接短管等部分组成，如图 1-30 所示。管束可采用铜管或锅炉无缝钢管，蒸汽在管束外面流动。被加热水在管内流动，通过管束壁面换热。此外还有一种套管式汽-水加热器，如图 1-31 所示。

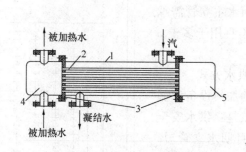

图 1-30　固定管板式管壳加热器

1—外壳；2—管束；3—固定管板；

4—前水室；5—后水室

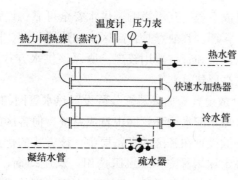

图 1-31　套管式汽-水加热器

4）分段式水-水加热器

分段式水-水加热器是由高温水来加热冷水，构造如图 1-32 所示。主要由外壳、管束、加热水进出口、被加热水进出口连接短管等部分组成。加热水在小管内，被加热水在管束外表面逆向流动。

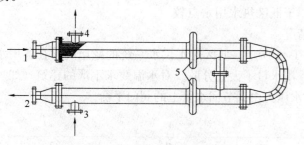

图 1-32　分段式水-水加热器

1—加热水入口；2—加热水出口；3—被加热水入口；

4—被加热水出口；5—膨胀节

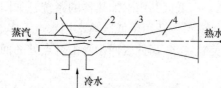

图 1-33　汽-水喷射器

1—喷嘴；2—引水室；3—混合室；

4—扩压管

2. 直接加热

1）加热水箱

在热水箱内设多孔管（图 1-34）和汽-水喷射器（图 1-35），用蒸汽直接加热冷水。与间接加热系统比，由于蒸汽直接与冷水接触，故加热迅速，加热设备亦较简单，但噪声较大，凝结水不能回收，常需较大的锅炉给水处理设备，故运行管理费用增加。

多孔管上小孔直径为 2～3mm，小孔的总面积取为多孔管断面的 2～3 倍。采用多孔管加热，设备简单，易于加工，费用少，但噪声与振动较大。

汽-水喷射器的构造如图 1-33 所示，主要由喷嘴、引水室、混合室、扩压管等部分组成。它的工作原理是：高压蒸汽经喷嘴在其出口处造成很高的流速，压力降低，而把冷水吸入，同时蒸汽被凝结，冷水被加热，并在混合室内充分混合，进行热量与动量的交换，然后进入扩压管。在扩压管内可使流速降低，压力升高，因而能以一定的压力送入系统。喷射器构造简单，便于加工制造，价格低廉，运行安全可靠，但噪声较大。

图 1-36 所示的是一种消声汽-水混合加热器，有外置式与浸没式两种。它可降低汽水混合时

的噪声和振动，促进汽、水尽快混合。

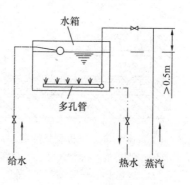

图 1-34　多孔管加热方式

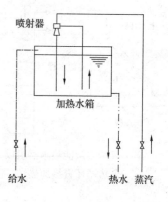

图 1-35　汽-水喷射器加热方式

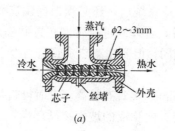

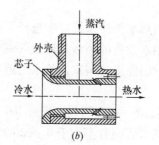

图 1-36　消声汽-水混合加热器

（a）外置式；（b）浸没式

2）燃煤热水锅炉直接加热

某些小型热水供应系统，可以用热水锅炉直接制备热水供使用，这也是一种直接加热式系统。

3）太阳能热水器

太阳能热水器也是一种把太阳光的辐射能转为热能来加热冷水的直接加热热水装置。它的构造简单，加工制造容易，成本低，便于推广应用。可以提供 40～60℃ 的低温热水，适于住宅、浴室、饮食店、理发馆等小型局部热水供应系统使用。

图 1-37 所示的即为常用的平板型太阳能热水器。它由集热器、贮热水箱、循环管、冷热水管道等组成。冷水可由补给水箱供给，热水是靠自然循环流动的，贮热水箱必须高于集热器。平板型集热器是太阳能热水器的关键性设备，其作用是收集太阳能并把它转化为热能，如图 1-38 所示。

3. 贮热设备

热水贮水箱（罐）是一种专门调节热水量的容器。可在用水不均匀的热水供应系统中设置，以调节水量，稳定出水温度。贮热箱（罐）断面呈圆形，两端有封头，常为闭式，能承受流体压力。采用金属板材焊接而成。

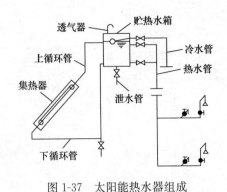

图 1-37 太阳能热水器组成
（自然循环直接加热）

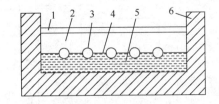

图 1-38 平板型集热器
1—透明盖板；2—空气层；3—排管；
4—吸热板；5—保温层；6—外壳

1.4.3 热水供应系统的管道敷设

为了设计室内热水供应系统，在选择了热水供应系统后，还必须根据建筑物的性质、结构形式、用水要求、用水设备的类型及位置等具体条件，合理地进行管网布置并确定管道敷设方式。其布置原则和敷设的要求，与室内给水管道基本相同。但要注意热水管道与冷水管道的不同和特殊要求。

1. 室内热水管道一般都明装，当对卫生设备标准、美观有较高要求时可暗装。为了便于排除系统中的空气，热水管应有不小于 0.003 的与水流方向相反的坡度；循环横管一般应做成 0.003 的与水流方向一致的坡度。在下行上给式系统中，循环立管应在最高配水点以下 0.5m 处与配水立管连接。立管应尽量设置在管道竖井内，或设置在卫生间内。管道穿越楼板及墙壁应设套管，楼板套管应高出地面 5～10mm，以防楼板地面水由板孔流到下一层。在上行下给式系统中，应在干管最高点设排气装置。为了检修放水需要，应在系统最低点设泄水装置。

2. 考虑运行调节和检修的要求，必须在系统适当的地点设置阀门。如在干管、立管上下，支管起端，水加热器及贮水箱进出口等处设闸阀或截止阀，在防止水倒流的管道上设止回阀等。

3. 热水管道宜用铜管、铝塑复合管及不锈钢管。当 $DN \leqslant 150mm$ 时，应采用镀锌钢管；$DN > 150mm$ 时，可采用焊接钢管或无缝钢管。对水质要求较高或具有腐蚀性时，如有条件可采用铜管。

4. 热水管路、水加热器、贮水器、热水配水、机械循环回水干管和有结冻可能的自然循环回水管，应做保温处理。保温层的厚度应经计算确定。

5. 热水管道系统，应有补偿管道温度伸缩的措施，较长干管宜用波纹管伸缩节；立管与水平干管的连接方法应有弯头，这样可以消除管道受热伸长时的各种影响。

1.4.4 高层建筑热水供应方式

1. 集中设置水加热器、分区设置热水管网的供水方式

该供水方式如图 1-39 所示。各区热水配水循环管网自成系统，水加热器、循环水泵集中设在底层或地下设备层，各区所设置的水加热器或贮水器的进水由同区给水系统供给。其优点是：各

区供水自成系统，互不影响，供水安全可靠；设备集中设置，便于维修、管理。其缺点是：高区水加热器和配、回水主立管需承受高压，设备和管材费用较高。所以该供水方式不宜用于多于 3 个分区的高层建筑。

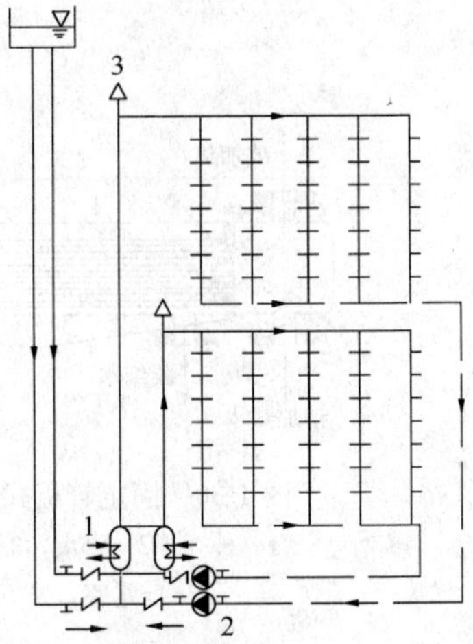

2. 分散设置水加热器、分区设置热水管网的供水方式

各区热水配水循环管网也自成系统，但各区的加热设备和循环水泵分散设置在各区的设备层中，该方式的优点是：供水安全可靠，且水加热器按各区水压选用，承压均衡，且回水立管短。其缺点是：设备分散设置，不仅要占用一定的建筑面积，维修管理也不方便，且热媒管线较长。

3. 分区设置减压阀、分区设置热水管网的供水方式

分区设置减压阀、分区设置热水管网的供水方式有如下两种方式：

1）高低区分设水加热器系统，如图 1-40 所示。两区水加热器均由高区冷水高位水箱供水，低区热水供应系统的减压阀设在低区水加热器的冷水供水管上。该系统适用于低区热水用水点较多，且设备用房有条件分区设水加热器的情况。

2）高低区共用水加热器的系统，如图 1-41 所示。低区热水供水系统的减压阀在各用水支管上。该系统适用于低区热水用水点不多、用水量不大且分散及对水温要求不严的建筑（如理发室、美容院），高低区回水管汇合点处的回水压力由调节回水管上的阀门平衡。

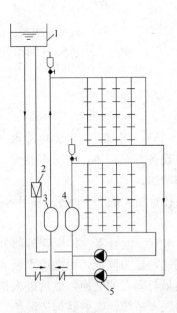

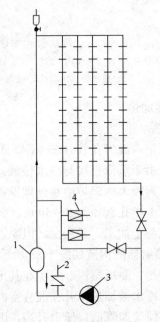

图 1-39 集中设置水加热器、分区设置热水管网的供水方式
1—水加热器；2—循环水泵；3—排气阀

图 1-40 减压阀分区热水供应系统
1—冷水补水箱；2—减压阀；3—高区水加热器；4—低区水加热器；5—循环泵

图 1-41 支管设减压阀热水供应系统
1—水加热器；2—冷水补水管；3—循环泵；4—减压阀

1.5　居住小区给水排水工程基本知识

居住小区是指含有教育、医疗、文体、经济、商业服务及其他公共建筑的城镇居民住宅建筑区。居住小区给水排水工程包括给水工程（含生活给水、消防给水）、排水工程（含污水管网、废水管网、雨水管网和小区污水处理）和中水工程。

1.5.1　居住小区给水工程

居住小区给水系统主要由水源、管道系统、二次加压泵房和贮水池等组成。

1. 居住小区给水水源

居住小区给水系统既可以直接利用现有供水管网作为给水水源，也可以自备水源。位于市区或厂矿区供水范围内的居住小区，应采用市政或厂矿给水管网作为给水水源，以减少工程投资。远离市区或厂矿区的居住小区，可自备水源。对于离市区或厂矿区较远，但可以铺设专门的输水管线供水的居住小区，应通过技术经济比较确定是否自备水源。自备水源的居住小区给水系统严禁与城市给水管道直接连接。当需要将城市给水作为自备水源的备用水或补充水时，只能将城市给水管道的水放入自备水源的贮水（或调节）池，经自备系统加压后使用。在严重缺水地区，应考虑建设居住小区中水工程，用中水来冲洗厕所、浇洒绿地和道路。

2. 居住小区给水系统与供水方式

居住小区中给水方式的选择是近年来小区给水工程设计中普遍关心和争论的问题之一。给水方式应该根据城镇供水条件、小区规模、用水要求、技术经济、社会和环境效益等综合评价确定，做到技术先进、经济合理、运行安全可靠且便于管理维护。

根据居住小区内各建筑物的用水量、水压和水质的不同使用要求以及建筑规划管理要求等，划分小区给水系统。以住宅的建筑层数划分居住小区，可分为高层住宅区、多层或低层住宅。高层住宅区都有与城市给水管网连接的居住小区室外给水管网，此管网的水量应满足居住小区全部用水量的要求，并在居住小区发生火警时，此管网上的室外消火栓能向消防车供水。所以居住小区的室外给水管网一般为生活用水与消防用水合用的给水管网。

多层或低层住宅不宜采用分散的各自加压给水系统，所以当市政水压不足时宜采用相对集中加压给水系统。

设计小区给水系统时，应充分利用城镇给水管网水压，采用直接给水方式。

多层建筑小区采用生活和消防共同的给水系统。多层及高层混合的居住小区采用分压给水系统。

在严重缺水地区或无合格原水地区，居住小区内宜集中设置（中水）处理站，采用分质给水系统。

1）直接供水方式：直接供水方式就是利用城市市政给水管网的水压直接向用户供水。应注意：

（1）供水水压能满足住宅层数（一般为6层住宅以下）要求的，应该采用直接给水方式。

（2）设屋顶水箱利用夜间用水量减少时贮水，进行水压调节供水。

（3）水泵直接从市政给水管网抽水加压的给水方式，只有在管道中流量足够，且当地供水部门同意的情况下方能采用。

（4）采用水池、水泵增压供水时，应提高水池的水位标高。

从城镇市政给水管网直接供水的给水方式包括高位水箱夜间进水、白天使用的给水方式，这种给水方式也称为直接给水。其特点是能耗低、运行管理方便、供水水质有保证，而且接管施工简单，应该优先选用。

当城镇市政给水管网的水量、水压能够满足小区给水要求时，应该采用直接给水方式；当城镇市政给水管网的水量、水压周期性不足时，可以设置高位水箱供水，以调节水量和水压。这种方式也是一种直接给水方式，但应注意防止对水质的二次污染和屋面布置管道冬季冻结的问题，需要对水箱结构进行改进和加强管理。

2）分压给水方式

在高层或多层建筑混合的居住小区中，高层建筑的高层部分无论是生活给水还是消防给水都需要对给水系统增压才能满足用户的使用要求，所以应该采用分压给水系统。其中高层建筑部分给水系统应该根据高层建筑的数量、分布、高度、性质、管理和安全等情况，经技术经济比较后确定采用分散调蓄增压、分片集中或者集中调蓄增压给水系统。

分散调蓄增压是指只有一幢高层建筑或幢数不多但各幢供水压力相差很大，每一幢建筑单独设水池和水泵的给水系统。

分片集中调蓄增压是指相似的若干幢高层建筑分片共用一套调蓄增压装置的给水系统。

集中调蓄增压是指整个小区的高层建筑共用一套调蓄增压装置的给水系统。

小区分散或集中加压的给水方式各有不同的优缺点，和分散调蓄增压给水系统相比分片集中和集中调蓄增压给水系统便于管理、总投资少，但在地震区安全性较低。

7层及7层以下的多层建筑居住小区一般不设室内消防给水系统，居住小区高层建筑宜采用生活和消防各自独立的供水增压系统。

3）分质给水方式

随着社会的发展及生活水平的提高，人们对生活饮用水的水质要求越来越高，但是由于环境污染日益加剧，许多城市的饮用水源都受到不同程度的污染。目前大多数自来水厂仍采用传统的水处理工艺，很难去除水中的有机物等有害物质。此外，由于许多城市给水管网管道材质较差，在输送和二次加压过程中，可能受多次污染，造成自来水水质差，口感不好，并伴有杂质出现。因此，必须将自来水做进一步深度处理。当然，随之而来的是投资和水处理费用的升高。

针对以上情况，国内众多专家学者提出了"分质供水"的方案。分质供水就是将优质饮用水系统作为城市主体供水系统，只供市民饮用，而另设管网供应低品质水作为非饮用水系统。根据发达国家供水的历史和经验，分质供水是保证和提高现代居民生活用水质量的可行办法。分质供水的水质一般分为三种：杂用水、自来水（原生活饮用水）、饮用净水。

在严重缺水地区或无合格水源水的地区，为了降低供水水量，也可以采用分质给水系统，即在严重缺水地区分别设置小区中水系统与生活饮用水的分质供水系统。无合格水源水的地区采用优质深井水或深度水处理水作为生活饮用水，冲洗、绿化等大量其他用水采用小区中水系统供水。

在新建居民小区内实施管道分质供水（即一套管网输送自来水用于洗涤、绿化等居民杂用，另设一套管网将自来水或地下水经过专门的水处理设备深度处理后得到的饮用净水输送到居民家中专供饮用）是目前改善我国城市居民饮水水质切实可行的办法。

3. 居住小区给水管道布置和敷设

居住小区给水管道可以分为小区给水干管、小区给水支管和接户管三类，有时将小区给水干管和小区给水支管统称为居住小区室外给水管道。在布置小区管道时，应按干管、支管、接户管的顺序进行。

为了保证小区供水可靠性，小区给水干管应布置成环状或与城市管网连成环状，与城市管网的连接管不少于两根，且当其中一条发生故障时，其余的连接管应通过不小于70%的流量。小区给水干管宜沿用水量大的地段布置，以最短的距离向大户供水。小区给水支管和接户管一般为枝状。

居住小区室外给水管道，应沿小区内道路平行于建筑物敷设，宜敷设在人行道、慢车道或草地下，管道外壁距建筑物外墙的净距不宜小于1.0m，且不得影响建筑物的基础。给水管道与建筑物基础的水平净距与管径有关，管径为100～150mm时，不宜小于1.5m；管径为50～75mm时，不宜小于1.0m。给水管道的埋深应根据土壤的冰冻深度、外部荷载、管道强度及与其他管线交叉等因素来确定。

居住小区室外给水管道尽量减少与其他管线的交叉，不可避免时，给水管应在排水管上面，给水管与其他地下管线及乔木之间的距离也应满足要求。

居住小区内城市消火栓保护不到的区域应设室外消火栓，设置数量和间距应按《建筑设计防火规范》GB 50016执行。当居住小区绿地和道路需洒水时，可设洒水栓，其间距不宜大于80m。

1.5.2 居住小区排水系统

1. 排水体制

居住小区排水体制分为分流制和合流制，采用哪种排水体制，主要取决于城市排水体制和环境保护要求。同时，也与居住小区是新区建设还是旧区改造以及建筑内部排水体制有关。新建小区一般应采用雨污分流制，以减少对水体和环境的污染。当居住小区内需设置中水系统时，为简化中水处理工艺，节省投资和日常运行费用，还应将生活污水和生活废水分质分流。当居住小区设置化粪池时，为减小化粪池容积也应将污水和废水分流，生活污水进入化粪池，生活废水直接排入城市排水管网、水体或中水处理站。

2. 居住小区排水管道的布置与敷设

居住小区排水管道的布置应根据小区总体规划，道路和建筑物布置，地形标高，污水、废水和雨水的去向等实际情况，按照管线短、埋深小、尽量自流排出的原则确定。居住小区排水管道的布置应符合下列要求：

1）排水管道宜沿道路或建筑物平行敷设，尽量减少转弯以及与其他管线的交叉；

2）干管应靠近主要排水建筑物，并布置在连接支管较多的一侧；

3）排水管道应尽量布置在道路外侧的人行道或草地的下面，不允许平行布置在铁路的下面和乔木的下面；

4）排水管道应尽量远离生活饮用水给水管道，避免生活饮用水遭受污染；

5）排水管道与建筑物基础间的最小水平净距与管道的埋设深浅有关，当管道的埋深浅于建筑物基础时，最小水平净距不小于1.5m，否则，最小水平间距不小于2.5m。

居住小区排水管道的覆土厚度应根据道路的行车等级、管材受压强度、地基承载力、土层冰冻等因素和建筑物排水管标高经计算确定。小区干道下的管道，覆土厚度不宜小于0.7m，如小于0.7m时应采取保护管道防止受压破损的技术措施。生活污水接户管埋设深度不得高于土壤冰冻线以上0.15m，且覆土厚度不宜小于0.3m。

居住小区内雨水口的形式和数量应根据布置位置、雨水流量和雨水口的泄流能力经计算确定。雨水口的布置应根据地形、建筑物位置，沿道路布置。雨水口一般布置在道路交汇处和路面最低点，建筑物单元出入口与道路交界处，外排水建筑物的水落管附近，小区空地、绿地的低洼点，地下坡道入口处。

3. 管材及附属设施

1）管材、接口

（1）排水管道的管材宜就地取材，并根据排水性质、成分、温度，地下水侵蚀性，外部荷载，土壤情况，施工条件等因素确定。重力流排水管宜选用埋地塑料管、混凝土管、钢筋混凝土管；排到小区污水处理装置的排水宜采用塑料排水管；在穿越管沟、过河等特殊地段或承压的管段可采用钢管或铸铁管，若采用塑料管则应外加金属套管，套管直径应比塑料管外径大200mm；当排水温度大于40℃时应采用金属排水管；输送腐蚀性污水的管道必须采用耐腐蚀的管材，其接口及附属构筑物也必须采取防腐措施。

（2）除有特殊规定的情况，塑料排水管道的接口应采用弹性橡胶圈密封柔性接口；DN200mm以下的直壁管可采用插入式粘结接口，其连接方式应根据管道材料性质确定选用柔性或刚性；混凝土、钢筋混凝土承插管柔性接口可采用沥青油膏接口；混凝土、钢筋混凝土套环接口可采用橡胶圈柔性接口或沥青砂浆和石棉水泥接口，一般用于敷设在地下水位以下的情况；铸铁管可采用橡胶圈柔性接口或石棉水泥接口；钢管应采用焊接接口。

2）检查井、跌水井

（1）为方便施工和开启，检查井和跌水井一般宜采用砖砌井筒、铸铁井盖及井座，如其位置不在道路上，则井盖可高出所在处的地面。

（2）小区排水管与室内排水管连接处，管道交汇、转弯、跌水、管径或坡度改变处以及直线管段上一定距离处应设检查井。检查井井底应设流槽，槽顶可与管顶相平。对于纪念性建筑、高级民用建筑，检查井应尽量避免布置在主入口处。

（3）检查井底导流槽转弯时，其中心线的转弯半径按转角大小和管径确定，但不小于最大管的管径。

（4）塑料排水管与检查井连接宜采用柔性接口，也可采用承插管件连接；塑料排水管与检查井连接用水泥砂浆砌筑或混凝土直接浇筑，也可采用中介层做法，即在管道与检查井相接部位预先用与管材相同的塑料胶粘剂、粗沙做成中介层，沥青和水混砂浆砌入检查井的井壁内。

（5）生活管道上下游跌水水头大于0.5m、合流管道上下游跌水水头不小于1.0m时应设置跌水井；跌水井内不得接入支管；管道转弯处不得设置跌水井。跌水井的形式一般为竖管、矩形竖槽、阶梯式。

（6）进水管管径不超过DN200mm时，一次跌水水头高度不得大于6.0m；管径为DN250～400mm时，一次跌水水头高度不得大于4.0m；管径超过DN400mm时，一次跌水水头高度及跌水方式按水力计算确定；如果跌水水头总高度更大时，则采用多个跌水井分级跌水。

3）雨水口

（1）雨水口的布置、形式、数量应根据地形、建筑和道路的布置、雨水口布置位置、雨水流量、雨水口的泄流能力等因素经计算确定。在道路交汇处、建筑物单元出入口处附近、建筑物水落管附近、建筑物前后空地和绿地的低洼处宜布置雨水口。

（2）雨水口沿道路布置时其间距宜在20～40m之间，雨水口连接管长度不宜超过25m，每根连接管口最多连接两个雨水口。

（3）平算雨水口的算口宜低于道路路面30～40mm，低于土石地面50～60mm。

（4）雨水口的深度不宜大于1m，泥砂量大的地区可根据需要设置沉泥槽，有冻害影响地区的雨水口深度可根据当地经验确定。

4）排水泵房

（1）小区污水不能自流排放时，则需要被提升。排水泵房宜建成独立建筑物，并与居住建筑、公共建筑保持一定的距离。泵房噪声对环境有影响时应采取隔振、消声措施。泵房位置宜在地势较低的地方，但不得被洪水淹没，周围应绿化。提升雨水的泵组设计流量与进水管的设计流量相同，提升污水的泵组设计流量按最大每小时流量考虑。

（2）泵房应事故排出口，如不可能设置则应保证动力装置不间断工作或设双电源。泵房内应有良好的通风，当地下式泵房自然通风不能满足要求时，则应考虑机械通风。

（3）管道穿过泵房墙壁时应设置防水套管，穿过水泵房与集水池墙壁时应采用柔性接口。

4.居住小区污水的处理

居住小区污水的排放应符合现行的《污水排入城镇下水道水质标准》CJ 343 和《污水综合排放标准》GB 8978 要求。当城镇已建成或规划了污水处理厂时，居住小区不宜再设污水处理设施，当新建小区远离城镇，小区污水无法排入城镇管网时，在小区内可设置分散或集中的污水处理设施。目前，我国分散的污水处理设施是化粪池，由于管理不善，清掏不及时，达不到处理效果，今后将逐步被分散设置的地埋式小型污水净化装置按二级生物处理要求设计所代替。当几个居住小区相邻较近时，也可考虑几个小区规划共建一个集中的污水处理厂（站）。

5.居住小区的雨水利用

1）直接利用

将雨水收集后经混凝、沉淀、过滤、消毒等处理工艺后，用作冲厕、洗车、绿化、水景补充水等生活杂用水，也可将其排入小区中水处理站作为中水的水源。

2）间接利用

将雨水经适当处理后回灌到地下水层或土壤渗透净化后涵养地下水。常用的渗透设施有绿地、渗透地面、渗透管（沟、渠）等。

1.6 建筑中水工程基本知识

中水是指各种排水经处理后，达到规定的水质标准，可在生活、市政、环境等范围内杂用的非饮用水，是由上水（给水）和下水（排水）派生出来的。建筑中水工程是指民用建筑物或小区内使用后的各种排水如生活排水、冷却水及雨水等经过适当处理后，回用于建筑物或小区内，作为冲洗便器、冲洗汽车、绿化和浇洒道路等杂用水的供水系统。工业建筑的生产废水和工艺排水

的回用不属于建筑中水，但工业建筑内的生活污水的回用亦属此范围。

建筑中水工程的设置，可以有效节约水资源，减少污废水排放量，减轻水环境的污染，特别适用于缺水或严重缺水的地区。建筑中水工程，相对于城市污水大规模处理回用而言，属于分散、小规模的污水回用工程，具有可就地回收处理利用、无需长距离输水、易于建设、投资相对较小和运行管理方便等优点。

我国现行《建筑中水设计规范》GB 50336 - 2002 中明确规定：缺水城市和缺水地区适合建设中水设施的工程项目，应按照当地有关规定配套建设中水设施。中水设施必须与主体工程同时设计，同时施工，同时使用。

1.6.1 中水水源

中水水源可分为建筑物中水水源和小区中水水源。

建筑物中水水源可取自建筑的生活排水和其他可以利用的水源。建筑屋面雨水可作为中水水源或其补充；综合医院污水作为中水水源时，必须经过消毒处理，产出的中水仅可用于独立的不与人直接接触的系统；传染病医院、结核病医院污水和放射性废水，不得作为中水水源。

建筑物中水水源可选择的种类和选取顺序为：①卫生间、公共浴室的盆浴、淋浴等的排水；②盥洗排水；③空调循环冷却系统排污水；④冷凝水；⑤游泳池排污水；⑥洗衣排水；⑦厨房排水；⑧厕所排水。

实际中水水源不是单一水源，多为上述几种原水的组合。一般可分为下列三种组合：

（1）优质杂排水：杂排水中污染程度较低的排水，如冷却排水、游泳池排水、沐浴排水、盥洗排水、洗衣排水等。其有机物浓度和悬浮物浓度都低，水质好，处理容易，处理费用低，应优先使用。

（2）杂排水：民用建筑中除冲厕排水外的各种排水，如冷却排水、游泳池排水、沐浴排水、盥洗排水、洗衣排水、厨房排水等。其有机物浓度和悬浮物浓度都较高，水质相对较好，处理费用比优质杂排水高。

（3）生活排水：所有生活排水之总称。其有机物浓度和悬浮物浓度都很高，水质较差，处理工艺复杂，处理费用高。

中水水源应根据排水的水质、水量、排水状况和中水回用的水质、水量选定。为了简化中水处理流程，节约工程造价，降低运转费用，选择中水水源时，应首先选用污染浓度低、水量稳定的优质杂排水。

小区中水水源的选择要依据水量平衡和经济技术比较来确定，并应优先选择水量充裕稳定、污染物浓度低、水质处理难度小、安全且居民易接受的中水水源。小区中水可选择的水源有：①小区内建筑物杂排水；②小区或城市污水处理厂出水；③相对洁净的工业排水；④小区内的雨水；⑤小区生活污水。

当城市污水回用处理厂出水达到中水水质标准时，小区可直接连接中水管道使用。当城市污水回用处理厂出水未达到中水水质标准时，可作为中水原水进一步处理，达到中水水质标准后方可使用。

1.6.2　建筑中水系统形式

建筑中水是建筑物中水和小区中水的总称。建筑物中水是指在一栋或几栋建筑物内建立的中水系统。小区中水是指在小区内建立的中水系统。小区主要指居住小区，也包括院校、机关大院等集中建区。建筑中水系统是由中水原水的收集、贮存、处理和中水供给等工程设施组成的有机结合体，是建筑或小区的功能配套设施之一。

1. 建筑物中水系统形式

建筑物中水宜采用原水污、废分流，中水专供的完全分流系统。在该系统中，中水原水的收集系统和建筑物的原排水系统是完全分开的，同时建筑物的生活给水系统和中水供水系统也是完全分开的系统。

2. 建筑小区中水系统形式

建筑小区中水可以采用以下多种系统形式：

1) 全部完全分流系统是指原水污、废分流管系和中水供水管系覆盖建筑小区内全部建筑物的系统。

"全部"，是指分流管道的覆盖面，是全部建筑还是部分建筑；"分流"是指系统管道的敷设形式，是污废水分流、合流还是无管道。

完全分流系统管线比较复杂，设计施工难度增大，管线投资较大。该系统在缺水地区和水价较高的地区是可行的。

2) 部分完全分流系统是指原水污、废分流管系和中水供水管系均为覆盖小区内部分建筑的系统，可分为半完全分流系统和无分流管系的简化系统。

半完全分流系统是指无原水污、废分流管系，只有中水供水管或只有污水、废水分流管系而无中水供水管的系统。前者指采用生活污水或外界水源，而少一套污水收集系统；后者指室内污水收集后用于室外杂用，而少一套中水供水管系。这两种情况可统称为三套管路系统。

无分流管系的简化系统是指建筑物内无原水的污、废分流管系和中水供水管系的系统。该系统使用综合生活污水或外界水源作为中水水源；中水不进建筑物，只用于地面绿化、喷洒道路、水体景观和人工湖补水、地面冲洗和汽车清洗等，无中水供水管系。这种情况下，建筑物内还是两套管路系统。

中水系统形式的选择，应根据工程的实际情况、原水和中水用量的平衡和稳定、系统的技术经济合理性等因素综合考虑确定。

1.6.3　建筑中水系统组成

中水系统包括原水系统、处理系统和供水系统三部分。

1. 中水原水系统

中水原水系统是指收集、输送中水原水到中水处理设施的管道系统和一些附属构筑物。其设计与建筑排水管道的设计原则和基本要求相同。

2. 中水处理系统

中水处理系统是中水系统的关键组成部分，其任务是将中水原水净化为合格的回用中水。中水处理系统的合理设计、建设和正常运行是建筑中水系统有效实施的保障。

中水处理系统包括预处理、处理和深度处理。预处理单元一般包括格栅、毛发去除、预曝气等（厨房排水等含油排水进入原水系统时，应经过隔油处理；粪便排水进入原水系统时，应经过化粪池处理）；处理单元分为生物处理和物化处理两大类型，生物处理单元如生物接触氧化、生物转盘、曝气生物滤池、土地处理等，物化处理单元如混凝沉淀、混凝气浮、微絮凝等；深度处理单元如过滤、活性炭吸附、膜分离、消毒等。

3. 中水供水系统

中水供水系统的任务是将中水处理系统的出水（符合中水水质标准）保质保量地通过中水输配水管网送至各个中水用水点，该系统由中水贮水池、中水增压设施、中水配水管网、控制和配水附件、计量设备等组成。

1.6.4　中水处理工艺流程

中水处理工艺流程应根据中水原水的水质、水量及中水回用对水质、水量的要求进行选择。进行方案比较时还应考虑场地状况、环境要求、投资条件、缺水背景、管理水平等因素，经过综合经济技术比较后择优确定。

1) 当以优质杂排水或杂排水作为中水水源时，可采用以物化处理为主的工艺流程，或采用生物处理和物化处理相结合的工艺流程。

（1）物化处理工艺流程（适用优质杂排水）

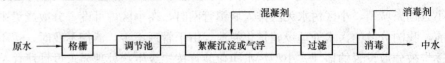

（2）生物处理和物化处理相结合的工艺流程

（3）预处理和膜分离相结合的处理工艺流程

优质杂排水是中水系统原水的首选水源，大部分中水工程以洗浴、盥洗、冷却水等优质杂排水为中水水源。对于这类中水工程，由于原水水质较好且差异不大，处理目的主要是去除原水中

的悬浮物和少量有机物，因此不同流程的处理效果差异并不大；所采用的生物处理工艺主要为生物接触氧化和生物转盘工艺，处理后出水水质一般均能达到中水水质标准。

2）当以含有粪便污水的排水作为中水原水时，宜采用二段生物处理与物化处理相结合的处理工艺流程。

（1）生物处理和深度处理相结合的工艺流程

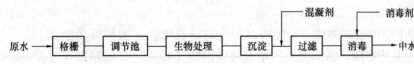

（2）生物处理和土地处理相结合的工艺流程

（3）曝气生物滤池处理工艺流程

（4）膜生物反应器处理工艺流程

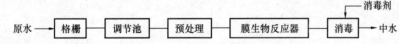

随着水资源紧缺的加剧，开辟新的可利用的水源的呼声越来越高，以综合生活污水为原水的中水设施呈现增多的趋势。由于含有粪便污水的排水有机物浓度较高，这类中水工程一般采用生物处理为主且与物化处理结合的工艺流程，部分中水工程以厌氧处理作为前置处理单元强化生物处理工艺流程。

3）利用污水处理站二级处理出水作为中水水源时，宜选用物化处理或与生化处理结合的深度处理工艺流程。

（1）物化法深度处理工艺流程

（2）物化与生化结合的深度处理流程

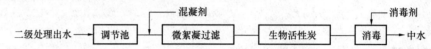

（3）微孔过滤处理工艺流程

在确保中水水质的前提下，可采用耗能低、效率高、经过实验或实践检验的新工艺流程。

中水用于采暖系统补充水等用途，其水质要求高于杂用水，采用一般处理工艺不能达到相应水质标准要求时，应根据水质需要增加深度处理，如活性炭、超滤或离子交换处理等。

中水处理产生的沉淀污泥、活性污泥和化学污泥，当污泥量较小时，可排至化粪池处理，当污泥量较大时，可采用机械脱水装置或其他方法进行妥善处理。

近年来随着水处理技术的发展，大量中水工程的建成，多种中水处理工艺流程得到应用，中水处理工艺工程突破了几种常用流程向多样化发展。随着技术、经验的积累，中水处理工艺的安全适用性得到重视，中水回用的安全性得到了保障；各种新技术、新工艺应用于中水工程，如水解酸化工艺、生物炭工艺、曝气生物滤池、膜生物反应器、土地处理等，极大提高了中水技术水平，使中水工程的效益更加明显；大量就近收集、处理回用的小型中水设施的应用，促进了小型中水工程技术的集成化、自动化发展；国家相关技术规范的颁布，加速了中水工程的规范化和定型化，中水工程质量不断提高。

第2章　建筑给水排水工程制图与识图的基本知识

2.1　建筑给水排水工程施工图识图基础知识

2.1.1　图纸幅面

为了合理使用图纸和便于装订、保管，国家标准对绘制工程图样的图纸幅面作了规定。图纸基本幅面尺寸见表2-1。

图纸幅面和图框尺寸（mm）　　　　　　　　表2-1

幅面代号	A0	A1	A2	A3	A4
B×L	841×1189	594×841	420×594	297×420	210×297
e	20			10	
c	10			5	
a	25				

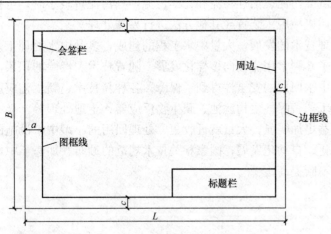

图2-1　幅面的组成

绘制正式的工程图样时，必须在图幅内画上图框，由图框线所围成的图面，称为图纸的幅面。幅面由边框线、图框线、标题栏、会签栏等组成。图框线与图幅边线的间隔 a 和 c 应符合表2-1的要求。如不需装订边，则图幅边线的间隔取 e 值，见表2-1。

从表2-1中看出，幅面代号有五类：A0～A4，各号基本幅面的尺寸关系是：沿上一号幅面的长边对裁，即为次一号幅面的大小。必要时可选用加长幅面，但 A0～A2 号图纸一般不得加

长，A3、A4 号图纸可根据需要，沿短边以短边的倍数加长，加长后图纸幅面尺寸见表2-2。加长幅面的尺寸是由基本幅面的成整数倍增加后得出的（如 A3×3 的幅面尺寸是 A3 幅面的长边尺寸 420 和 3 倍的短边尺寸 891）。

图纸沿短边的倍数加长的幅面尺寸　　　　　　　表2-2

幅面代号	尺寸（mm）	幅面代号	尺寸（mm）
A3×3	420×891	A4×4	297×841
A3×4	420×1189	A4×5	297×1051
A4×3	297×630	—	—

2.1.2　标题栏、会签栏

在正式工程图上都应有工程名称、图名、图纸编号、设计单位、设计人、绘图人、校核人、审定人的签字等栏目。把它们集中列成表格形式就是图纸的标题栏，简称图标，其位置如图2-1所示。

2.1.3　图线

国标对图线的规定包括两个方面，即线宽和线型。绘制图纸时要采用不同线型、不同线宽来表示不同的含义。给水排水工程专业制图常用的线型有实线、虚线、点画线、双点画线、折断线、波浪线等，选择线型宜符合表2-3的规定。线宽应根据图纸的类型、比例和复杂程度，按现行国家标准《房屋建筑制图统一标准》GB/T 50001 中的规定选用。但在同一张图中，各类线型的线宽应有一定的比例，这样才能保证图面层次清晰。线宽 b 的系列为 0.18mm、0.25mm、0.35mm、0.5mm、0.7mm、1.0mm、1.4mm、2.0mm。

各类线型及线宽　　　　　　　表2-3

名　称	线　型	线宽	用　途
粗实线	——————	b	新设计的各种排水和其他重力流管线
粗虚线	- - - - - -	b	新设计的各种排水和其他重力流管线的不可见的轮廓线
中粗实线	——————	0.75b	新设计的各种给水和其他压力管线，原有各种排水和其他重力流管线
中粗虚线	- - - - - -	0.75b	新设计的各种给水和其他压力管线及原有各种排水和其他重力流管线的不可见的轮廓线

续表

名　称	线　型	线宽	用　途
中实线	——————	0.50b	给水排水设备、零（附）件的可见的轮廓线；总图中新建的建筑物和构筑物的可见的轮廓线；原有各种给水和其他重力流管线
中虚线	- - - - - - -	0.50b	给水排水设备、零（附）件的不可见的轮廓线；总图中新建的建筑物和构筑物的不可见的轮廓线；原有各种给水和其他重力流管线不可见的轮廓线
细实线	——————	0.25b	建筑的可见轮廓线；总图中原有的建筑物和构筑物的可见的轮廓线；制图中的各种标注线
细虚线	- - - - - - -	0.25b	建筑的不可见轮廓线；总图中原有的建筑物和构筑物的不可见的轮廓线
单点长画线	— · — · — · —	0.25b	中心线、定位轴线
折断线	—\/\—	0.25b	断开界限
波浪线	～～～～	0.25b	平面图中水面线；局部构造层次范围线；保温范围示意线

2.1.4　比例

图样上工程建筑物直线的尺寸与实际建筑物相应方向的直线尺寸的比，就是工程图样上所应用的比例。绘图时所用的比例，应根据图面的大小及内容复杂程度，以图面布置适当、图形表示清晰为原则，给水排水工程设计中各种图纸比例一般可按表2-4选用。标注在图名的右侧，字的基线应取平，比例的字高宜比图名字高小一号或两号。

常　用　比　例　　　　　　　　　　表2-4

序号	图纸名称	比　例	备　注
1	区域规划图 区域位置图	1∶50000、1∶25000、1∶10000、1∶2000 1∶5000、1∶2000	宜与总图专业一致
2	总平面图	1∶1000、1∶500、1∶300	宜与总图专业一致
3	污水（给水）处理厂（站）平面图	1∶500、1∶200、1∶100	
4	水处理构筑物、设备间、卫生间、平剖面图	1∶100、1∶50、1∶40、1∶30	
5	泵房平剖面图	1∶100、1∶50、1∶40、1∶30	
6	管道纵断面图	横向∶1∶1000、1∶500、1∶300 纵向∶1∶200、1∶100、1∶50	
7	建筑给水排水平面图	1∶200、1∶150、1∶100	宜与建筑专业一致
8	建筑给水排水轴测图	1∶150、1∶100、1∶50	宜与建筑专业一致
9	详图	1∶50、1∶30、1∶20、1∶10、1∶5、1∶2、1∶1、2∶1	

在建筑给水排水轴测图中，当局部表达有困难时，该处可不按比例绘制。

在管道纵断面图中，竖向与纵向可采用不同的组合比例。

水处理工艺流程断面图和建筑给水排水管道展开系统图可不按比例绘制。

2.1.5　字体

在工程图上，除了画出物体的图形及其他必要的符号外，还需要用文字及数字加以说明和注解，才能完整、清晰地表达图样需反映的内容及各种信息。工程图上的字体，要求清晰、易读、易写，也要求美观整齐。

工程图纸上的字体包括汉字、字母和数字。汉字应书写成长仿宋体，并必须遵守国务院公布的《汉字简化方案》和有关规定。汉字的字高用字号来表示，如7号字字高7mm。汉字的高度不应小于3.5mm，字宽一般为7/10字高。字母、数字根据需要可以写成大写、小写，直体或斜体。

2.1.6　尺寸标注

在工程图上，除了用投影表示物体的形状外，还要标注尺寸表示物体的大小。工程图只有标注了尺寸，图纸才有实际意义，才能使用。图样上的尺寸应包括尺寸界线、尺寸线、尺寸起止符号和尺寸数字。

标注尺寸的要求一要规范，标注方式符合国标规定。二要完整，尺寸必须齐全，相同部位的尺寸在不同图纸上标注尺寸应一致。三要清晰，注写的部位要恰当、明显、排列有序。

1. 标高标注

标高符号及一般标注方法应符合现行国家标准《房屋建筑制图统一标准》GB/T 50001 的规定。标高有相对标高和绝对标高两种。

室内工程应标注相对标高，室外工程宜标注绝对标高，当无绝对标高资料时，可标注相对标高，但应与总图专业一致。建筑给排水系统以一楼室内地坪为±0.000，并与建筑图采用的相对标高一致。

压力管道应标注管中心标高；重力流管道和沟渠宜标注管（沟）内底标高。标高单位以米计时，可注写到小数点后第二位。

在下列部位应标注标高：

1）压力流管道中的标高控制点。

2）管道穿外墙、剪力墙和构筑物的壁及底板等处。

3）不同水位线处。

4）建（构）筑物中土建部分的相关标高。

5）沟渠和重力流管道：①建筑物内应标注起点、变径（尺寸）点、变坡点、穿外墙及剪力墙处；②需控制标高处；③小区内管道，管道布置图上管道的标高应按图2-6～图2-9的要求标注。

2. 标注方式

标高的标注方式应符合下列规定：

1）在平面图中，管道标高应按图2-2所示的方式标注。

2）在平面图中，沟渠标高应按图2-3所示的方式标注。

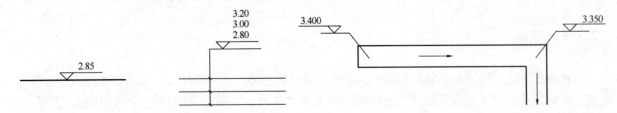

图2-2　平面图中管道标高的标注　　　　图2-3　平面图中沟渠标高的标注

3）在轴测图中，管道标高应按图2-4所示的方式标注。

4）在剖面图中，管道及水位的标高应按图2-5所示的方式标注。

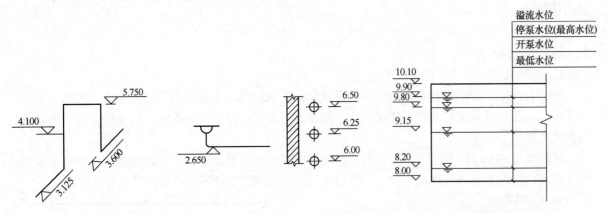

图2-4　轴测图中管道标高的标注　　　　图2-5　剖面图中管道及水位标高标注法

5）在建筑工程中，管道也可标注相对本层建筑地面的标高，标注方法为$h+\times.\times\times\times$，$h$表示本层建筑地面标高（如$h+0.250$）。

泵站应注明进水水位标高、泵站底板标高、集水池最高水位标高、最低水位标高、泵轴标高、水泵机组标高、泵站室内地坪标高以及室外地面标高等。

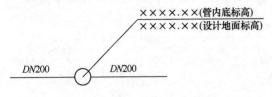

图2-6　检查井上、下游管道管径
无变径且无跌水时的标注方法

6）总图管道布置图上标注管道标高宜符合下列规定：

（1）检查井上、下游管道管径无变径，且无跌水时，宜按图2-6的方式标注。

（2）检查井内上、下游管道的管径有变化或有跌水时，宜按图2-7的方式标注。

（3）检查井内一侧有支管接入时，宜按图2-8的方式标注。

（4）检查井内两侧均有支管接入时，宜按图2-9的方式标注。

7）设计采用管道纵断面图的方式表示管道标高时，管道纵断面图宜按下列规定绘制：

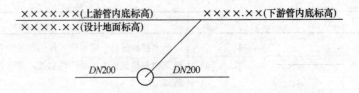

图2-7　检查井内上、下游管道的管径有变化或有跌水时的标注方法

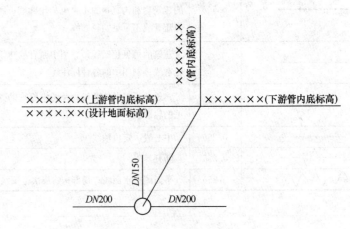

图2-8　检查井内一侧有支管接入时的标注方法

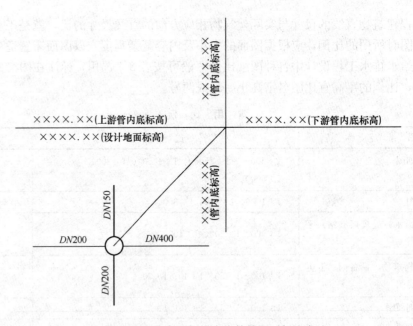

图2-9　检查井内两侧均有支管接入时标注方法

（1）压力流管道纵断面图如图2-10所示。

（2）重力管道纵断面图如图2-11所示。

重力流管道也可采用管道高程表的方式表示管道敷设标高，管道高程表的格式见表2-5。

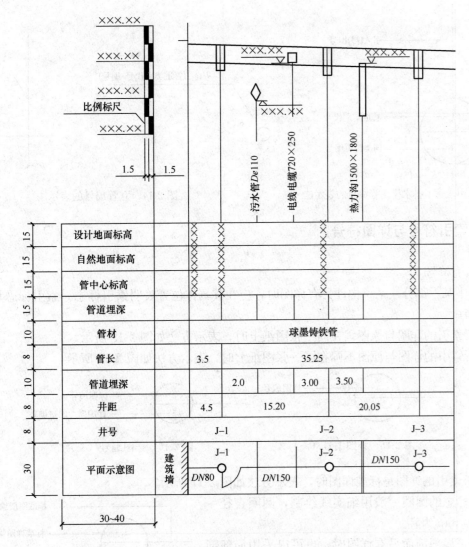

图 2-10　给水管道纵断面图（纵向 1∶500，竖向 1∶50）

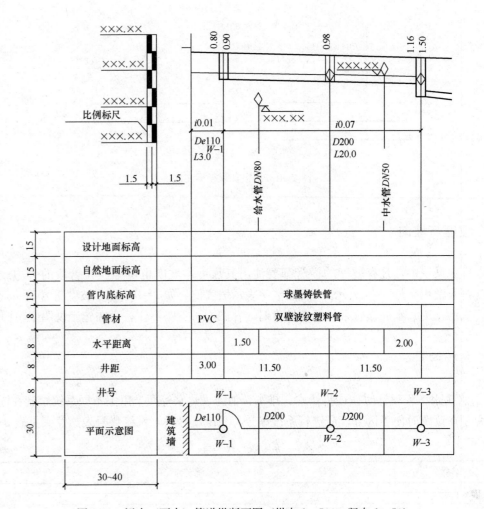

图 2-11　污水（雨水）管道纵断面图（纵向 1∶500，竖向 1∶50）

3. 管径标注

在给水排水工程中，管径应以毫米（mm）为单位。各种管径的表达方式应符合下列规定：

（1）水煤气输送管（镀锌或不镀锌）、铸铁管等管材，管径宜以公称直径 DN 表示；

（2）无缝钢管、焊接钢管（直缝或螺旋缝）等管材，管径宜以外径 $D×$壁厚表示（如 $D108×4$）；

（3）铜管、薄壁不锈钢管等管材，管径宜以公称外径 Dw 表示；

（4）建筑给水排水塑料管材，管径宜以公称外径 dn 表示；

（5）钢筋混凝土（或混凝土）管，管径宜以内径 d 表示；

（6）复合管、结构壁塑料管等管材，管径应按产品标准的方法表示；

（7）当设计中均采用公称直径 DN 表示管径时，应有公称直径 DN 与相应产品规格对照表。

管道高程表的格式　　　　　表 2-5

序号	管段编号		管长 (m)	管径 (mm)	坡度 (%)	管底坡降 (m)	管底跌落 (m)	设计地面标高（m）		管内底标高（m）		埋深 (m)		备注
	起点	终点						起点	终点	起点	终点	起点	终点	

单根管管径的标注方法是管线上方直接标注。多根管管径的标注方法参见图 2-12。

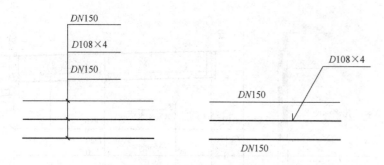

图 2-12　多根管管径标注法

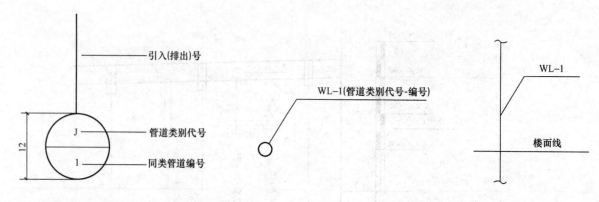

图 2-13　给水引入管或排水排出管编号的表示法　　　图 2-14　立管编号的表示法

2.1.7　坡度与坡向

给水排水系统中，凡有坡度的横管都要注出其坡度，坡度也可标注在管段的旁边或引出线上，坡度符号常用字母"i"表示，i 后面数字表示坡度值，如 $i=0.012$，坡度符号箭头应指向下坡方向，当污（废）水的横管采用标准坡度时，在图中可省略不注，而在施工说明中写明即可。

2.1.8　系统编号

1. 给水排水工程设计时往往将给水、排水、消防、热水等两个以上不同系统绘制在同一张图纸上，为了在读图时便于区分，应进行系统编号。系统编号中，系统代号表达意义见表 2-6。

系统代号　　　　　　　　　　　　　　　　　表 2-6

系统名称	代号	系统名称	代号
给水系统	J	排水系统	P
热水系统	R	废水系统	F
中水系统	Z	雨水系统	Y
污水系统	W	消防系统	X

2. 系统编号

系统编号由系统代号和顺序号组成，系统代号由大写拉丁字母表示，顺序号由阿拉伯数字表示。当图纸中的附属构筑物、管道种类或设备的数量超过 1 个时，宜对这些构筑物、管道或设备进行编号，编的方法及标注方式如下：

1）建筑物的给水引入管或排水排出管的编号宜按图 2-13 的方法表示。

2）建筑物内穿越楼层的立管的编号宜按图 2-14 的方法表示。

3）在总平面图中，构筑物的编号方法为：构筑物代号—编号。其中给水构筑物的编号顺序宜为：从水源到干管，再从干管到支管，最后到用户；排水构筑物的编号顺序宜为：从上游到下游，先干管后支管。

4）当给水排水机电设备的数量超过 1 台时，宜进行编号，并应有设备编号与设备名称对照表。

2.1.9　索引符号与详图符号

1. 索引符号

当图中某一部分或某一构件另有详图时，应在其具体位置表明索引标志。索引标志具体有三种表示方法。

1）所索引的详图与原图画在同一张图纸上时，表示方法如图 2-15 所示。

2）所索引的详图与原图不画在同一张图纸上时，表示方法如图 2-16 所示。

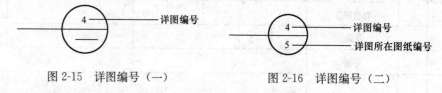

图 2-15　详图编号（一）　　　图 2-16　详图编号（二）

3）所索引的详图是标准详图时，表示方法如图 2-17 所示。

索引标志的圆圈一般用细实线绘制，圆圈直径一般以 8～10mm 为宜。

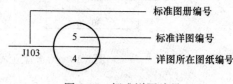

图 2-17　标准详图编号

当某一局部剖面另有详图时，也可以采用局部剖面的详图索引标志注明。但由于剖面图有剖示方向，因此索引标志中也应有方向标志。具体表示方法如下：

当索引的局部剖面详图与原图画在同一张图纸上时，索引标志表示方法如图 2-18 所示。

粗线表示剖面的剖示方向。如粗线在引出线之上，即表示该剖面的剖视方向是向上，其余类推。粗线必须贯穿所切剖面的全面。

图 2-18　剖面详图编号

当索引的局部剖面详图与原图不画在同一张图纸上时，索引标志表示方法如图 2-19 所示。

2. 详图符号

详图的位置和编号，应以详图符号表示。详图符号的圆应以直径为 14mm 粗实线绘制。详图应按下列规定编号：

1) 与被索引的图样同在一张图纸内时，应在详图符号内用阿拉伯数字注明详图的编号，如图 2-20 所示。

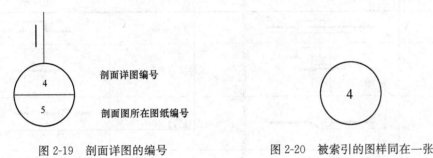

图 2-19　剖面详图的编号　　　　图 2-20　被索引的图样同在一张
图纸内详图符号表示方法

2) 详图与被索引的图样不在同一张图纸内，应用细实线在详图符号内画一水平直径，在上半圆中注明详图编号，在下半圆中注明被索引的图纸的编号，如图 2-21 (c) 所示。

3. 引出线

1) 引出线以细实线绘制，宜采用水平方向的直线及与水平方向成 30°、45°、60°、90°的直线，或经上述角度再折为水平线。文字说明宜注写在水平线的上方，也可注写在水平线的端部。索引详图的引出线应与水平直径线相连接，如图 2-21 所示。

2) 同时引出几个相同部分的引出线，宜互相平行，也可画成集中于一点的放射线，如图 2-22 所示。

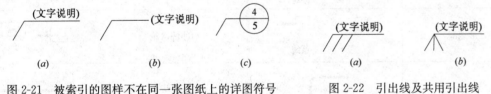

图 2-21　被索引的图样不在同一张图纸上的详图符号　　　　图 2-22　引出线及共用引出线

3) 多层构造或多层管道共用引出线，应通过被引出的各层。文字说明宜注写在水平线的上方或注写在水平线的端部，说明的顺序应由上至下，并应与被说明的层次相互一致。如层次为横向排序，则由上至下的说明顺序应与由左至右的层次相互一致，如图 2-23 所示。

4. 其他符号

1) 对称符号：对称符号由对称线和两端的两对平行线组成。对称线用细点画线绘制。平行线用细实线绘制，其长度宜为 6～10mm，每对的间距宜为 2～3mm；对称线垂直平分于两对平行线，两端超出平行线宜为 2～3mm，如图 2-24 所示。

2) 连接符号：连接符号应以折断线表示需连接的部位。两部位相距过远时，折断线两端靠图样一侧应标注大写拉丁字母表示连接编号。两个被连接的图样必须用相同的字母编号，如图 2-24 所示。

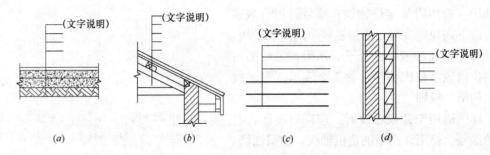

图 2-23　多层构造或多层管道共用引出线

3) 指北针：指北针的形状如图 2-25 所示，其外圆用细实线绘制，直径宜为 24mm；指针尾部的宽度宜为 3mm，指针头部应注 "北" 或 "N" 字。需用较大直径绘制指北针时，指针尾部宽度宜为直径的 1/8。

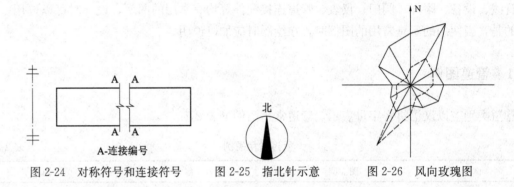

图 2-24　对称符号和连接符号　　图 2-25　指北针示意　　图 2-26　风向玫瑰图

4) 风向玫瑰图：风向频率玫瑰图，俗称风向图，如图 2-26 所示，是根据当地多年气象统计资料将一年中不同风向的吹风频率用同一比例绘制在十六个方位线上连接而成，有箭头的方向为北向。风吹方向是指从外吹向中心，粗实线表示全年风向频率，粗实折线顶点距中心点越远表示该方向吹风频率越高，最大风频方向称为常年主导风向，又名盛行风向。虚线表示当地夏季 6 月、7 月、8 月三个月统计的风向频率，称为夏季主导风向。

2.1.10　定位轴线

定位轴线是用来确定建筑物承重构件位置的基准线。用细单点长画线表示，并在线的端头画直径为 8mm 的（详图上为 10mm）的细实线圆圈，在圆里编号。定位轴线圆的圆心，应在定位轴线的延长线上或延长线的折线上。平面图上，定位轴线的编号，宜标注在图样的下方与左侧。横向编号应用阿拉伯数字，从左至右顺序编写，竖向编号应用大写拉丁字母，从下至上顺序编写（图 2-27）。拉丁字母的 I、O、Z 不得用作轴线编号，以免与 1、0、2 混淆。

对于一些与主要构件相联系的次要构件，它

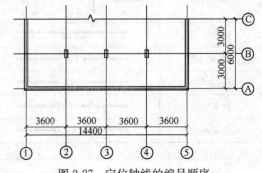

图 2-27　定位轴线的编号顺序

的定位轴线一般用附加定位轴线。编号可用分数表示，并应按下列规定编写：两根轴线间的附加轴线，分母表示前一轴线的编号，分子表示附加轴线的编号，用阿拉伯数字依次编号，如 1/2 表示 2 号轴线之后附加的第一根轴线。

一个详图适用于几根轴线时，应同时注明各有关轴线的编号。通用详图中的定位轴线，应只画圆，不注写轴线编号（图 2-28）。

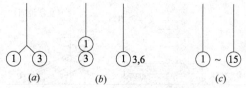

图 2-28 详图的轴线编号
(a) 用于 2 根轴线；(b) 用于 2 根轴线或 3 根以上轴线；(c) 用于 3 根以上连续编号的轴线

2.2 建筑给水排水施工图中常用图例、符号

管线、设备、附件、阀门、仪表、管道连接配件等均有常用的图例，设计时可以选用。应该说明的是，当使用的不是常用的图例时，在绘图时应加以说明。

2.2.1 管道图例

管道类别应以汉语拼音字母表示，管道常用图例见表 2-7。

管道常用图例 表 2-7

名　称	图　例	名　称	图　例
生活给水管	—— J ——	中水给水管	—— ZJ ——
热水给水管	—— RJ ——	循环给水管	—— XJ ——
热水回水管	—— RH ——	循环回水管	—— XH ——
热媒给水管	—— RM ——	通气管	—— T ——
热媒回水管	—— RMH ——	污水管	—— W ——
蒸汽管	—— Z ——	压力污水管	—— YW ——
保温管		雨水管	—— Y ——
多孔管		压力雨水管	—— YY ——
管道立管	XZ-1 / XZ-1 平面 系统　X: 管道类别 L: 立管 1: 编号	虹吸雨水管	—— HY ——
伴热管		膨胀管	—— PZ ——
空调凝结水管	—— KN ——	地沟管	
凝结水管	—— N ——	防护套管	
废水管	—— F ——	排水明沟	
压力废水管	—— YF ——	排水暗沟	

注：1. 分区管道用加注角标方式表示，如 J1、J2、RJ1、RJ2 等。

2. 原有管线可用比同类型的新设管线细一级的线型表示，并加斜线，拆除管线则加叉线。

2.2.2 管道附件图例

管道附件常用图例见表 2-8。

管道附件常用图例 表 2-8

名　称	图　例	名　称	图　例
管道伸缩器		方管伸缩器	
刚性防水套管		柔性防水套管	
波纹管		可曲挠橡胶接头	单球　双球
管道固定支架		立管检查口	
管道滑动支架		清扫口	平面　系统
雨水斗	YD- / YD- 平面　系统	通气帽	成品　蘑菇形
排水漏斗	平面　系统	圆形地漏	平面　系统
方形地漏	平面　系统	自动冲洗水箱	
挡墩		减压孔板	
Y形除污器		毛发聚集器	平面　系统
倒流防止器		吸气阀	
真空破坏器		防虫罩网	
金属软管		—	—

28

2.2.3　管道连接图例

管道连接常用图例见表2-9。

管道连接常用图例　　表2-9

名　称	图　例	名　称	图　例
法兰连接		管道丁字上接	
承插连接		管道丁字下接	
活接头		管堵	
法兰堵盖		管道交叉	
盲板		弯折管	高　低　低　高
三通连接		四通连接	

2.2.4　管件图例

管件的常用图例见表2-10。

管件的常用图例　　表2-10

名　称	图　例	名　称	图　例
偏心异径管		乙字管	
异径管		喇叭口	
转动接头		S形存水弯	
斜三通		P形存水弯	
正三通		短管	
正四通		弯头	
斜四通		浴盆排水件	

2.2.5　阀门图例

阀门常用图例见表2-11。

阀门常用图例　　表2-11

名　称	图　例	名　称	图　例
闸阀		旋塞阀	平面　系统
角阀		底阀	
三通阀		球阀	
四通阀		隔膜阀	
截止阀	$DN \geqslant 50$　　$DN < 50$	气开隔膜阀	
蝶阀		气闭隔膜阀	
电动闸阀		电动隔膜阀	
液动闸阀		温度调节阀	
气动闸阀		压力调节阀	
电动蝶阀		电磁阀	
液动蝶阀		止回阀	

名　称	图　例	名　称	图　例
气动蝶阀		消声止回阀	
减压阀		持压阀	©
泄压阀		水力液位控制阀	平面　系统
弹簧安全阀		延时自闭冲洗阀	
平衡锤安全阀		感应式冲洗阀	
自动排气阀	平面　系统	吸水喇叭口	平面　系统
浮球阀		疏水器	

2.2.6　给水附件图例

给水附件常用图例见表2-12。

给水附件常用图例　　　　表2-12

名　称	图　例	名　称	图　例
放水龙头	平面　系统	脚踏开关水嘴	
皮带龙头	平面　系统	混合水龙头	
洒水（栓）龙头		旋转水龙头	
化验龙头		浴盆带喷头混合水龙头	
肘式龙头		蹲便器脚踏开关	

2.2.7　消防设施图例

消防设施常用图例见表2-13。

消防设施常用图例　　　　表2-13

名　称	图　例	名　称	图　例
消火栓给水管	—XH—	室外消火栓	
自动喷水灭火给水管	—ZP—	室内消火栓（单口）	平面　系统
雨淋灭火给水管	—YL—	湿式报警阀	平面　系统
水幕灭火给水管	—SM—	干式报警阀	平面　系统
水炮灭火给水管	—SP—	预作用式报警阀	平面　系统
室内消火栓（双口）	平面　系统	雨淋阀	平面　系统
水泵接合器		信号闸阀	
自动喷头（开式）	平面　系统	信号蝶阀	
自动喷头（闭式，下喷）	平面　系统	消防炮	平面　系统
自动喷头（闭式，上喷）	平面　系统	水流指示器	Ⓛ
自动喷头（闭式，上下喷）	平面　系统	水力警铃	
侧墙式自动喷头	平面　系统	末端测试阀	平面　系统
水喷雾喷头	平面　系统	手提式灭火器	
直立型水幕喷头	平面　系统	推车式灭火器	
下垂型水幕喷头	平面　系统	—	—

2.2.8 卫生设备及水池图例

卫生设备及水池常用图例见表 2-14。

卫生设备及水池常用图例   表 2-14

名 称	图 例	名 称	图 例
立式洗脸盆		立式小便器	
台式洗脸盆		挂式小便器	
挂式洗脸盆		蹲式大便器	
浴盆		坐式大便器	
化验盆、洗涤盆		小便槽	
厨房洗涤盆（不锈钢）		淋浴喷头	
带沥水板洗涤盆		污水池	
盥洗槽		妇女卫生盆	

2.2.9 小型给水排水构筑物图例

小型给水排水构筑物常用图例见表 2-15。

小型给水排水构筑物常用图例   表 2-15

名 称	图 例	名 称	图 例
矩形化粪池	HC（HC 为化粪池代号）	雨水口（单算）	
隔油池	YC（YC 为隔油池代号）	雨水口（双算）	
沉淀池	CC（CC 为沉淀池代号）	阀门井及检查井	J-×× W-×× Y-×× / J-×× W-×× Y-××（以代号区分管道）
降温池	JC（JC 为降温池代号）	水封井	
中和池	ZC（ZC 为中和池代号）	跌水井	
水表井		—	—

2.2.10 给水排水设备图例

给水排水设备常用图例见表 2-16。

给水排水设备常用图例   表 2-16

名 称	图 例	名 称	图 例
卧式水泵	平面 / 系统 或	板式热交换器	
立式水泵	平面 / 系统	开水器	
潜水泵		喷射器	（小三角为进水端）
定量泵		除垢器	
管道泵		水锤消除器	
卧式容积式热交换器		搅拌器	M

31

名　称	图　例	名　称	图　例
立式容积式热交换器		紫外线消毒器	
快速管热交换器		—	—

2.2.11　给水排水专业所用仪表图例

给水排水专业所用仪表常用图例见表 2-17。

给水排水专业所用仪表常用图例　　　　表 2-17

名　称	图　例	名　称	图　例
温度计		真空表	
压力表		温度传感器	——[T]
自动记录压力表		压力传感器	——[P]
压力控制阀		pH 传感器	——[pH]
水表		酸传感器	——[P]
自动记录流量表		碱传感器	——[Na]
转子流量计	平面　系统	余氯传感器	——[Cl]

注：上述未列出的管道、设备、配件等图例，设计人员可自行编制说明，但不得与上述图例重复和混淆。

图例摘自《建筑给水排水制图标准》GB/T 50106 - 2010。

2.3　建筑给水排水施工图的绘制方法及识读步骤

建筑给水排水施工图由基本图纸和详图两大部分组成。基本图纸包括图纸目录、设计施工说明、平面图、剖面图、平面放大图、系统图、详图、纵断面图、主要设备材料表、预算书和计算书等组成。详图包括大样图、节点详图等。

2.3.1　图纸名称和内容

1. 图纸目录

为了便于查阅和保管，设计人员将一个项目工程的施工图纸按一定的名称和顺序归纳整理编排成图纸目录。图纸目录的内容主要有序号、编号、图纸名称、张数等。一般先列出新绘制的图纸，后列出本工程选用的标准图，最后列出重复使用图。通过阅读图纸目录，可以了解工程名称、项目内容、设计日期及图纸组成、数量和内容等。

图纸目录应单独排列在所有建筑给水排水施工图的最前面，且不应编入图纸的序号内。基本图和详图属于新绘图，列在目录的前面。在目录的后面，有时还常会列出所利用的标准图集代号。

建筑给水排水施工图的目录应一个子项编一份，在同一目录内不得编入其他单项的图纸，以便于归档、查阅和修改。

图纸目录一般包括序号、图纸名称、编号、张数、图纸规格、备注等，目录格式详见表 2-18。

目　录　格　式　　　　表 2-18

××××建筑设计院 （建设部甲级××××号） 2007 年 01 月 20 日	图纸目录						工程编号
	工程名称	××××					2007-08
	项　目	公寓楼					共 1 页　第 1 页

序号	图纸编号	图纸名称	张　数					备　注
			0	1	2	3	4	
01	水施-01	设计总说明与图例		1				
02	水施-02	主要设备材料表与使用标准图目录		1				
03	水施-03	总平面图		1				
04	水施-04	给水系统原理图		1				
05	水施-05	室内消火栓系统原理图		1				
06	水施-06	自动喷水灭火系统原理图		1				
07	水施-07	水喷雾灭火系统原理图		1				
08	水施-08	污水排水系统图		1				
09	水施-09	雨水排水系统图		1				
10	水施-10	地下室管道平面图		1				
11	水施-11	一层管道平面图		1				
12	水施-12	标准层管道平面图		1				
13	水施-13	屋面管道平面图			1			
14	水施-14	水泵房平面与剖面大样图		1				
15	水施-15	地下室排水集水井平面与剖面大样图		1				
16	水施-16	水箱间平面与剖面大样图			1			
17	水施-17	1号卫生间布置平面与轴测大样图			1			
18	水施-18	2号卫生间布置平面与轴测大样图			1			
19	水施-19	3号卫生间布置平面与轴测大样图			1			
20	水施-20	4号卫生间布置平面与轴测大样图			1			
校对人：								设计人：

编排图纸目录时应注意以下几点：

1）按一定顺序为图纸编上序号。序号应从"1"开始，不得从"0"开始，不得空缺或重号。

2）图纸编号时要注明图纸设计阶段。如初步（扩大初步）设计阶段常表达为"水初－××"，施工图阶段常表达为"水施－××"等。各张图纸顺序编号，可以重号，但重号时要加注脚码。重号主要用于相同图名的图纸，如材料表有多张时，可以编为"3a"、"3b"……图号一般不能空缺，以免混乱。

3）要进行工程编号。工程编号是设计单位内部对工程所作的编号，常由几位数字组成。前几位数字表示年份，后几位数字表示工程的业务顺序。如 2007-09 表示该工程是 2007 年签订的合同，业务顺序为 09。

4）图纸种类一般在备注中说明，如国标、省标、重复使用图等，套用其他子项说明。

图纸目录的内容主要有序号、编号、图纸名称、张数等。一般先列出新绘制的图纸，后列出本工程选用的标准图，最后列出重复使用图。

通过阅读图纸目录，可以了解工程名称、项目内容、设计日期及图纸组成、数量和内容等。

2. 设计施工说明

设计图纸上用图样或符号表达不清楚的内容或可以用文字统一说明的问题，就用文字加以说明。如工程概况、设计依据、设计范围，设计水量、水池容量、水箱容量，管道材料、卫生洁具的选型及安装方法，管道的防腐、防冻、防结露方法以及套用的标准图集、施工安装要求和其他注意事项，施工验收应达到的质量要求等。图例表罗列本工程常用图例（包括国家标准和自编图例）。设计总说明主要是介绍工程概况、设计依据、设计范围、基本指导思想和原则、图纸中未能清楚表明的工程特点、工程等级、安装方式、工艺要求、特殊装备的安装说明，以及有关施工中的注意事项。设计总说明一般紧跟在图纸目录的后面，其他图纸的前面。对于比较大的工程，设计说明可按照生活（生产）给水排水、消防给水排水和室外给水排水等分别编写。

设计说明是图纸的重要组成部分，按照先文字、后图形的识图原则，在识读图纸之前，首先应仔细阅读说明的有关内容。说明中交代的有关事项，往往对整套给水排水工程施工图的识读和施工都有着重要的影响。

设计总说明一般要包括以下内容：

1）简述说明设计依据及来源；

2）明确本工程的设计范围；

3）明确建筑的规模、体积、功能分区等；

4）明确冷、热水日用水量，污水日排水量，雨水排水量，各个消防系统用水标准、消防总用水量、消防储水量，水箱、水池容量；

5）简述给水排水与消防各个系统设计概况；

6）尺寸单位及标高标准；

7）简述管材的选型及接口形式；

8）简述卫生器具选型与套用安装图集；

9）立管与排出管的连接方法；

10）简述阀门与阀件的选型；

11）检查口及伸缩节安装要求；

12）简述管道的敷设要求；

13）简述管道和设备防腐、防锈等处理方法；

14）简述管道及其设备保温、防结露技术措施；

15）简述污水处理装置［隔油池（器）、化粪池、地埋式污水处理装置等］的选型、处理能力、套用图集等；

16）简述消防设备选型与套用安装图集；

17）简述施工过程中需要特别交代和说明的问题。

设计总说明与图例一般应列在首页。有需要特殊加注的，可分别写在有关图纸上，如有泵房、净化处理站或复杂民用建筑时，应有运转或操作说明。

一般中、小型工程的设计说明直接写在图纸上。工程较大、内容较多时，则需另外用专页编写，如有水箱、水泵等设备，还应写明其型号、规格及运行管理要点等。

3. 建筑给水排水总平面图

建筑给水排水总平面图主要反映各建筑物的平面位置、名称、外形、层数、标高；全部给水排水管网位置（或坐标）、管径、埋设深度（敷设的标高）、管道长度；构筑物、检查井、化粪池的位置；管道接口处市政管网的位置、标高、管径、水流坡向等。

建筑给水排水总平面图可以全部绘制在一张图纸上，也可以根据需要和工程的复杂程度分别绘制，但必须处理好它们之间的相互关系。

4. 建筑给水排水工程平面图

建筑给水排水系统室内与室外的分界一般以建筑物外墙为界，给水系统有时以进口处的阀门为界，排水以室外第一个检查井为界。建筑给水排水平面图是结合建筑平面图，反映各种管道、设备的布置情况，如平面位置、规格尺寸等，内容包括：①主要轴线编号、房间名称、用水点位置、各种管道系统编号（或图例）；②底层平面图包含引入管、排出管、水泵接合器等与建筑物的定位尺寸、穿建筑外墙管道的标高、防水套管形式等，还应绘出指北针；③各楼层建筑平面标高；④对于给水排水设备及管道较多处，如泵房、水池、水箱间、热交换器站、饮水间、卫生间、水处理间、报警阀间、气体消防贮瓶间等，因比例问题，一般应另绘局部放大平面图（即大样图）。

5. 建筑给水排水系统图

建筑给水排水轴测图亦称系统图，分为给水系统和排水系统两大部分，一般采用正面斜轴测法来表示给排水系统管道的上、下层之间，前后、左右之间的空间关系。通过系统图上的各种标注反映立管和横管的管径、立管编号、楼层标高、层数、仪表及阀门、各系统编号、各楼层卫生设备和工艺用水设备的连接、室内外建筑平面高差、排水立管检查口、通风帽等距地（板）高度等。识图时必须将平面图和系统图结合起来看，互相对照阅读，才能了解整个系统的全貌。

建筑给水排水工程系统图有系统轴测图和展开系统原理图两种表达方式。展开系统原理图具有简捷、清晰等优点，工程中用得比较多。展开系统原理图一般不按比例绘制，系统轴测图一般按比例绘制。无论是系统轴测图还是展开系统原理图，复杂的连接点可以通过局部放大体现，如常见卫生间管道放大轴测图。

6. 详图

当平面图比例小，无法清晰表达管线密集的配水点，如厨房、卫生间的管道种类以及管道与建筑、管道与管道之间相互关系时，一般需配合建筑部分绘制出比例为 1：20～1：50 的详图进行详细表示，它能清楚地反映某一局部管道组合体的详细结构和尺寸，对帮助识读给水排水施工图作用很大。

7. 节点大样

节点图是对平面图、系统图等无法表示清楚的管道节点部位的放大图，管道长度可不按比例绘制，但需详细标明阀门、接口形式、口径等细节，清晰反映管道之间的关系及各种设备、附件，一般不需绘制建筑部分。

8. 标准图

标准图是一种具有通用性的图样，它是为了使设计和施工标准化、统一化而由专业设计院绘制的成套施工图样，一般由权威机构颁布。标准图详细反映了成组管道、部件或设备的具体构造尺寸和安装技术要求。设计时尽量直接采用国家标准图，只需在图例和说明中注明所采用图集的编号即可，无需自行绘制。

标准图是用来详细表示设备安装方法的图纸，是进行安装施工和编制工程材料计划时的重要参考图纸。

9. 计算书

计算书包括设计计算依据、计算过程及计算结果，计算书由设计单位作为技术文件归档，不外发。

10. 设备及材料明细表

对于重要工程，为了使施工准备的材料和设备符合图纸要求，还应编制设备材料明细表，包括所需主要设备、材料的名称、型号、规格、数量及附注等，不影响工程进度和质量的零星材料可不列入表中，允许施工单位自行采购。它可以单独成图，也可以置于图中某一位置。

2.3.2 建筑给水排水工程平面图的形成

建筑给水排水工程平面图是用假想水平面，沿房屋窗台以上适当位置水平剖切并向下投影（只投影到下一层假想面，对于低层平面图应投影到室外地面以下管道，而对于屋面层平面图则投影到屋顶顶面）而得到的剖切投影图。这种剖切后的投影不仅反映了建筑物的墙、柱、门窗洞口等内容，同时也能反映卫生设备、管道等内容。建筑平面图中应保留如下内容：

1）房屋建筑的平面形式，各层主要轴线编号、房间名称、用水点位置及图例等基本内容，各楼层建筑平面标高及比例等；

2）各层平面图中各部分的使用功能和设施布置、防火分区（防火门、防火卷帘）与人防分区划分情况等；

3）消防给水设计有关的场所规模（面积或体积、人员与座位数、汽车库停车数、图书馆藏书量等）参数。

建筑给水排水工程平面图是在建筑平面图的基础上绘制的，绘制建筑给水排水工程平面图时应注意以下几点：

1）管线、设备用较粗的图线，建筑的平面轮廓线用细实线；

2）设备、管道等均用图例的形式示意其平面位置，但要标注出给水排水设备、管道等的规格、型号、代号等内容；

3）底层给水排水工程平面图应该反映与之相关的室外给水排水设施的情况；

4）屋面层给水排水工程平面图应该反映屋面水箱、水管等内容。对于简单工程，由于平面图中与给水排水有关的管道、设备较少，一般把各楼层各种给水排水管道、设备等绘制在同一张图纸中；对于高层建筑及其他复杂工程，由于平面图中与给水排水有关的管道、设备较多，在同一张图纸中表达有困难或不清楚时，可以根据需要和功能要求分别绘出各种类型的给水排水平面图。

2.3.3 建筑给水排水工程系统图的形成

系统轴测图是采用轴测投影原理绘制的，能够反映管道、设备等三维空间关系的立体图，系统轴测图有正等轴测投影图和斜等轴测投影图两种。

1. 管道正等轴测图

管道正等轴测图的绘制是把在空间中物体的轮廓线分左右向（横向）、前后向（纵向）、上下向（立向）三个方向，且依次对应为 X 向、Y 向、Z 向，X、Y、Z 向线相交于 O 点，形成 XOY、XOZ、YOZ 三个平面，并使∠YOZ＝∠XOZ＝∠XOY＝120°，如图 2-29 所示。

管道正等轴测图的画法是：横向（左右向）管线右下斜，纵向（前后向）管线左下斜，立向（上下向）管线方向仍不变。管线间距同平面图、立面图，看得见的管线不断开，看不见的管线处要断开。

2. 管道斜等轴测图

管道斜等轴测图与正等轴测图的主要区别是左右 X 向（横向）和前后 Y 向（纵向）相交135°，左右 X 向和上下 Z 向（立向）相交 90°，XYZ 相交于 O 点，形成 XOY、XOZ、YOZ 三个平面，如图 2-30 所示。

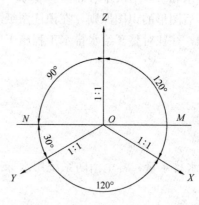
图 2-29 正等轴侧图表示法

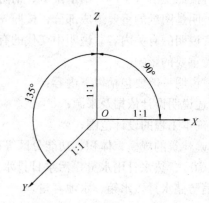
图 2-30 斜等轴侧图表示法

管道斜等轴测图的画法是：左右向（横向）管线方向不变，前后向（纵向）管线左下斜，上下向（立向）管线方向也不变。管线间距同平面图、立面图，看得见的管线不断开，看不见的管线处要断开。管道斜等轴测图在建筑给水排水系统轴测图中应用较多。

建筑给水排水系统轴测图一般按照一定的比例（不易表达清楚时，局部可不按比例）用单线表示管道，用图例表示设备。在系统轴测图中，上下关系是与层（楼）高相对应的，而左右、前后关系会随轴测投影方位的不同而变化。人们在绘制系统轴测图时，通常把建筑物的南面（或正面）作为前面，把建筑物的北面（或背面）作为后面，把建筑物的西面（或左侧面）作为左面，把建筑物东面（或右侧面）作为右面。

2.3.4 建筑给水排水系统展开原理图的绘制方法

1. 展开系统原理图主要内容

1）应标明立管和横管的管径、立管编号、楼层标高、层数、仪表及阀门、各系统编号、各楼层卫生设备和工艺用水设备的连接。

2）应标明排水管立管检查口、通风帽等距地（板）高度等。

3）对于各层（或某几层）卫生设备及用水点接管（分支管段）情况完全相同的建筑，展开系统原理图上只绘一个有代表性楼层的接管图，其他各层注明同该层即可。

4）当自动喷水灭火系统在平面图中已将管道管径、标高、喷头间距和位置标注清楚时，可简化表示从水流指示器至末端试水装置（试水阀）等阀件之间的管道和喷头。

简单管段在平面上注明管径、坡度、走向、进出水管位置及标高，可不绘制系统图。

2. 展开系统原理图绘制与识读

展开系统原理图是用二维平面关系来替代三维空间关系，虽然管道系统的空间关系无法得到很好的表达，但却加强了各种系统的原理和功能表达，能够较好地、完整地表达建筑物的各个立管、各层横管、设备、器材等管道连接的全貌。展开系统原理图绘制时一般没有比例关系，而且具有原理清晰、绘制时间短、修改方便等诸多优点，因此，在设计中被普遍采用。

对于展开系统原理图无法表达清楚的部分，应通过其他图纸来弥补，如放在给水排水平面图和大样图中来表达或采用标准图集来表达。

2.3.5 建筑给水排水工程施工图的图示特点

1. 建筑给水排水施工图设计文件是以单项工程为单位编制的。平面图、剖面图、详图、纵断面图都是用正投影绘制的；系统图是用斜轴测图绘制的；纵断面图两个方向所用比例一般不同。

2. 图中的管道、器材和设备一般采用同一图例表示。其中卫生洁具的图例一般是较实物简化的图形符号，一般应按比例画出。

3. 给水排水管道一般采用单线画法以粗线绘制，管道在纵断面图及详图中宜采用双线画出。而建筑、结构及有关器材设备轮廓均采用细实线绘制，目的是凸显管道。

4. 不同直径的管道用同样线宽的线条表示，管径大小通过标注加以说明。管道坡度无需按比例画出（一般画成水平），坡度大小用数字说明，如3‰。

5. 靠墙敷设的管道，一般不必按比例准确表示出管线与墙面的微小距离，即使暗装管道也可以按明装管道一样画在墙外，只需说明哪些部分要求暗装。

6. 当在同一平面位置布置有几根不同高度的管道时，若严格按投影来画，平面图就会重叠在一起，这时可画成平行排列。

7. 有关管道的接头等连接配件一般不予画出。

2.3.6 建筑给水排水工程施工图识读的一般步骤

识读建筑给水排水施工图的方法没有统一规定。通常是先浏览整个设计文件，了解整个工程概况，然后反复阅读重点内容，掌握设计要求。阅读时要把平面图、系统图和大样图联系在一起，一些技术要求要查规范。一开始接触工程施工图纸时，一般多按以下顺序阅读：

1. 阅读图纸目录及标题栏

了解工程名称，项目类型，设计日期及图纸组成、数量和内容等。

2. 阅读设计说明和图例表

在阅读工程图纸前，要先阅读设计说明和图例表。通过阅读设计说明和图例表，可以了解工程概况、设计范围、设计依据、各种系统设计概况、管材及接口的做法、卫生器具选型与套用图集、阀门与阀件的选型、管道的敷设要求、防腐与防锈等处理方法、管道及其设备保温与防结露技术措施、消防设备选型与套用安装图集、污水处理情况、施工时应特别注意的事项等。阅读时要注意补充使用的非国家标准图形符号。

3. 阅读建筑给水排水总平面图

通过阅读建筑给水排水总平面图，可以了解工程内所有建筑物的名称、位置、外形、标高、指北针、风玫瑰图；了解工程所有给水排水管道的位置、管径、埋深和长度等；了解工程给水、污水、雨水等接口的位置、管径和标高等情况；了解水泵房、水池、化粪池等构筑物的位置。阅读建筑给水排水总平面图必须紧密结合各建筑物给水排水平面图。

4. 阅读建筑给水排水工程平面图

通过阅读建筑给水排水平面图，可以了解用水点分布，了解各层给水排水管道、卫生器具和设备的平面布置以及它们之间的相互关系。阅读时要重点注意地下室给水排水平面图、一层给水排水平面图、标准层给水排水平面图、屋面给水排水平面图等。同时要注意各层楼平面变化、地面标高等。

5. 阅读建筑给水排水系统图

通过阅读建筑给水排水系统图，可以掌握层数、楼层标高、立管和横管的管径、立管编号、横管标高、各楼层横支管与立管的连接及走向、仪表及阀门，以及排水管的立管检查口设置位置、通风帽距地（板）高度等。阅读建筑给水排水系统图必须结合各层管道布置平面图，注意它们之间的相互关系。

6. 阅读详图

通过阅读详图，可以了解设备安装方法，在安装施工前应认真阅读。阅读详图时应与建筑给水排水剖面图对照阅读。

7. 阅读主要设备材料表

通过阅读主要设备材料表，可以了解该工程所使用的设备、材料的型号、规格和数量，在编制购置设备、材料计划前要认真阅读主要设备材料表。

第 3 章　建筑给水排水工程总平面图的识读

3.1　主要内容

建筑给水排水工程总平面图所表达的是建筑给水排水施工图中的室外部分的内容。大致包括以下几个方面的内容：

1) 生活（生产）给水室外部分的内容；
2) 消防给水室外部分的内容；
3) 热水供应系统室外部分的内容；
4) 污水排水室外部分的内容；
5) 雨水排水管道和构筑物布置等。

对于简单工程，一般把生活（生产）给水、消防给水、污水排水和雨水排水绘在一张图上，便于使用；对较复杂工程，可以把生活（生产）给水、消防给水、污水排水和雨水排水按功能或需要分开绘制，但各种管道之间的相互关系需要非常明确。一般情况下，建筑给水排水总平面图需要单独写设计总说明（简单工程可以与单体设计总说明合并），在识图时应对照图纸仔细阅读。

3.1.1　建筑总平面图应保留的基本内容

建筑给水排水工程总平面图是以建筑总平面图为基础绘制的，建筑总平面图应保留的基本内容包括：各建筑物的外形、名称、位置、层数、标高和地面控制点标高、指北针（或风向玫瑰图）。

3.1.2　建筑给水排水工程总平面图应表达的基本内容

建筑给水排水工程总平面图是建筑给水排水工程室外管网部分，通常采用 1:300～1:1000 的比例绘制，在图中既要画出建设区内的给水排水管道与构筑物，又要画出区外毗邻的市政道路及给水排水管道。建筑给水排水总平面图应表达的基本内容包括以下几个方面：

1) 给水排水构筑物。在建筑给水排水总平面图上应明确标出给水排水构筑物的平面位置及尺寸。给水系统的主要构筑物有：水表井（包括旁通管、倒流防止器等）、阀门井、室外消火栓、水池（生活、生产、消防水池等）、水泵房（生活、生产、消防水泵房等）等。排水系统的主要构筑物有：出户井、检查井、化粪池、隔油池、降温池、中水处理站等，在图中标出各构筑物的型号以及引用详图。

2) 生活（生产）和消防给水系统。在建筑给水排水总平面图上应明确标出生活（生产）和消防管道的平面位置、管径、敷设的标高（或埋设深度），阀门设置位置，室外消火栓（包括市

政已经设置室外消火栓）、消防水泵接合器、消防水池取水口布置。

3) 雨水和污水排水系统在建筑给水排水总平面图上应明确标出雨水、污水排水干管管径和长度，水流坡向和坡度，雨水、污水检查井井底标高与室外地面标高，雨水、污水管排入市政雨水、污水管处接合井的管径、标高。

4) 热水供水系统在建筑给水排水总平面图上应明确标出热源（锅炉、换热器等）位置或来源，建设区内热水管道的平面位置、管径、敷设的标高、阀门设置位置等。

在建筑给水排水总平面图上要明确标出各种管道平面与竖向间距，化粪池及污水处理装置等与地埋式生活饮用水水池之间距离，对于安全距离不满足要求的，应交代所采取的防护措施。

3.2　建筑给水排水工程室外总平面图实例及其识读

工程概况：本工程为××市中医院整体搬迁项目室外工程，从图 3-1 中可以看出：该建设区主要建筑物有门诊（急诊）楼、医技楼、住院楼，以及辅助建筑物：中医养生馆、中药制剂科研楼、保障用房、锅炉房等。设计范围是小区内生活给水系统、消防给水系统、室外雨水排水系统、生活污水排水系统、医用污水排水系统。由于该建设区为医院，按排水设计规范要求，生活污水与雨水采用分流制排放，生活污水需经过医用污水消毒池消毒处理后再排入东侧滨河路城市排水管道；雨水直接排入城市雨水管道，雨水管管径 $DN200$，坡度 $i=0.003$。

为了更清楚地识读建筑给水排水工程总平面图，下面将××市中医院建筑给水排水工程总平面图按照管道类别绘制成给水总平面图（图 3-1）、污水排水总平面图（图 3-2）、雨水排水总平面图（图 3-3）、消防给水总平面图（图 3-4）来单独识读。

3.2.1　阅读设计说明

1. 室外给水工程设计说明
1) 设计依据

《建筑给水排水设计规范（2009 年版）》	GB 50015-2003
《室外给水设计规范》	GB 50013-2006
《建筑设计防火规范》	GB 50016-2006
《室外排水设计规范（2014 年版）》	GB 50014-2006
《高层民用建筑设计防火规范（2005 年版）》	GB 50045-95
《建筑小区排水用塑料检查井》	CJ/T 233-2006
《给水排水管道工程施工及验收规范》	GB 50268-2008

《建筑给水排水及采暖工程施工质量验收规范》　　　GB 50242—2002
《建筑小区塑料排水检查井应用技术规程》　　　CECS227：2007

2）工程概况

（1）本工程为××市中医院整体搬迁项目室外工程。

（2）根据地质勘察报告，本建设场地属非自重湿陷性黄土地区，冻土层厚度为0.98m，给水管埋深为室外地面以下1.2m（中心标高）。

3）设计范围

本工程小区内室外给水、排水、消防系统。

4）给水系统

（1）给水水源为市政生活给水系统，市政最小压力为0.25MPa。

（2）给水管选用PE管，PN1.6MPa，热熔连接，管沟敷设。

给水管坡度$i=0.003$，排向泄水处。绿化浇洒管道采用PE管直埋地敷设，埋深1.2m。

（3）给水管道在室外需绿化处预留阀门井，内设铜芯截止阀。

（4）室外消火栓选用SX65-1.0型地下式消火栓。

（5）给水管道实验压力为0.90MPa。

5）消防加压给水管

（1）室内消火栓给水管采用内外热镀锌钢管，PN1.6MPa，卡箍连接，管径均为$DN150$。

（2）室内喷淋给水管采用内外热镀锌钢管，PN1.6MPa，卡箍连接，管径均为$DN150$。

6）生活加压供水设计说明

（1）设计依据

《室外给水设计规范》GB 50013—2006
《室外排水设计规范（2014年版）》GB 50014—2006
《民用建筑节水设计标准》GB 50555—2010
《二次供水设施卫生规范》GB 17051—1997
《供排水设计手册》第二册

（2）为保证住院楼中手术室和病房供水水压，本项目中住院楼采用二次加压供水，1～5层及由市政管网直接供水，6层及以上采用加压供水。

（3）管网系统的压力控制参数为：最不利点的出水压力不小于0.10MPa。

（4）二次供水设备选型

二次供水设备选用一套箱式无负压供水设备，8m³食品级不锈钢水箱，水箱底板和侧板钢板厚度不得小于2mm。

供水设备的型号为：ZWX（1）8-15-0.39，水泵型号为WDL12-5　$P=3.00$kW，单泵流量：$Q=15$m³/h，扬程：$H=39$m（一用一备）。

（5）设备特征

无负压流量控制、系统智能增压，采用无人自动值班系统。

采用自动智能增压装置，实行实时差量补偿，有效控制了后期使用中的电费成本。

（6）施工说明

建设单位负责提供一道进水管到给水设备，设备供货单位完成从设备出水口到室外第一道检

查井的管线设计布置和安装。

设备基础、设备之间的管路、水箱支架、支墩等均由设备专业厂家制作、安装。

建设单位提供供电电源到给水设备配电箱，其余部分均由设备专业厂家制作、安装。

7）医院内锅炉房是和××中学合建项目，目前已经建成使用，供水、排污均已经施工完成，故不在本设计范围内。

2. 室外排水工程设计说明

1）设计依据

《室外排水设计规范（2014年版）》　　　GB 50014—2006
《建筑小区排水用塑料检查井》　　　CJ/T 233—2006
《给水排水管道工程施工及验收规范》　　　GB 50268—2008
《建筑给水排水及采暖工程施工质量验收规范》　　　GB 50242—2002
《建筑小区塑料排水检查井应用技术规程》　　　CECS 227：2007

2）工程概况

（1）本工程为××市中医院整体搬迁项目室外工程。

（2）根据地质勘察报告，本场地属非自重湿陷性黄土地区，冻土层厚度为0.98m，排水管埋深为室外地面以下0.90m（中心标高）。

3）设计范围

本工程小区内室外雨水排水、生活污水排水、医用污水排水系统。

4）排水系统

（1）本工程排水系统采用雨水、污水分流管道系统。

（2）雨水经雨水口收集至排水检查井，然后由排水管道系统排入市政排水管网。

（3）排水管道选用高密聚乙烯（HDPE）、双壁波纹管（环刚度SN8）、哈夫件连接。

（4）管道基础做法参见标准图。

（5）地下排水管道系统中的雨水污水检查井采用一次注塑成型的SHPM系列塑料检查井，HDPE底座，HDPE中空缠绕管井筒，井盖采用复合井盖，凡在车行道上的检查井井盖上层应设承压钢圈及铸铁井盖。做法详见标准图集GB 08SS523（湿陷性黄土地区做法）。

（6）排水检查井井底标高为本检查井上游管管底标高，管底平接连接导流槽。排水检查井上下游管道做导流槽。排水检查井与排水管道的连接方式为承插密封圈热收缩套的柔性连接。

（7）塑料检查井安装及其他事宜由厂家技术人员配合安装。管道穿越井壁、沟壁时，构造做法详见GB 04S531-3；PVC-U双壁波纹管管道接口及基础做法详见GB 04S531-1；钢丝网骨架PE给水管管道接口及基础做法详见GB 04S531-1。

5）化粪池、医用消毒池

（1）康复楼化粪池采用玻璃钢化粪池（GSH-50），化粪池容积50m³，化粪池清掏周期为180d。污水在化粪池的停留时间按12h考虑，化粪池参照图集甘08JS1（甘肃省地方标准）施工。化粪池基础为C20混凝土垫层，从基础底面向下做1000mm厚3：7灰土垫层，压实系数大于0.95。

（2）门诊楼、住院楼、医技楼、保障楼、制剂楼采用日处理污水量为320m³现浇钢筋混凝土医用污水处理站。

3. 阅读图例

室外给排水工程图例见表3-1。

名　称	图　例	名　称	图　例
给水管	——J——	截止阀	T ⋈
生活污水管	——W——	对夹式蝶阀	▭
消火栓给水管	——XH——	压力表	⊘
闸阀	⋈	室外消火栓（单栓）	⊕
止回阀	↰	室外消防水泵接合器	⟲

3.2.2 给水总平面图的识读

图 3-1 为××市中医院给水工程总平面图。图中给出了拟建建筑物名称及所在位置，建筑物的外形、名称、层数、标高和地面控制点标高、风向玫瑰图等基本要素。图 3-1 绘制出了建设区内生活给水管道、部分消防管道以及室外消火栓的布置情况。生活给水管道接自市政给水管网，由建设区西南角接入；在室外，生活给水系统和消防给水系统合用一个系统，管道布置成环状，给水管网定位，平面位置以管道中心线为准。

本项目中住院楼采用分区分压供水，1～5 层为市政管网直供，6 层及以上采用加压供水。标注"J1"的管道为利用管网压力直接向低区供水的生活给水管道，生活给水管道在医院的西南侧与市政给水管道（市政自来水管）相连接，引入管管径为 DN100。生活给水管道在住院楼西南角分为两支，分别设止回阀，一支向北，至住院楼西侧正门处接进户管。继续向上行至住院楼西北角，向东、西两个方向分支，一支给水管道给保障用房和中药制剂科研楼供水；一支给水管道向医技楼和水池供水。

在住院楼西南角分支后向东的给水管道 J1 连接 2 根 DN50 的给水管和 1 根 DN100 的给水管向喷泉广场供水；同时也向门诊楼供水，在门诊楼东侧通过 2 根 DN100 进户管接入门诊楼。

加压供水的水源为室外水池，经水泵加压后，进入给水管网 J2 系统，从医技楼北侧和住院部北端绕行至住院部西侧正门处，由此连接进水管，向住院楼供水，满足住院楼对水量和水压的要求。

3.2.3 污水排水总平面图识读

图 3-2 中，标注"W"的管道为生活污水排水管道。该工程小区为医院，生活污水为医用污水，要求经过消毒池处理后才能排往市政污水管道。从图中可以看出，门诊楼、医技楼、住院楼、保障用房四栋建筑物有污水排放。住院楼排水系统排出管从西侧排出，分别连接检查井 W28、W29、W30、W31、W32、W33、W34、W35、W36，在 W37 号检查井处转弯 90°，向东排至 W27 号检查井，与医技楼污水汇合。医技楼排水系统排出管从建筑物北侧分别与室外第一个检查井 W18、W19、W20、W22、W23、W24、W25、W26 连接，在 W47 号检查井汇流后排至 27 号检查井。门诊楼（急诊楼）室内排水系统排出管从东侧分别与 W1～W11 检查井连接，在 W12 号检查井改变水流方向，向西排放至 W16 号检查井与门诊楼、住院楼生活污水汇合后一起排至 W17 号检查井，在此

与保障用房排水系统排放的污水汇合。保障用房的排水系统排出管从北侧与 W38、W39、W40、W41、W42、W43、W44 连接，在 W45 号检查井处改变水流方向，向南排放至 W17 号检查井与其他三栋建筑物的污水汇合。四栋建筑物的污水全部排至化粪池、医用污水消毒池进行处理。经过处理，污水达到排放标准后，通过 W48、W49、W50、W51、W52 号检查井自西向东排放，最后在 W53 号检查井处与滨河路市政排水管网连接，污水排至市政管网。

门诊楼、住院楼、医技楼、保障楼、制剂楼采用日处理量为 320m³ 现浇钢筋混凝土医用污水处理站。康复楼化粪池采用玻璃钢化粪池（GSH-50），化粪池容积 50m³。参照图集施工。

室外设 100m³ 化粪池和医用污水消毒池。污水检查井有方形和圆形两种，一般采用圆形的较多。当管道埋深 H≤1200mm 时，圆形检查井的直径为 700mm；当管道埋深 H＞1200mm 时，圆形检查井的直径为 1000mm。方形检查井的平面尺寸为 500mm×500mm。

3.2.4 雨水排水总平面图识读

图 3-3 为雨水排水总平面图。编号为"Y"的管道是雨水排水管道。雨水经雨水口收集至雨水检查井，然后由雨水管道系统排入市政雨水管网。雨水收集方向为自西向东，在东西主干道设 3 根雨水干管，由雨水支管收集各建筑物屋面雨水和附近地面径流雨水输送至雨水干管，再由干管自西向东输送，在地势较低的小区东侧直接接入市政排水管网（滨河路）。雨水口为平箅式单箅雨水口，连接雨水口的连接管管径均为 DN200，坡度按 0.003 敷设。

3.2.5 消防给水总平面图的识读

从图 3-4 可以看出，消防给水管道在消防水池之前与室外给水管道共用管路，由 J1 给水系统向坐落在医技楼北侧的 400m³ 消防水池供水。2 个室外地下式消火栓由 J1 系统提供消防用水。室内消火栓系统用水由消防给水管道 XH 向每栋建筑物提供。

消火栓消防用水经水泵加压后从泵房东侧出水，通过消防管道（标注 XH 的管道），在医技楼、门诊楼、住院楼、保障用房、中药制剂科研楼外侧形成环状管网，再通过进户管与每一幢建筑物室内消火栓消防系统相连。环状管网管径为 DN100，进户管管径为 DN100。

标注 ZP 的管道为自动喷洒灭火系统给水管道。消防水源为消防水池，经过水泵加压后自泵房东侧出水，通过消防管道 ZP，在医技楼、门诊楼、住院楼外围形成环状布置，环状管网所有管径为 DN150，向建筑物供水的每根进水管管径亦为 DN150。

在室外消防管道上设有 2 座型号为 SX65-1.0 型地下式消火栓，设在门诊楼南侧道路旁。

室外共设有 6 个水泵接合器，分布在医技楼北侧 2 个、门诊楼东侧 2 个、住院楼西侧 2 个。室外管网上设有水表井，在需要关断水流和控制水流方向的管道上装有闸阀、止回阀等控制附件。

特别注意：所有管道沿室外道路敷设，大部分敷设在草坪下、人行道下。敷设在景观区下方的部分管段采用直埋地敷设，埋设深度 1.2m，管外做保温，其他管道均敷设在管沟内。管道敷设在车行道下时，要采取防护措施，当覆土厚度不满足要求时，采取加大覆土厚度或设套管的方式进行保护，以防压裂。各消防管道上的阀门应带有显示开闭的装置；室外不明确部分应参照对应的室内图纸给予确定；各种引用的详图应备齐，并应仔细识读。

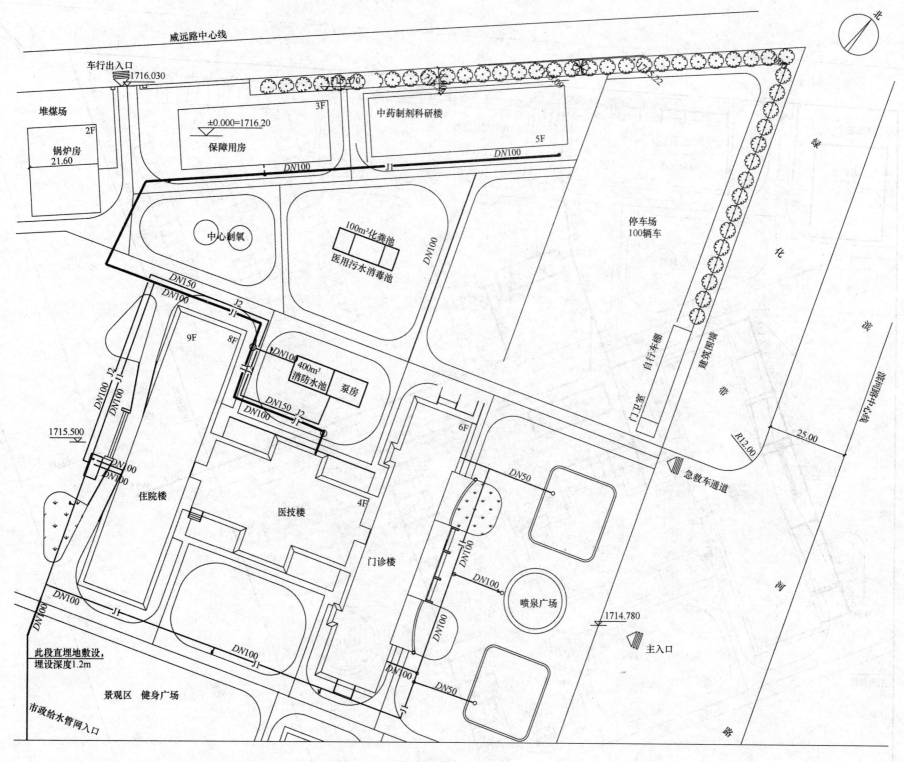

威远路中心线

车行出入口 ▽1716.030

堆煤场

2F
锅炉房
21.60

3F
±0.000=1716.20
▽
保障用房

中药制剂科研楼

DN100   J1   DN100   5F

中心制氧

100m³化粪池
医用污水消毒池

DN100

停车场
100辆车

DN150
DN100   J2
J1

9F   8F

DN100
400m³
消防水池   泵房

DN100   J1
DN100   J2

DN150   J2

1715.500

DN100   J1
DN100

住院楼

医技楼

4F

6F

DN50

DN100

门诊楼

DN100
J1
J1

DN100

喷泉广场

▽1714.780

主入口

DN100
J1

DN100   J1

此段直埋地敷设,
埋设深度1.2m

DN50

景观区 健身广场

市政给水管网入口

门卫室 自行车棚

建筑图端

急救车通道

R12.00   25.00

北

图 3-1 给水总平面图

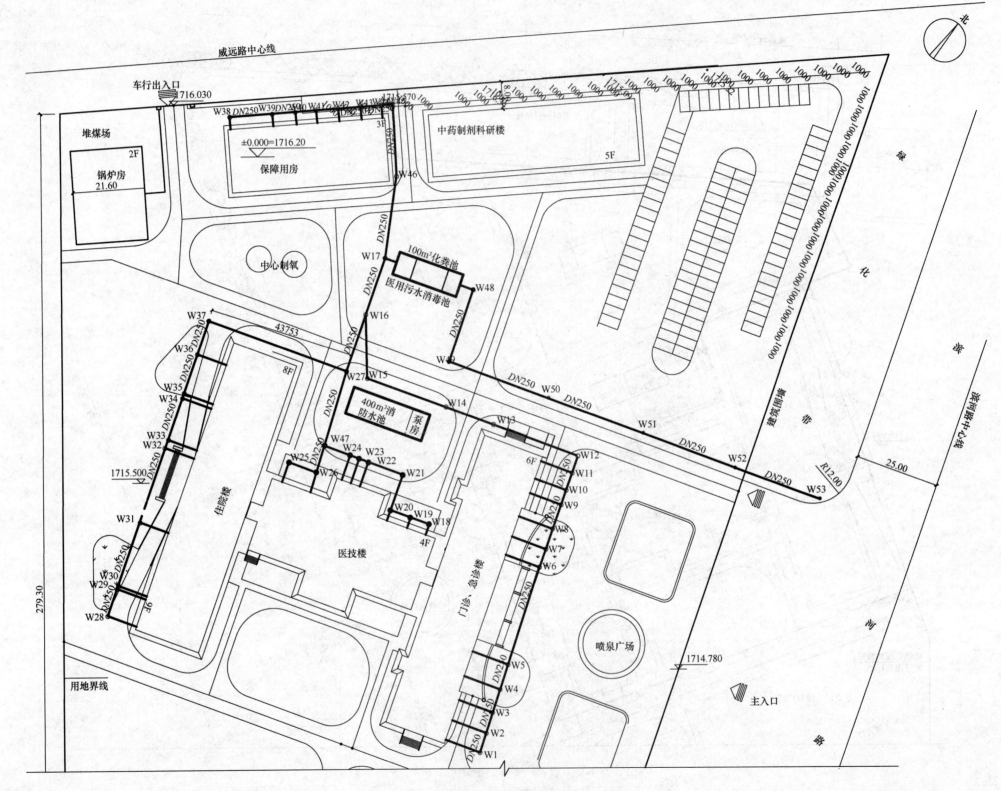

图 3-2　污水排水总平面图

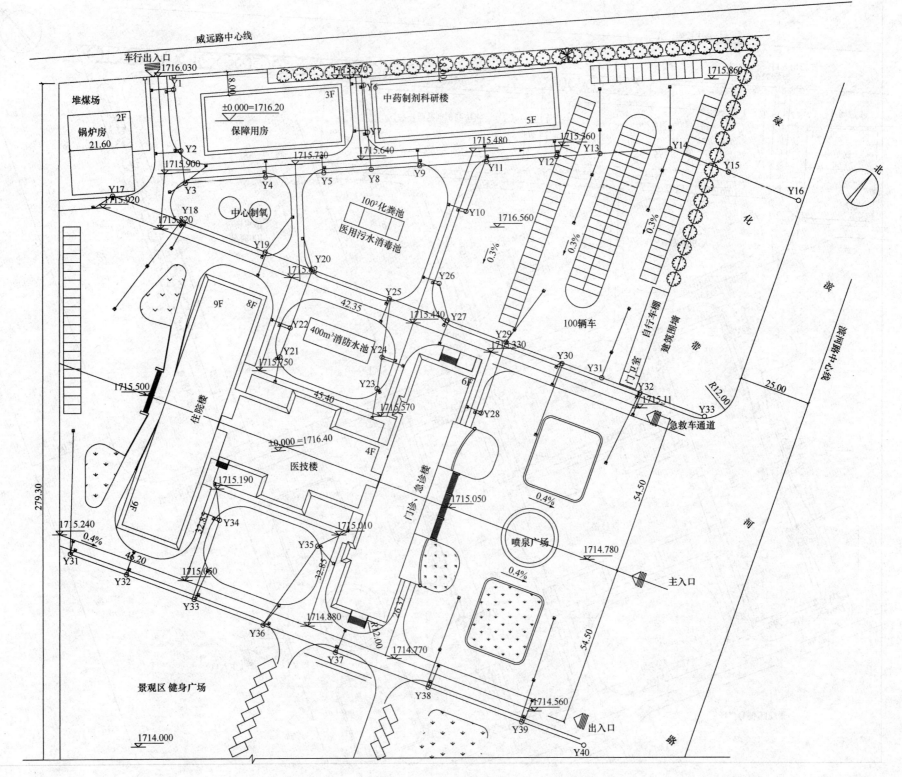

威远路中心线

车行出入口 1716.030

堆煤场

锅炉房 2F 21.60

Y1

8.00

±0.000=1716.20 3F
保障用房

中药制剂科研楼

5F

1715.860

Y2 1715.900

Y6

Y7 1715.640

1715.480

1715.560

Y13

Y14

Y15

Y16

北

Y17 1715.920

Y3

Y18 1715.820

Y4

Y5

1715.730

Y8

Y9

Y11

Y12

0.3%

0.3%

0.3%

中心制氧

100³化粪池

医用污水消毒池

Y10

1716.560

0.3%

绿 化 带

Y19

Y20 1715.850

9F 8F

Y25

Y26

42.35

Y22

400m³消防水池 Y24

Y27 1715.440

Y29 1715.330

Y30

Y31

100辆车

自行车棚

建筑用地红线

环河中福地渠

Y21 1715.750

Y23

45.40

6F

1715.570

Y28

Y32 1715.11

Y33

R12.00

25.00

住院楼

1715.500

9F

±0.000=1716.40 4F

医技楼

门诊、急诊楼

急救车通道

1715.190

Y34

1715.910

1715.050

喷泉广场

0.4%

1714.780

主入口

1715.240 0.4%

Y31

48.20

Y32 1715.050

Y33

Y35

Y36

1714.880

R12.00

0.4%

1714.770

54.50

54.50

景观区 健身广场

Y37

Y38

1714.560

出入口

1714.000

Y39

Y40

279.30

图 3-3 雨水排水总平面图

41

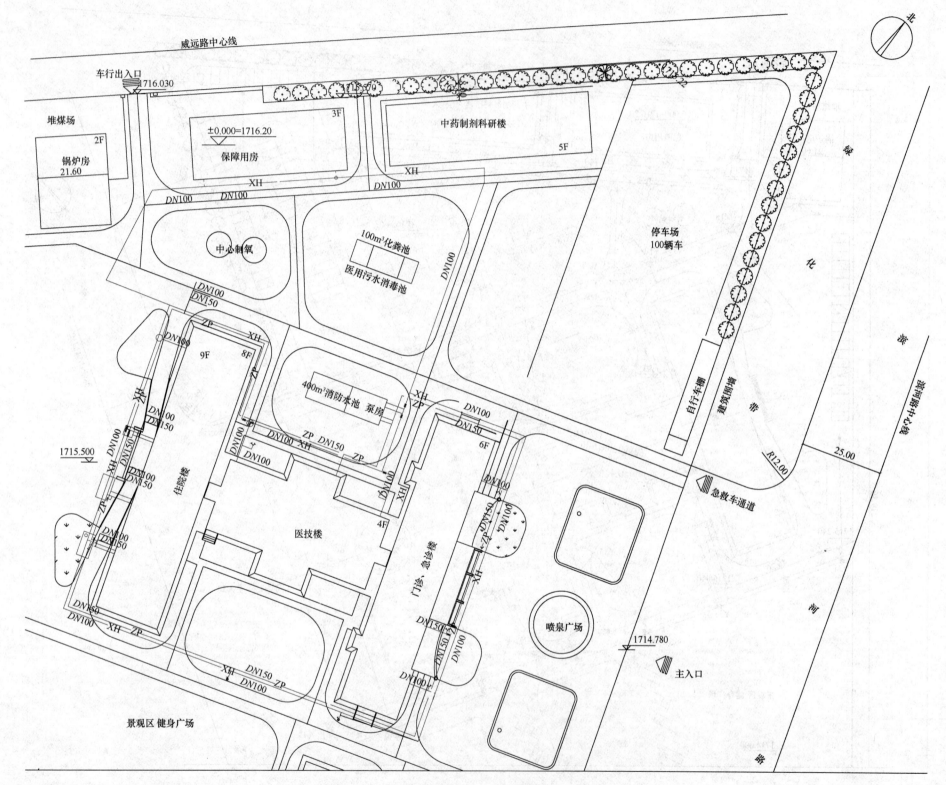

威远路中心线

车行出入口 1716.030

堆煤场

锅炉房 2F
21.60

±0.000=1716.20 3F

保障用房

中药制剂科研楼 5F

XH

XH

DN100

DN100

DN100

中心制氧

100m³化粪池

医用污水消毒池

DN100

停车场
100辆车

自行车棚

建筑围墙

绿   化   带

DN100
DN150

ZP XH

9F   8F

ZP

400m³消防水池 泵房

XH
ZP

DN100

DN150

DN150

1715.500

XH

住院楼

ZP DN100 XH DN150

DN100

ZP

DN100

6F

DN150

R12.00

25.00

威   远   中   路

急救车通道

DN100

DN100

DN150

医技楼

XH

4F

门诊、急诊楼

ZP
XH

DN100

DN100

DN150

DN100

DN150 ZP

XH ZP

喷泉广场

1714.780

主入口

XH DN150 ZP
DN100

景观区 健身广场

图 3-4   消防给水总平面图

北

威   远   中   路

河

第 4 章 建筑给水工程施工图的识读

4.1 建筑给水工程平面图的识读

建筑给水排水工程平面图是在建筑平面图的基础上，根据给水排水工程图制图的规定绘制出的用于反映给水排水设备、管线平面布置状况的图样，是建筑给水排水工程施工图的重要组成部分，是绘制和识读其他建筑给水排水工程施工图的基础。建筑给水排水工程平面图一般将给水、消防和排水绘制在一张图纸上，有±0.00 以下给水排水工程平面图、一层给水排水工程平面图、中间层（标准层）给水排水工程平面图、屋面给水排水工程平面图。针对某一工程项目，根据实际情况进行绘制，可以包括所有图纸，也可能只需绘制其中几张。

4.1.1 建筑给水工程平面图主要反映的内容

为了识读方便，本章用只画出给水管道平面布置的施工图来讲解给水工程平面图的识读。
建筑给水工程平面图是施工图纸中最基本和最重要的图纸，常用的比例是 1∶100 和 1∶50 两种。它主要表明建筑物内给水管道及卫生器具和用水设备的平面布置。图上的线条只是示意管道大体平面位置和走向，线条与建筑物墙、梁、柱等的间距并不表示真实距离，具体安装尺寸一般在管沟内管道布置大样图中表示或在设计说明中加以补充说明。同时，管道连接配件，如活接头、补芯、管箍等也不画出来。因此在识读图纸时还必须熟悉给水管道的施工工艺。
建筑给水工程平面图主要反映的内容如下：
1）表明房屋的平面形状及尺寸、用水房间在建筑中的平面位置、用水点分布、用水设备；
2）表明室外水源接口位置、底层引入管位置以及管道直径等；
3）表明给水管道的水平干管、支管的位置及平面走向、管径，立管的位置，立管编号等；
4）管道的敷设方式、连接方式、坡度及坡向；
5）管道剖面图的剖切符号、投影方向；
6）底层给水平面图应有引入管、水泵接合器等，以及建筑物的定位尺寸、穿建筑外墙管道的标高、防水套管形式等，还应有指北针；
7）当有屋顶水箱时，屋顶给水平面图应反映出水箱容量、平面位置、进出水箱的各种管道的平面位置、管道支架、保温等内容；
8）对于给水设备及管道较多的复杂场所，如水泵房、水池、水箱间、热交换器站、饮水间、卫生间、水处理间、气体消防贮瓶间等，当平面图不能交代清楚时，应有局部放大平面图。
另外，在建筑给水工程平面图中应明确建筑物内的生活饮用水池、水箱的独立结构形式；明确需要防止回流污染的设备和场所的污染防护措施；明确有噪声控制要求的水泵房与给水设备的隔振减噪措施；明确管道防水、防潮措施；明确水箱溢流管防污网罩、通气管、水位显示装置等；明确学校化学实验室、垃圾间、医院建筑、档案馆（室）和图书馆等对给水排水技术的特别要求。

4.1.2 建筑给水工程平面图的识读要领

建筑给水工程平面图是以建筑平面图为基础（建筑平面以细线画出）表明给水管道、卫生器具、管道附件等的平面布置的图样。
在识读管道平面图时，先从目录入手，了解设计说明，根据给水系统的编号，依照室外管网→引入管→水表井→干管→支管→配水龙头（或其他用水设备）的顺序从外向内认真细读。然后要将平面图和系统图结合起来，相互对照识图。识图时应该掌握的主要内容和注意事项如下：
1）查明用水设备（开水炉、水加热器等）和升压设备（水泵、水箱等）的类型、数量、安装位置、定位尺寸。各种设备通常是用图例画出来的，它只能说明器具和设备的类型，而不能具体表示各部分的尺寸及构造，因此在识图时必须结合有关详图或技术资料，搞清楚这些器具和设备的构造、接管方式和尺寸。
2）弄清给水引入管的平面位置、走向、定位尺寸，与室外给水管网的连接形式、管径等。给水引入管通常都标注有系统编号，编号和管道种类分别写在直径约为 8～10mm 的圆圈内，圆圈内过圆心画一水平线，线上面标注管道种类，如给水系统写"给"或写汉语拼音字母"J"，线下面标注编号，用阿拉伯数字书写，如⊕等。
3）给水引入管上一般都装有阀门，阀门若设在室外阀门井内，在平面图上就能完整地表示出来。这时，可查明阀门的型号及距建筑物的距离。
4）在给水管道上设置水表时，必须查明水表的型号、安装位置，以及水表前后阀门的设置情况。
5）每层卫生设备平面布置图中的管路，是以连接该层卫生设备的管路为准，而不是以楼面、地面作为分界线的，图 4-1 所示的底层给水平面图中，不论给水管道或者排水管，也不论敷设在地面以上的或地面以下的，凡是为底层服务的管道，都应该画在底层给水平面图上。同样，凡是连接某楼层卫生设备的管路，虽有安装在楼板上面的或下面的，均要画在该楼层的给水排水平面图中。而且，不论管道投影的可见性如何，都按原线型来画。
6）为使土建施工与管道设备的安装能互为核实，准确确定平面位置，在各层的平面布置图上均需标明墙、柱的定位轴线及其编号，并标明轴线间距。管线位置尺寸则不需要标注。

43

4.1.3 建筑给水工程平面图的识读方法

以××储蓄所工程为例，讲解建筑给水工程平面图的识读方法。首先，通过阅读设计说明得知，该工程位于某县城内，水源来自市政管网。本工程1层为储蓄所营业厅，层高4.2m，2～5层为办公用房，层高3.3m，6层为会议室、活动室、水箱间，层高5.6m。市政管网供水压力为0.3MPa，建筑所需给水压力为0.28MPa，满足直接供水压力要求，采用下行上给式直接给水系统。冷水管采用PP-R管，热熔连接；管径小于或等于50mm时采用截止阀，管径大于50mm时采用闸阀。

建筑概况：

1）该建筑物为储蓄所综合楼，从底层平面图可以看出，在楼西侧有男厕、女厕以及盥洗间。男厕卫生设备有3个蹲便器，2个小便器，1个洗涤池；女厕有2个蹲便器，1个洗涤池；盥洗台设有2个洗手盆，1个拖把池。

2）从其他层平面图可以看出，男厕和女厕在2～5层均设有，且布置与底层完全相同。

3）1楼金库右侧值班室设有1个小卫生间，卫生设备有1个蹲便器，1个洗涤盆。2层以上相应位置处没有卫生间。

4）6层为会议室和其他用房，水箱间也设在6层，故屋面没有管道，不需要绘制屋面给水平面图。

5）由于2层用水点分布和其他各层都不一样，需要单独绘出。

6）给水立管JL-7是向水箱供水的总立管，管路沿线没有配水。

7）由于底层给水平面图中的室内给水管道需与户外管道相连，所以必须单独画出一个完整的平面图。其他楼层的给水平面图可以只画出有卫生设备和管路布置的局部范围的平面图。

8）认识施工图中使用的给水排水工程图例。表4-1为图例表，表4-2为本工程采用的设备、材料类型及数量。

图例表 表4-1

名　　称	图　　例
给水管	——— J ———
生活污水管	——— W ———
消火栓给水管	——— XH ———
闸阀 Z45X-16	▷◁
止回阀 HH42X-16	◡
截止阀 J41H-16C	▷◁
对夹式蝶阀 A 型	▣
压力表 Y-100 (0-1.6MPa)	⊘
室内消火栓（单栓）	◢ ●
室外消防水泵接合器	⊻
灭火器	▲

续表

名　　称	图　　例
室内排水管道通气帽	⊛
检查口	⊢
地漏	⊘ ⊽
清扫口	◉ ⊽

主要设备、材料表 表4-2

序号	名　称	规格 型号	单位	数量	备注
1	洗脸盆		套	16	陶瓷
2	蹲式大便器		个	25	陶瓷
3	小便器		个	10	陶瓷
4	坐便器		个	5	
5	水箱间增压泵	BG65-20　Q=6.4L/s, H=22m　N=2.2kW	台	1	
6	室内消火栓	SN65	个	25	一箱单栓
7	室外消防水泵接合器	SQX100 地下式	套	1	
8	磷酸氨盐干粉灭火器	MF/ABC3	具	22	
9	屋顶水箱	12m³	座	1	热镀锌钢板装配式

1. 建筑给水工程底层平面图的识读

图4-1为该建筑底层给水管道布置图。室外地面标高为−0.45m，室内楼梯间地坪标高为−0.30m。生活给水系统用水设备主要集中在建筑物左端的男、女卫生间，在一楼金库右侧值班室有一个小卫生间，在轴线⑪的左侧有一根给水立管。

从图4-1中可以看出，室外引入管自轴线②和轴线③之间，沿轴线③进入室内，进水管编号为J1，管径为DN75。进入室内后，沿轴线①向左侧供水，至轴线②处接男厕小便器给水立管JL-3；水平干管在此分为两条管路，一条向下供水至盥洗间连接给水立管JL-4；继续向左侧供水的另一支管路，在轴线①处室内管沟接男厕蹲便器给水立管JL-1，继续向下供水至女厕给水立管JL-2，向蹲便器和污水池供水；进水管入户后同时还沿金库墙壁外侧绕行至轴线⑤与轴线Ⓐ相交处的值班室卫生间，向蹲便器和洗脸盆配水，再继续沿轴线Ⓐ向右侧供水，至轴线⑪与轴线Ⓐ交界处楼梯间东南角处接给水立管JL-7。JL-7所处位置为楼梯间，无用水设备，故应为向楼上供水，具体用水情况只能从其他楼层平面图或系统图读出。

2. 建筑给水工程2层平面图的识读

图4-2为该建筑2层给水管道平面。从图中可以看出从给水立管至卫生洁具配水点之间的管路布置。与图4-1之间的最大区别在于该图不再反映引入管和地下干管的布置。看图时只需要从立管看起，读出每根立管的供水设备和管道平面走向。具体是，给水立管JL-1向男厕3个蹲便器配水，给水立管JL-2向女厕2个蹲便器和1个污水配水；JL-3向男厕2个小便器和1个污水池配水；JL-4向盥洗台两个洗手池和一个污水池配水。

从图中看出，1层金库和值班室相对应的2楼房间功能为档案室，没有用水设备，不需配水。给水立管自1楼卫生间穿楼板至2层楼板下，再向下方供水至轴线Ⓒ处墙角，连接给水立管JL-

5、JL-6，本层没有连接水平横支管。JL-7 在本层没有配水。

3. 建筑给水工程 3~5 层平面图的识读

从图 4-3 中 3~5 层给水平面图中可以看出，用水点主要集中在建筑物左端公共卫生间和 2 个休息室的卫生间。公共卫生间的横支管平面布置和 1 层、2 层相同。2 个休息室卫生间内的卫生器具数量相同，布置方式以纵轴⑤为对称轴对称布置，以左侧卫生间为例进行讲解。卫生间设有淋浴器、坐便器和台式洗脸盆。横支管自给水立管 JL-5 接出，向左侧转过 90°弯绕过柱脚沿墙向左配水。为了便于维修，在横管配水之前管段上安装有闸阀。给水立管 JL-5 依次向淋浴器、坐便器和洗脸盆配水。JL-7 在本层没有配水。

4. 建筑给水工程屋面平面图的识读方法

当屋面设有给水管道或水箱时，需要绘制屋面给水管道平面图。图 4-4 为该建筑 6 层给水平面图，水箱间和会议室、活动大厅设在同一层。该层除水箱间外其他部分都没有生活用水，故重点识读水箱间。

水箱间布置在建筑东端纵轴⑪和⑬之间。识读屋面给水工程平面图时，按照水箱进水、出水的顺序进行。水箱为消防专用水箱，有效容积 9m³，水箱高度 2m。从图 4-4 可以看出，水箱进水由给水立管 JL-7 供应。JL-7 在水箱间左上角穿屋面进入水箱间，沿水箱左侧绕行至水箱下端，管径为 DN50，向上从水箱上方进水，分为 2 根进水管进水，由 2 个浮球阀控制，管径为 32mm，进水水位标高 19.8m。水箱顶盖右下角设进入孔。

图 4-5 为水箱进水管接管大样图，与图 4-4 配合识读，能更直观地了解进水管的敷设位置以及与水箱之间的空间关系。

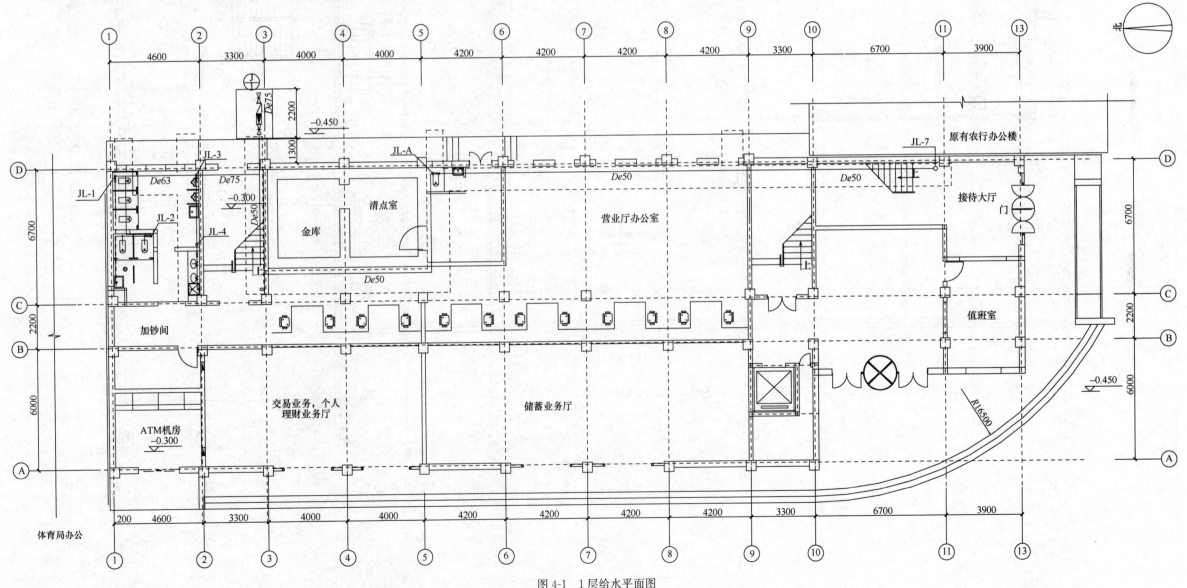

图 4-1　1 层给水平面图

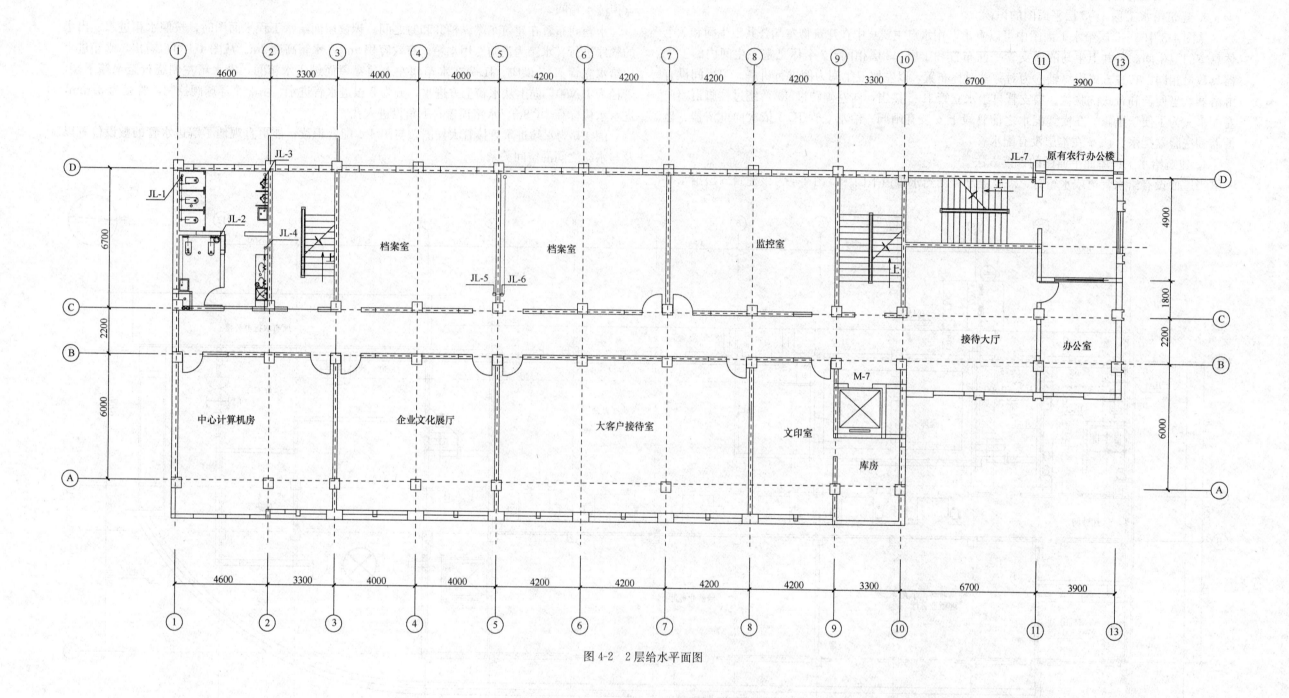

图 4-2　2层给水平面图

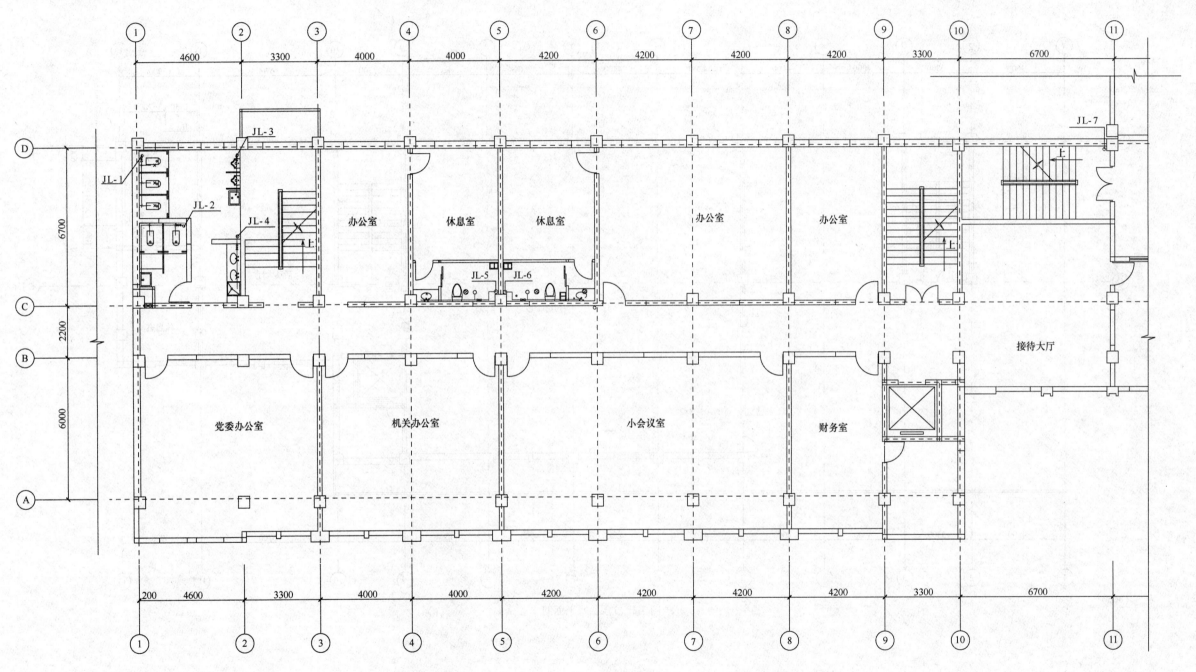

图 4-3 3~5 层给水平面图

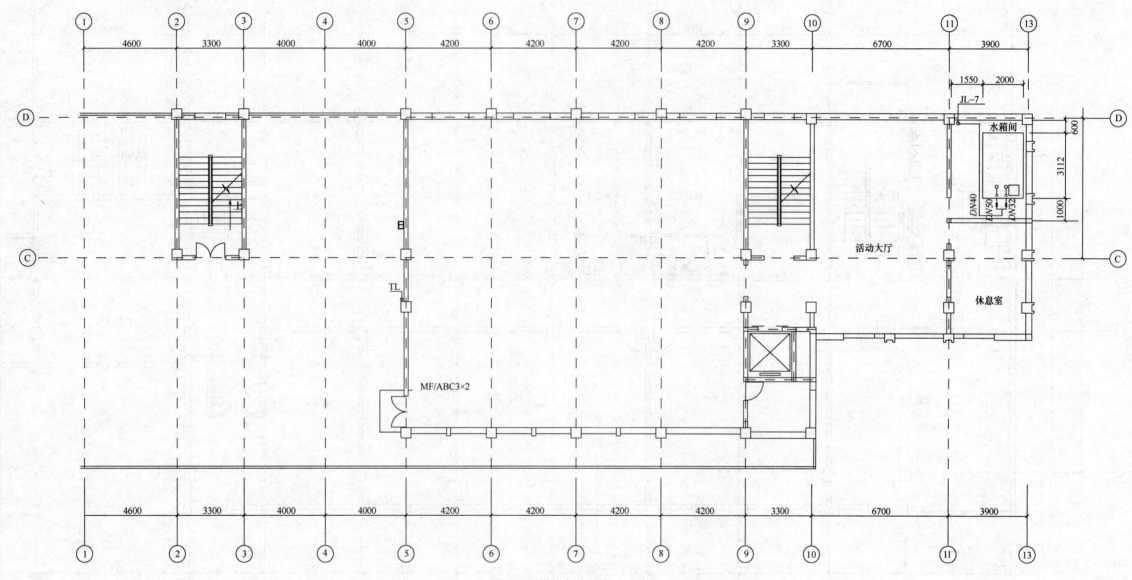

图 4-4　6 层给水平面图

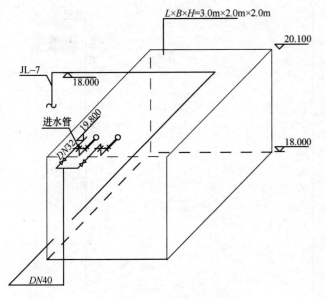

图 4-5　水箱进水管接管大样图

4.2 建筑给水工程系统图的识读

建筑给水工程图是反映室内给水管道及设备空间关系的图样。识读给水系统图时，可以按照循序渐进的方法，从室外水源引入处入手，顺着管路的走向，依次识读各管路和用水设备。

4.2.1 建筑给水工程系统图主要反映的内容

建筑给水工程系统图与建筑给水工程平面图相辅相成，互相说明又互为补充，反映的内容是一致的，只是反映的侧重点不同。建筑给水工程系统图主要有两种表达方式，一种是系统轴测图，另一种是展开系统原理图。建筑给水工程系统轴测图主要反映的内容如下：

1）系统的编号。轴测图的系统编号应与建筑给水工程平面图中编号一致。

2）管径。在建筑给水工程平面图中，水平管道可以表示出管径的变化，但对于立管，因其投影具有积聚性，因此，无法表示出管径的变化。在系统轴测图上任何管道的管径变化均可以表示出来，所以，系统轴测图上应标注管道管径。

3）标高。系统轴测图上应标注出建筑物各层的标高、给水干管、横管、配水支管的标高、卫生设备的标高、管件的标高、管径变化处的标高、室内外建筑平面高差、引入管埋深等。

4）管道及设备与建筑的关系。系统轴测图上应标注出管道穿墙、穿地下室、穿水箱、穿基础的位置，卫生设备与管道接口的位置等。

5）管道的坡向及坡度。管道的坡度值无特殊要求时，可参见说明中的有关规定，若有特殊要求则应在图中注明，管道的坡向用箭头注明。

6）重要管件的位置。在平面图中无法示意的重要管件，如给水管道中的阀门等，应在系统图中明确标注。

7）与管道相关的有关给水设施的空间位置。系统轴测图上应标注出屋顶水箱、室外贮水池、加压设备、室外阀门井、水处理设备等与给水相关的设施的空间位置。

8）分区供水、分质供水情况。对于采用分区供水的建筑，系统图要反映分区供水区域；对于采用分质供水的建筑，应按不同水质，独立绘制各系统的供水系统图。

展开系统原理图比系统轴测图简单，一般没有比例关系，是用二维平面关系来替代三维空间关系的，目前使用较多。展开系统原理图主要内容如下：

1）应标明立管和横管的管径、立管编号、楼层标高、层数、仪表及阀门、各系统编号、各楼层卫生设备和工艺用水设备的连接。

2）对于各层（或某几层）卫生设备及用水点接管（分支管段）情况完全相同的建筑，展开系统原理图上只绘一个有代表性楼层的接管图，其他各层注明同该层即可。

简单管段在平面上注明管径、坡度、走向、进出水管位置及标高，可不绘制系统图。

4.2.2 建筑给水工程系统图识读要领

建筑给水系统图是反映建筑内给水管道及设备空间关系的图样，识读时要与建筑给水工程平面图等结合，并要注意以下几个共性问题：

1）对照检查编号。检查系统编号与平面图上的编号是否一致。

2）阅读收集管道基本信息。主要包括管道的管径、标高、走向、坡度及连接方式等。在系统图中，管径的大小通常用公称直径来标注，应特别注意不同管材有时在标注上是有区别的，应仔细识读管径对照表。管道的埋设深度通常用负标高标注（建筑设计时常把室内一层或室外地坪确定为±0.000）。

3）明确各种管材、伸缩节等构造措施。对采用减压阀减压的系统，要明确减压阀后压力值，比例式减压阀应注意其减压比值；要明确在平面图中无法表示的重要管件的具体位置，如给水立管上的阀门等。

4）建筑给水工程系统图绘制时，遵从了轴测图的投影法则。当两根管道轴测投影相交叉，位于上方或前方的管道线连续绘制，而位于下方或后方的管道线则在交叉处断开。

4.2.3 建筑给水工程系统图的识读

建筑给水系统图是反映室内给水管道及设备空间关系的图样。由于给水系统图具有鲜明的特点，这就给我们识读给水系统图带来方便。识读给水系统图时，可以按照顺水流方向由外而内的读图顺序进行，即从室外水源引入处入手，顺着水的流向，从进户管开始，按照水平干管、立管、横管、支管、用水设备的顺序依次识读。先看整体，再看局部，即先看清楚给水干管连接的立管数量及相对位置、立管编号；再按照给水立管 JL-1~JL-2，JL-3，…JL-n 的顺序识读每一根立管上横支管的布置。由于绝大多数建筑物各层用水点和用水设备完全相同，因此横支管的平面布置和安装高度、阀门的位置及种类都一样，所以，在制图时有时只画出标准层的横支管，其他各层用"与×层相同"的文字标注进行说明即可。图面看起来更加清晰、明了。因而不论是否全部楼层横支管均画出，只要明确各层布置相同，就可以只选择一层进行识读。

给水管道系统图中的管道采用单实线绘制。为了减少横管之间的交叉，便于绘制和识读，给水工程系统图中管道长度局部可不按比例绘制，有时为了避免立管重叠，将给水干管用剖断线剖开，将立管之间的距离加大，便于横管的绘制。管道中的重要管件（如阀门）在图中用图例示意，而更多的管件（如补芯、活接、短接、三通、弯头等）在图中并未作特别标注，这就要求读者熟练掌握有关图例、符号、代号的含意，并对管路构造及施工程序有足够的了解。

图 4-6 是本章第 4.1 节讲解给水平面图时采用的建筑物的室内给水系统图。现以此为例介绍建筑给水工程系统图的识读。

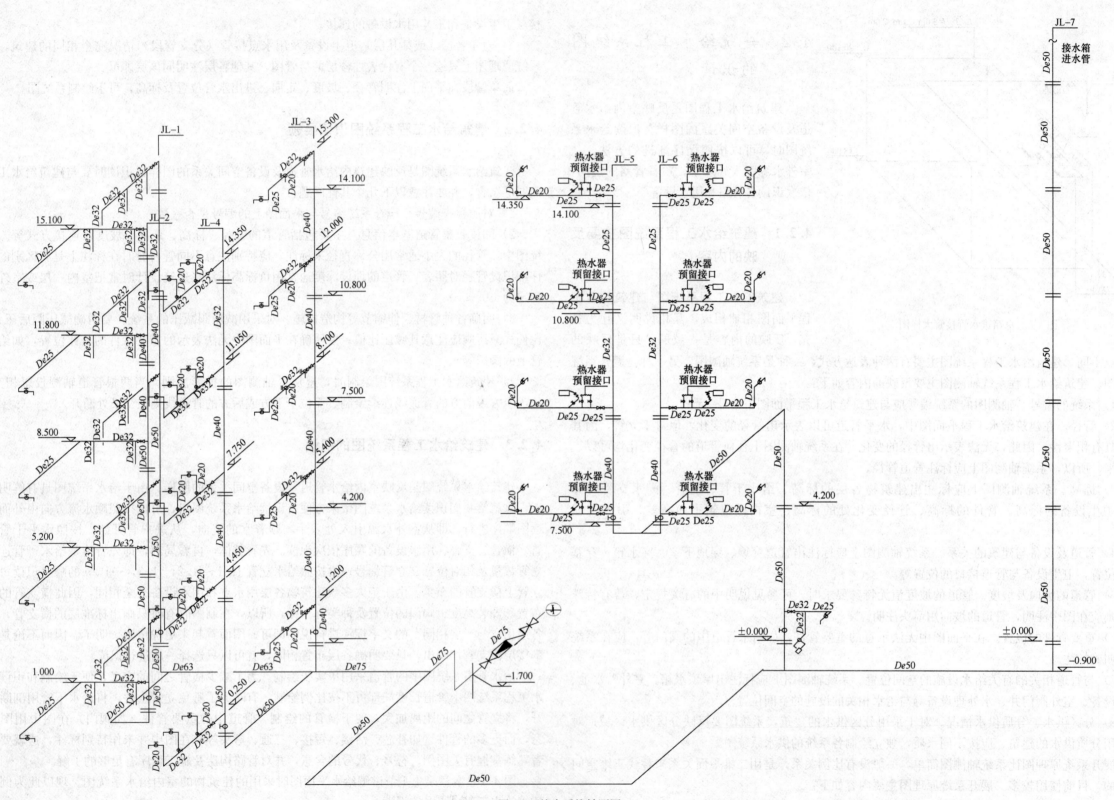

图 4-6 给水系统轴测图

1. 整体识读

图4-6中标明，该建筑物只有一个引入管，给水系统编号为 ⊕。该系统编号与给水平面图中的系统编号相对应。引入管穿墙入户，设水表井，水表前安装止回阀和闸阀，水表后安装闸阀，没有旁通管。引入管标高为-1.7m，管径 $De75$，入户后标高升至-0.9m。水平干管向左连接4根给水立管，分别是JL-1、JL-2、JL-3、JL-4。水平干管绕过U形弯道后向右供水，起点处接出给水立管供水至2层楼板下，再接出2根给水立管JL-5、JL-6；继续向右供水，最后接给水立管JL-7。水平干管各管段管径在图中表示很清楚。该建筑共6层，用水设备分布在1~5层，给水立管JL-5、JL-6在2层没有连接给水横管。给水立管JL-7没有给卫生器具供水，是水箱的进水总立管。

2. 立管的识读

识读立管时要逐根去读，在每根立管上再找出交叉少、管线清晰的某一层仔细识读。一般情况下，其他各层横管走向及平面布置均相同，横管安装高度也一样，只是处在不同楼层，相对标高不一样，图中双横线表示各楼层地面。下面以图4-6中立管JL-3为例进行识读。

给水立管JL-1是男厕蹲便器给水立管，3层横管接出点以前管径 $De50$，至4层横支管接出点管径 $De40$，4层以上 $De32$。从系统图来看，最高一层横支管表示最清晰，选择该层进行识读。横管起点安装截止阀，阀后向3个蹲便器供水，支管管径均为 $De32$。具体安装要求见卫生器具安装标准图集。

给水立管JL-2是女厕蹲便器和污水池给水立管，3层横管接出点以前管径 $De50$，至4层横支管管径 $De40$，4层以上 $De32$。任选5层进行识读，横管起点安装截止阀，横管先向左供水给2个蹲便器，然后向前（平面图上为向下方）向污水池供水。横管标高15.1m，横管管径 $De32$，污水池支管管径 $De25$。其他各层与顶层相同，具体安装要求见卫生器具安装标准图集。

在识读平面图时已经得知，给水立管JL-3是男厕小便器给水立管，立管底部处设闸阀，管径 $De40$。任意选择一层横管来看，横管安装高度为距离本楼层地面1.2m，横管标高即楼层标高+1.2m。1层横管标高1.2m，2层横管标高4.2m+1.2m=5.4m，3层横管标高8.7m，以此类推。横管管径 $De32$，起端安装截止阀，连接3个设备，其中2个小便器，1个污水池。小便器给水支管管径 $De20$，污水池给水支管管径 $De25$。其他楼层横管与该层相同。

给水立管JL-4是盥洗间给水立管。立管直径在2层横管接出点之前为 $De50$，至4层横管接出点为 $De40$，4层横管接出点以上为 $De32$。1层横支管与其他管线无交叉，故选择1层进行识读。横管起点标高为0.25m，安装截止阀，横管直径 $De32$，向2个洗脸盆和1个拖把池供水，支管直径分别为 $De20$、$De20$、$De25$。

从该建筑给水2层平面图（图4-2）识读时得知，给水立管JL-5、JL-6在楼梯间另一侧，是向3层以上卫生间供水的立管。从系统图可以看出，从地沟接出的立管在一层安装闸阀，连接横管，向蹲便器和洗脸盆供水。横管安装高度为1.2m，横管上安装截止阀，横管管径 $De32$，蹲便器支管管径 $De32$，洗脸盆支管管径为 $De25$。该给水立管在2层没有连接横管，自1楼卫生间直接穿楼板至2层楼板下，再向前供水至给水立管JL-5、JL-6。从图4-6中可以看出，给水立管JL-5、JL-6上各层横支管的连接分别对称，设备完全相同，因此只需要仔细识读某一层、某一侧的横支管即可了解每一层。以给水立管JL-6连接的5层横支管为例进行识读，5层地面标高为14.100m，横管接出点标高为14.350m，起点安装截止阀，管道直径 $De25$，首先连接热水器给水预留支管，再向右供水给坐便器和洗脸盆。其他各层与该层相同。

给水立管JL-7在识读给水平面图时已经得知，该立管设置在楼梯间，不可能连接任何用水设备，从6层给水平面图得出结论，给水立管JL-7是向屋顶水箱供水的总立管。从给水系统图得到验证。给水立管JL-7管径为 $De50$。

4.3 建筑给水工程展开系统原理图的识读

本节将继续以××储蓄所工程为例，讲解如何识读建筑给水展开系统原理图。

4.3.1 建筑给水工程展开系统原理图反映的主要内容

由第2章知识可知，展开系统原理图是二维平面图，绘制时一般没有比例关系，主要反映系统原理和管道连接的全貌。主要标明立管和横管的管径、立管编号、楼层标高、层数、仪表及阀门、各系统编号，各楼层卫生设备和工艺用水设备的连接。对于各层（或某几层）卫生设备及用水点接管（分支管段）情况完全相同的建筑，展开系统原理图上只绘一个有代表性楼层的接管图，其他各层注明同该层即可。对于展开系统原理图无法表达清楚的部分，应通过其他图纸加强来弥补，如放在给水排水平面图和大样图中来表达或采用标准图集来表达。

4.3.2 建筑给水工程展开系统原理图的识读

在识读建筑生活（生产）给水展开系统原理图时，可以按照循序渐进的方法，从室外水源引入管处着手，顺着管道所走的路线依次识读各管路及用水设备。也可以逆向进行，即从任意一用水点开始，顺着管路逐个弄清管道和设备的位置、管径的变化以及所用管件等内容。

识读建筑给水工程展开系统原理图时首先要明确供水方式，对于采用直接供水方式的建筑要明确市政供水管网的供水压力值；对于采用分区供水方式的建筑要明确分区供水区域；对于采用分质供水的建筑要区别不同水质的供水系统图等。

图4-7为××储蓄所生活给水展开系统原理图，下面从室外引入管处开始顺着管道所走的路线依次识读各管路及用水设备。

1. 建筑外水源引入

从市政给水管引入一根 $De75$ 的管道，穿地沟进入室内。引入管在室外水表井中设置同口径的生活给水水表1个，水表前后分别安装 $De75$ 的闸阀各1个，水表前安装 $De75$ 的逆止阀1个，进水方向如箭头所示。引入管的标高为-1.700m。

2. 建筑内管路及用水设备

由图4-7可知，编号为 ⊕ 的给水系统引入管进入建筑内后，向7根立管供水，左侧4根，分别是JL-1~JL-4，右侧3根分别是JL-5、JL-6、JL-7。各楼层地面标高分别为1层±0.000，2层4.200m，3层7.500m，4层10.800m，5层14.100m，6层17.400m。

给水立管JL-1由下向上分别给1~5层横支管供水，1~3层立管管径 $De50$，4层为 $De40$，5层为 $De32$。每层连接横管，横管距本层楼面1.0m，安装截止阀1个。每根横管按照配水需要又分出3个支管，管径均为 $De32$。

给水立管 JL-2 向 1～5 层横支管供水，1～2 层立管管径 De50，3 层立管管径 De40，4 层、5 层立管管径 De32。每层连接横管，横管距本层楼面 1.0m，安装截止阀 1 个。每根横管按照配水需要又分出 3 个支管，其中 2 根管径为 De32，1 根为 De25。

给水立管 JL-3 向 1～5 层横支管供水，1～5 层立管管径均为 De40。每层连接横管，横管管径为 De32，距本层楼面 1.2m，安装截止阀 1 个。每根横管按照配水需要又分出 3 个支管，2 根管径为 De20，1 根管径为 De25。

给水立管 JL-4 向 1～5 层横支管供水，1 层立管管径 De50，2 层、3 层立管管径 De40，4 层、5 层管径为 De32。每层连接横管，横管距本层楼面 0.25m，安装截止阀 1 个。每层横管按照

配水需要又分出 3 个支管，2 根管径为 De20，1 根管径为 De25。

JL-A 管径 De50，在一层接 1 根横管，管径为 De32，按照配水需要又分出 2 个支管，管径分别为 De32、De25。

给水立管 JL-5、JL-6 从展开系统原理图看完全相同，只在 3 个楼层连接横管，即 3～5 层，立管管径分别为 De40、De32、De25。每层连接横管距本层楼面 0.25m，安装截止阀 1 个。每层横管按照配水需要又分出 4 根支管，3 根管径为 De25，1 根为 De20。

给水立管 JL-7 直接向屋面消防水箱供水，在各楼层没有连接横管。从 1 层开始，JL-7 的管径为 De50，进水管设 2 根，通过 2 个浮球阀控制，管径为 De32。

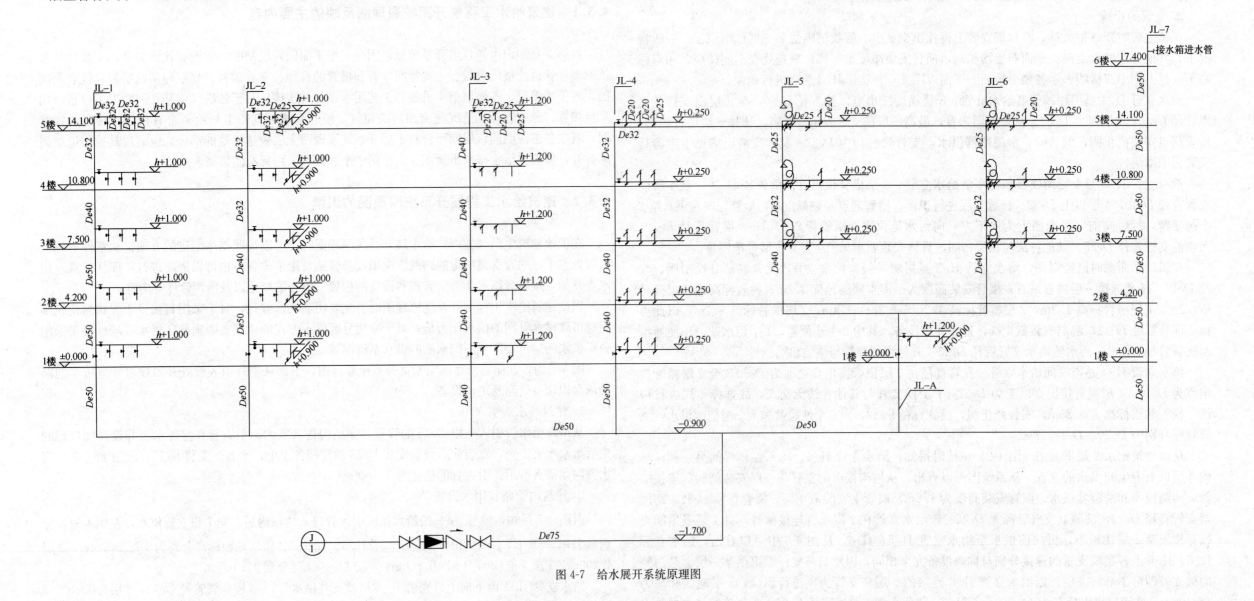

图 4-7　给水展开系统原理图

第5章 建筑排水工程施工图的识读

5.1 建筑排水工程平面图的识读

建筑排水工程平面图是以建筑平面图（建筑平面以细线画出）为基础绘制的，其主要表示排水管道、卫生洁具、器材、地漏的平面布置，表示排水管道的管径以及安装高度、坡度要求等内容。建筑排水平面图的排出管通常都注上系统编号，编号和管道种类分别写在直径约为 8～10mm 的圆圈内，圆圈内过圆心画一水平线，线上面标注管道种类，排水系统写"排"或写汉语拼音字母"P"或"W"；线下面标注编号，用阿拉伯数字书写。建筑排水工程施工图图纸部分包括底层平面图、标准层平面图、厨卫详图等。

5.1.1 建筑排水工程平面图主要反映的内容

建筑排水工程平面图是施工图纸中最基本和最重要的图纸，常用的比例是 1：100 和 1：50 两种。它主要表明建筑物内排水管道及卫生器具的平面布置。图上的线条只是示意管道大体平面位置和走向，线条与建筑物墙、梁、柱等的间距并不表示真实距离，具体安装尺寸一般在管沟内管道布置大样图中表示或在设计说明中说明。同时，管材、管道连接方式等也不画出来。因此在识读图纸时还必须熟悉排水管道的施工工艺。

建筑排水工程平面图主要反映的内容如下：

1）排水管道走向与平面布置，管材的名称、规格、型号、尺寸，管道支架的平面位置。

2）卫生器具、排水设备的平面位置，引用大样图的索引号，立管位置及编号，通过平面图，可以知道卫生器具、立管等前后、左右关系，相距尺寸。

3）管道的敷设方式、连接方式、坡度及坡向；从平面图上可清楚地查明是明装还是暗装，以确定施工方法。

4）管道剖面图的剖切符号、投影方向。

5）底层平面应有排出管、检查井，而且室外第一个检查井是室内排水系统与室外排水系统的分界线。室内排出管与室外排水总管的连接，是通过检查井来实现的，要了解排出管的长度，即外墙至检查井的距离。排出管在检查井内通常采用管顶平接。

6）集水坑、排污泵位置与技术参数。

7）对于排水设备及管道较多的复杂场所，如水泵房、水池、水箱间、热交换器站、卫生间、水处理间等，当平面图不能交代清楚时，应有局部放大平面图。

8）有时为便于清扫，在适当的位置设有清扫口的弯头和三通，在识图时也要加以考虑。对于大型厂房，特别要注意是否有检查井，检查井进出管的连接方式也要搞清楚。

9）对于雨水管道，要查明雨水斗的型号及布置情况，并结合详图搞清雨水斗与天沟的连接方式。

10）对于建筑排水管道，还要查明清通设备的布置情况，清扫口和检查口的型号和位置。

5.1.2 建筑排水工程平面图的识读要领

识读排水管道平面图时，先从目录入手，仔细阅读有关排水系统设计说明，了解排水体制是分流制还是合流制，掌握该建筑排水工程的特点，了解说明中强调的特殊部位、特殊工艺。然后，再根据排水系统的编号，逐个系统依次单独识读。识图时应该掌握的主要内容和注意事项如下：

1）识读平面图要从底层排水工程平面图开始。从室外排水系统的编号可以看出该建筑物有几根排出管（一般情况下一根排出管一个排水系统编号），并以建筑定位轴线为准，了解其平面位置，然后分别进行识读。

2）查找图中所有用水点、用水设备的类型及位置，并对其分布做到大体心中有数。

3）识读每一个排水系统时，都可以依照水流的方向，顺着一根管路，从室内向室外进行。具体来说，就是按照卫生器具、排水支管、排水横管、排水干管、排出管、室外第一个检查井的顺序进行识读。

4）通过识读底层平面图掌握污废水的汇集方向，排出管穿墙的位置，排出管的根数，敷设形式等内容。

5）平面图无法反映出管道的标高及其变化节点，暂时可以不去理会，待识读系统图时将一目了然。

6）其他楼层排水工程平面图反映的主要内容是诸如厨房、卫生间等集中用水点的污废水汇集形式。首先要找到排水立管的位置，在平面图上是由一个小圆圈表示。再找到距离排水立管最远的卫生设备（有时是地漏），从该处开始，顺水流方向仔细识读，看清沿途每一根排水支管汇入点，了解是哪种卫生器具，一直读到与排水立管连接处即可。一根排水立管也可同时接纳 2 根排水横支管的污水，识读方法相同。

7）排水管道常用粗虚线来表示。图中管线距离墙、梁、柱的距离不是实际尺寸，不能按建筑图的比例去量测。它仅仅是平面位置的示意，具体安装尺寸见详图或标准图。

8）对于简单工程，由于平面中与给水排水有关的管道、设备较少，一般把各楼层各种给水排水管道、设备等绘制在同一张图纸中，可用不同线条、符号、图例表示两者有别；对于高层建筑及其他复杂工程，由于平面中与给水排水有关的管道、设备较多，在同一张图纸中表达有困难或不清楚时，可以根据需要和功能要求分别绘出各种类型的给水排水管道、设备平面等，如可以分层绘制生活给水平面图、生产给水平面图、消防喷淋给水平面图、污水排水平面图、雨水排水平面图。建筑给水排水工程平面图无论各种管道是否绘制在一张图纸上，各种管道之间的相互关系都要表达清楚。

9）识读通气管系统。伸顶通气管形式较为普遍。识读时了解其管径、伸出屋面的高度，通气帽的形式及其数量。

5.1.3 建筑排水工程平面图的识读方法

本节以××储蓄所综合楼工程为例，讲解建筑排水工程平面图的识读方法。该工程实例与讲解给水工程平面图所采用的工程为同一个工程，建筑概况不再赘述。关于排水工程的相关信息从排水设计说明可知，室内卫生间粪便污水与洗涤废水采用合流制排放，为设有伸顶通气管的单立管排水系统。污废水排至室外经小区排水管道汇集到化粪池经简单处理后排入室外污水市政管网。屋面雨水为外排水，由建筑专业处理。图纸管线设计标高为管内底标高。管道敷设要求是，排水横管与横管的连接采用45°三通或90°斜三通，立管与排出管端部连接采用2个45°的弯头。排水立管每隔2层设置承重支座，立管最底部弯头处设吊架。污水排水立管采用空壁螺旋UPVC管，采用螺母挤压密闭圈接头，粘结连接。立管每层设伸缩节，横支管采用普通UPVC管。地沟内排水干管采用普通UPVC管。

1.1层排水工程平面图的识读

图5-1为××储蓄所综合办公楼一层排水平面图。从图中可以看出，该建筑物用水点分布较为集中，主要分布在建筑物北端的卫生间，因此污水排放量也相应较大。其次，金库右侧的小卫生间有少量厕所混合污水。我们首先在图纸上找到排水系统的排出口，在图纸上部，从左至右依次可以看到一共有3个检查井，对应3个排水系统，分别是 $\frac{排}{1}$、$\frac{排}{2}$、$\frac{排}{3}$。由此可以判断出该建筑污水的排放方向为由下向上，最终排至室外检查井。下面我们就分别对3个排水系统进行识读。

排水系统 $\frac{排}{1}$：与排水系统 $\frac{排}{1}$ 相连的有2根虚线管道，说明此检查井连接2根排出管。检查井位于建筑轴线①的右侧，距离外墙的间距为3m。排水系统 $\frac{排}{1}$ 接纳的是男厕和女厕产生的污水，下面我们就先了解一下卫生间的整体布局。卫生间分为3间，分别为男厕、女厕、盥洗间。其中，男厕设有3个蹲便器，2个小便池、1个洗涤池；女厕设有2个蹲便器、1个洗涤池；盥洗间设有2个台式洗脸盆、1个污水池。

从距离较远的女厕开始读起。在女厕左上角蹲便器后面墙角处设有排水立管PL-2，连接2根横管，纵向的排水横管依次接纳和排放洗涤池产生的洗涤废水、地漏排放的地面废水；水平方向的排水横管接纳和排放2个蹲便器产生的粪便污水，收集排放到排水立管PL-2。再通过地沟内敷设的排水干管排出室外至检查井。

在男厕左上角设有排水立管PL-1，只接纳1根排水横管的污废水。排水横管沿轴线①的右侧明设，接纳3个蹲便器排放的粪便污水。由于此横管接纳污水污染重、杂质多，管道易堵塞，因此，在横管的端头安装有清扫口，便于在地面完成清通操作。由于立管PL-1靠近外墙，直接将污水送至排出管排出室外，没有连接排水干管。2根排出管的管径均为De160。

排水系统 $\frac{排}{2}$：检查井位于建筑轴线②的左侧，连接2根排出管。排水系统 $\frac{排}{2}$ 接纳的是男厕、小便器、污水池以及盥洗间产生的污废水。在盥洗间洗脸盆旁边设有排水立管PL-4，接纳1根横管的污水。横管布置在楼板下，依次接纳污水池、地漏和两个洗脸盆的废水。排水立管PL-4将接纳的污水排至地沟内排水干管，通过排出管排至室外检查井。在男厕小便器的旁边靠墙角设有排水立管PL-3，接纳1根横管的污水。横管依次接纳的污水是洗涤池、地漏、2个小便器。排水立管PL-3直接将污水送至排出管排出至室外检查井。2根排出管的管径均为De110。

排水系统 $\frac{排}{3}$：检查井位于建筑轴线⑤的右侧，连接2根排出管。De160的排出管连接1根排水干管，干管接纳的是轴线ⓒ与轴线⑤交接处设置的排水立管PL-5、PL-6排放的污水。可以看出，本层没有横支管与立管PL-5、PL-6连接，至于2层及以上各层排水情况只能从其他平面图上读出。管径为De110的排出管既没有连接排水干管，也没有连接排水立管。可以判断，它只接纳一层小卫生间横支管排放的污水。该管沿水平方向敷设，依次接纳的是洗脸盆、地漏和蹲便器的污废水。特别说明，地漏本身不是用水设备，排放的是清洗地面时产生的废水。

2.2层排水工程平面图的识读

图5-2为××储蓄所综合办公楼2层排水工程平面图。从图中可以清晰地看出，2层用水点仅有男厕、女厕和盥洗间。卫生器具的布置与1层完全相同。但由于在2层排水管道平面图上不再反映排出管和地沟内排水干管的布置，因而看到的只有横支管和表示排水立管的圆圈。在2层排水工程平面图上能更直接、清晰地看出横支管的布置，卫生器具排水支管与排水横管的连接、排水横管与立管的连接。具体连接情况与1层相同，不再赘述。

3.标准层（3～5层）排水工程平面图的识读

中间层（标准层）是指楼层中的若干层，其给水排水平面布置相同，可以用任何一层的平面图来表示。因此，中间层（标准层）平面图并不仅仅反映某一层楼的平面式样，而是若干相同平面布置的楼层给水排水平面图。从根本上讲，标准层只是给水排水平面布置相同，也可能彼此之间有些细小的差别，如标高、立管管径、管件位置等都有可能不同。所有这些差异，需要在排水平面图上或者其他诸如排水系统图中加以标注。

由于该建筑3～5层用水点的分布和排水管道的布置完全相同，故绘制1张排水工程平面图，即标准层排水平面图。从图5-3可以看出，用水点集中在两处，一处是我们在前面已经识读过的建筑物左端的男厕、女厕以及盥洗间。其卫生洁具的种类、数量以及平面布置与1层、2层相同，不再重复识读。另一处用水点集中在两间董事长休息室的2个小卫生间。卫生器具有坐便器、洗脸盆、淋浴器。因此，坐便器旁边的地漏应该主要用于排放淋浴产生的洗涤废水。2个卫生间对称布置，我们选择排水立管PL-5进行识读。PL-5只接纳左边的一根排水横管，横管依次接纳洗脸盆、坐便器、地漏产生的污废水。PL-6与PL-5的连接相同。

4.屋面排水工程平面图的识读

屋面层是管道交叉较多的地方，也常是设备、水箱等放置的地方。因此，屋面层给水排水平面图也是建筑给水排水工程施工图的重要部分，应认真绘制。对于采用下行上给式给水方式的建筑物，如果其屋面上没有设置用水设备，除污水管道的通气管穿过屋面外，没有其他管道穿过屋面，一般就不再绘制屋面层给水排水平面图（雨水排水平面图除外）。××储蓄所屋面层管道就只有排水管道的通气管和水箱排放溢流水等废水的排水管，可以不绘制6层排水平面图。但为了增加对屋面层排水平面图的感性认识，绘制了图5-4，且由于××储蓄所排水系统为单立管排水系统，直接将排水立管伸出屋面作通气管使用，在屋面排水平面图上，只能看见表示通气管位置的圆圈。

5.2 建筑排水工程系统图的识读

建筑排水管道系统图主要有两种表达方式,一种是系统轴测图,另一种是展开系统原理图。展开系统原理图比系统轴测图简单,一般没有比例关系,是用二维平面关系来替代三维关系的,使用越来越多。系统轴测图是采用轴测投影原理绘制的,是能够反映管道、设备等三维空间关系的立体图,绘制斜等轴测投影图较为普遍。建筑排水系统轴测图一般按照一定的比例(不易表达清楚时,局部可不按比例)用单线表示管道,用图例表示设备。在系统轴测图中,上下关系是与层(楼)高相对应的,而左右、前后关系会随轴测投影方位的不同而变化。

建筑排水工程系统图与建筑排水工程平面图相辅相成,互相说明又互为补充,反映的内容是一致的,只是反映的内容不同、侧重点不同。简单管段在平面上注明管径、坡度、走向、进出水管位置及标高,可不绘制系统图。

5.2.1 建筑排水工程系统图的主要内容

1) 系统的编号。由室内互相连通的排水支管、横管、立管、干管、排出管组成的枝状管路视为一个系统,通过排出管与室外检查井连接。有时,一个检查井接纳2根排出管,也只编一个系统号。

2) 管径。在建筑排水工程平面图中,水平管道可以表示出其延伸,标明管径、坡度、走向,但对于立管只是一个圆圈,因此,无法表示出管径的变化。系统轴测图的优势则是图上任何管道的管径变化均可以表示出来,所以,系统轴测图上应标注管道管径。

3) 标高。系统轴测图上应标注出建筑物的层数、楼层标高、排水管道的标高、管径变化处的标高、室内外建筑平面高差、管道埋深等;应标明立管编号、排水立管检查口、通风帽等距地(板)高度等。

4) 管道及设备与建筑的关系。系统轴测图上应标注出管道穿墙、穿地下室、穿水箱、穿基础的位置,卫生设备与管道接口的位置等。

5) 管道的坡向及坡度。管道的坡度值无特殊要求时,可参见说明中的有关规定,若有特殊要求则应在图中注明,管道的坡向用箭头注明。

6) 重要管件的位置。在平面图中无法示意的重要管件,如污水管道上的检查口等,应在系统图中明确标注。

7) 与管道相关的有关排水设施的空间位置。系统轴测图上应标注出室外排水检查井、管道等与排水相关的设施的空间位置。

8) 雨水排水情况。雨水排水系统要反映走向、落水口、雨水斗等内容。雨水排至地下以后,若采用有组织排水,还应反映排出管与室外出口井之间的空间关系。

5.2.2 建筑排水工程系统图的识读要领

建筑排水工程系统图识读时要与建筑排水工程平面图相结合,并要注意以下几个共性问题:

1) 对照检查编号。系统图的编号应与建筑排水工程平面图中编号一致,检查是否一致。

2) 排水工程系统图图形形成原理与室内给水系统图相同。图中排水管道用单线表示。因此在识读排水系统图之前,同样要熟练掌握有关图例符号的含意。

3) 建筑排水系统图示意了整个排水系统的空间关系,重要管件在图中也有示意。而许多普通管件在图中并未标注,这就需要读者对排水管道的构造情况有足够了解。

4) 有关卫生设备与排水支管的连接、卫生设备的安装大样也通过索引的方法表达,而不在系统图中详细画出。

5) 阅读收集管道基本信息。主要包括管道的管径、标高、走向、坡度及连接方式等。

6) 在系统图中,管径的大小通常用公称直径来标注,应特别注意不同管材有时在标注上是有区别的,应仔细识读管径对照表。

7) 图中的标高主要包括建筑标高、排水管道的标高、管径变化处的标高以及管道的埋设深度等;管道的埋设深度通常用负标高标注。

8) 管道的坡度值,在通常情况下可参见说明中的有关规定,有特殊要求时则会在图中用箭头注明管道的坡向。

5.2.3 建筑排水工程系统图的识读

建筑排水系统图是反映室内排水管道及设备空间关系的图样。室内排水系统从污水收集口开始,经由排水支管、排水干管、排水立管、排出管排出。在识读建筑排水系统图时,可以按照卫生器具或排水设备的存水弯、器具排水管、排水横管、立管和排出管的顺序进行,依次弄清排水管道的走向、管路分支情况、管径尺寸、各管道标高、各横管坡度、存水弯形式、通气系统形式以及清通设备位置等。识读建筑排水系统图时,应重点注意以下几个问题:

1) 最低横支管与立管连接处至排出管管底的垂直距离。

2) 当排水立管在中间层竖向拐弯时,应注意排水支管与排水立管、排水横管连接的距离。

3) 通气管、检查口与清扫口设置情况。

4) 伸顶通气管伸顶高度,伸顶通气管与窗、门等洞口垂直高度(结合水平距离)。

5) 卫生器具、地漏等水封设置的情况,卫生器具是否为内置水封以及地漏的形式等。

图5-5是××储蓄所综合办公楼的室内排水系统图,现以此为例介绍排水系统轴测图的识读。从图可见,排水立管每2根为1组相对集中,且将收集的污水同时排往1个检查井,构成1个排水系统,一共3个排水系统,即 ⊕、P/2、P/3,下面分别介绍。

1. 排水系统 ⊕ 的识读

排水系统P1收集排放的是靠卫生间左侧布置的卫生器具产生的污废水,包含2个独立的排水管路,PL-1管路和PL-2管路。

1) 识读PL-1管路

从排水立管PL-1连接的横支管中选择最高层5层进行识读。在排水立管PL-1的前方连接有1根排水横管,用斜三通与立管连接,接入口设于楼面下,管内底标高为13.700m,横管管径为De110。横管上连接3根排水支管,结合识读平面图时获知的信息,3根支管应为男厕3个蹲便器的排水支管,每根支管管径均为De110,均安装P形存水弯。由于排放的是粪便污水,管道易堵塞,故在横管距离立管较远的一端连接一段弯管将管口引至地面后安装清扫口，便于清通。清扫口平时处于封闭状态，清通横管时打开，操作人员在地面进行清通工作。2~4层横管连接的器具排水支管完全相同，与立管的连接方式也相同，故在此不再赘述。为了提高排污能力，横管指向立管方向应有排水坡度 $i=0.01$，但为了绘图方便，在施工图纸上全部绘制成水平管线，坡向和坡度也不需要标注，在排水设计说明中进行说明即可。管道上还应设置吊架，有关这方面的规定详见说明中的内容。

排水立管 PL-1 的管径从上至下均为 $De110$。由于 PL-1 位于外墙角，没有排水干管，其直接与排出管连接，将 1~5 层排水横管排放的污水收集排放至室外检查井。排出管管径为 $De160$，从地沟穿出，管底标高为 −1.800m。在排水立管 PL-1 上，每层都设有检查口，检查口底距离本层地面为 1m。

该储蓄所排水系统设计为单立管排水，即排水和通气使用同一根立管，排水立管直接向上延伸出屋面一定高度，最高一层的检查口以上部分管道称为通气管。影响通气管伸出屋面高度的因素主要有两个，一是当地气象资料。按给水排水设计规范规定，通气管安装高度不得小于 0.3m，且应大于最大积雪厚度，以免积雪封堵通气管口。通气管顶端应装设风帽或网罩。另一个因素就是屋面的种类和通气管周边情况，如为上人屋面或通气管处有窗户时，管口需在 2m 以上。图 5-5 中，通气管口标高为 18.400m，管口高出屋面 1.0m。通气管的管径一般情况下与排水立管相同，皆为 $De110$，并在顶端加设通气帽，防止雨雪降落和杂物坠入。

2) 识读 PL-2 管路

首先选择 5 层横管进行识读。PL-2 连接两个方向的横支管，一根向前，结合平面图来看，应为女厕洗涤池排水支管，支管管径为 $De75$，安装 S 形存水弯，隔绝管道内臭气，防止逸入室内；还连接 1 个地漏，排放清洗地面产生的废水。在立管的水平方向右侧连接一根横管，接纳女厕 2 个蹲便器的污水。立管汇集两个方向的污水并排放到地沟内的排水干管，排水立管 PL-2 的管径从上至下均为 $De110$。排水干管将污水排放至排出管，最终由排出管排出室外至检查井。排水干管和排出管均敷设在地沟内，管径为 $De160$，管底标高为 −1.800m。在排水立管 PL-1 上，每层都设有检查口，检查口底距离本层地面为 1m。通气管的设置与 PL-1 管路相同。

2. 排水系统 $\frac{P}{2}$ 的识读

排水系统 $\frac{P}{2}$ 收集排放的是靠卫生间右侧布置的卫生器具产生的污废水，包含两个独立的排水管路，PL-3 管路和 PL-4 管路。

1) 识读 PL-3 管路

我们选择最高层 5 层进行识读。在排水立管 PL-3 的前方连接有 1 根排水横管，用斜三通与立管连接，接入口设于楼面下，管底标高为 13.700m，地面标高为 14.100m。横管管径起始端为 $De50$，接纳的是男厕洗涤池的废水，安装 S 形存水弯；连接地漏后，连接 2 个排水支管，结合平面图可知，应为男厕小便器排水支管，管径为 $De75$，均安装 P 形存水弯。1~4 层横管安装与 5 层相同。立管管径全部为 $De75$，排出管管径为 $De110$，管底标高为 −1.800m。在排水立管 PL-1 上，每层都设有检查口，检查口底距离本层地面为 1m。通气管管径为 $De75$，其他安装要求与 PL-1、PL-2 相同。

2) 识读 PL-4 管路

在排水立管 PL-4 上，我们选择底层排水横管进行识读。在横管上，按水流方向，从横支管远端向立管方向连接 3 根器具排水支管，均安装 S 形存水弯。仅从系统图不易判别支管接纳的是哪个卫生器具排放的污水。但在已经识读了排水工程各层平面图的基础上，再来识读就不难。很显然，第 1 根支管为污水池排水支管，后面 2 根为盥洗台上 2 个洗手池的排水支管。起端支管管径为 $De50$，连接 2 根器具排水支管后横管管径增加为 $De75$。底层横管敷设在地下，标高为 −0.600m。2~5 层横管的连接与 1 层相同，均敷设在楼板下。

排水立管管径为 $De75$，接纳 1~5 层横管排放的污水并排放到地沟内排水干管，再通过排出管排出。排出管管径为 $De110$，从地沟穿出，管底标高为 −1.800m。在排水立管 PL-4 上，每层都设有检查口，检查口底距离本层地面为 1m。

通气管管径为 $De75$，其他安装要求与 PL-1、PL-2、PL-3 相同。

3. 排水系统 $\frac{P}{3}$ 的识读

$\frac{P}{3}$ 排水系统收集排放的是 1 楼靠金库右侧值班室小卫生排放的污水和 3 层、4 层、5 层董事长休息室卫生间排放的污水，分为 2 个独立排水管路，由 PL-5、PL-6 组成的排水管路较为复杂，而 1 层小卫生间的排水管路属于底层独立排水系统，相比较更为简单。下面分别进行识读：

1) 识读由 PL-5、PL-6 组成的排水管路

排水立管 PL-5 和 PL-6 分别设置在卫生洁具对称布置的 2 个卫生间，管路布置亦对称，只要读懂其中一根立管和横管即能举一反三，下面以排水立管 PL-5 为例，选择最高层 5 层横管进行识读。从图 5-5 可见，PL-5 和 PL-6 只在 3 层、4 层、5 层连接有排水横管，1 层、2 层没有接管。由平面图已知，该卫生间为内、外两间，用隔断分开。外间安装洗脸池，里间安装坐便器和淋浴器，里外各有一个地漏。因此，5 层横管连接的 4 根卫生器具排水支管（包括 2 个地漏在内），从左向右依次为洗脸盆、地漏、坐便器、排放淋雨废水的地漏的排水支管，管径依次为 $De50$、$De50$、$De110$、$De50$。横管管径在连接坐便器之前为 $De75$，之后为 $De110$。排水立管管径为 $De110$。

地漏在构造上具备存水弯的功能，不需要另外安装水封装置。洗脸盆排水支管上安装 S 形存水弯；坐便器排水支管上没有安装存水弯，这并不意味着坐便器上不需要隔臭，而是因为坐便器本身就带有存水弯，因此在管道上不需要再设。地漏为 $DN50$ 防臭地漏，上口高度与卫生间地坪平齐，地面向着地漏找坡。横管起点标高为 13.700m。排水立管 PL-6 上连接的横管与 PL-5 完全相同，水流方向相反，立管管径相同。排水立管 PL-5 和 PL-6 在地下与同一根排水干管连接，将污水全部汇集到排水干管，由地沟内支架上敷设的排水干管、排出管将污水排出室外。排出管接纳 2 根立管的污水，管径为 $De160$，标高为 −1.800m。

通气方式和通气管的设置与前面讲述的排水立管相同。立管上检查口设置在 1 层、3 层、4 层、5 层。

2) 识读底层独立排水系统

底层独立排水系统非常简单，只排放 1 楼值班室小卫生间排放的污水，单独排出的污水管有不易堵塞等优点。由于只有 1 根横管，卫生器具少，没有设置通气管。在横管的右端，连接洗涤池的排水支管，管径为 $De50$，安装 S 形存水弯。接下来连接地漏，横管管径变为 $De75$；最后连接蹲便器排水支管，管径为 $De110$。

底层横管标高为 −0.600m，与标高为 −1.800m 的排出管连接时，还需一段 1.2m 的垂直管段，如图 5-5 所示。排出管管径为 $De110$。

5.3 建筑排水工程展开系统原理图的识读

建筑排水展开系统原理图按照展开图绘制方法进行绘制，进行系统编号。一般高层建筑和大型公共建筑宜绘制管道展开系统原理图。本节通过××储蓄所排水工程展开系统原理图来学习展开图的绘制原理、读图要领和方法。

5.3.1 建筑排水展开系统原理图反映的主要内容

1）应标明系统编号、立管编号。

2）应标明立管和横管的管径、楼层层数、楼层标高、各楼层卫生设备的连接。

3）应标明排水管立管检查口、通风帽等距地（板）高度等。

4）简单管段在平面上注明管径、坡度、走向、进出水管位置及标高，可不绘制系统图。

5.3.2 建筑排水展开系统原理图的识读要领

1）建筑排水展开系统原理图不受比例和投影法则限制，是一张二维的管道连接示意图，不能真实反映管道之间的相对空间关系。

2）建筑排水展开系统原理图中的排出管、干管、立管、横管、排水器具、附件等要素与排水工程平面图相对应。

3）立管排列是以建筑平面图左端立管为起点，顺时针方向自左向右按立管位置及编号依次排列。

4）楼层标志线为一条贯通的细实线，横管与楼层线平行绘制，并与相应立管连接。

5）对于各层（或某几层）卫生设备器具排水支管与排水横管连接情况完全相同的建筑，只绘一个有代表性楼层的接管图，其他各层注明同该层即可。

5.3.3 建筑排水展开系统原理图的识读

图5-6为××储蓄所综合办公楼的排水工程展开系统原理图。该建筑排水系统只有地面以上污水排水。排水主要集中在建筑物左端的公共卫生间和3层、4层、5层的6个办公室卫生间。1层金库旁边的值班室小卫生间只有少量污水，且从排水系统轴测图识读得知，为底层独立排水系统。

在排水展开系统原理图上，污水排水管道采用P标注。排水系统编号为 $\frac{P}{1}$、$\frac{P}{2}$、$\frac{P}{3}$，立管编号为PL-1、PL-2、PL-3、PL-4、PL-5、PL-6。排水立管编号为PL-1、PL-2的两条管路组成排水系统P1，直到汇入检查井之前两条管路始终是单独排水。排水立管编号为PL-3、PL-4的两条管路组成排水系统P2，直到汇入检查井之前两条管路始终是单独排水。排水立管编号为PL-5、PL-6的两条管路组成排水系统P3，立管在地沟内与同一根排水干管连接，污水汇集后排放至排出管，排至室外检查井。$\frac{P}{1}$、$\frac{P}{2}$、$\frac{P}{3}$ 三个排水系统均采用单立管系统。楼层标高，1层室内地坪为±0.000m，2层为4.200m，3层为7.500m，4层为10.800m，5层为14.100m，6层为

17.400m。6层层高为5.6m，屋面标高为23.000m。

下面按照立管排列顺序自左向右依次进行识读。

1）排水立管PL-2的识读

PL-2为建筑物左端公共卫生间女厕排水立管，其管径1～5层均为De110，每层连接两个方向的横支管，向前的一根横管管径为De75；立管右侧接入的横管管径为De110。横管接入点的标高底层为−0.600m，其他各层为楼板下0.4m处。伸顶通气管管径与立管管径相同，为De110，设置高度为屋面以上1.0m，顶端设一个伞形通气帽。在每层设1个检查口，距楼板面高度1.0m。排水干管和排出管均敷设在地沟内管道支架上，排水干管、排出管管径均为De160，污水排至P1检查井，连接检查井处管口的管内底标高为−1.800m。

2）排水立管PL-1的识读

排水立管PL-1为建筑物左端公共卫生间男厕排水立管，其管径1～5层均为De110，每层连接一根横支管，管径均为De110，接入点管内底距本层楼板面的距离为400mm。排出管敷设在地沟内管道支架上，排出管管径为De160，污水排至P1检查井。

伸顶通气管、通气帽、检查口的设置与排水立管PL-2相同。

3）排水立管PL-4的识读

排水立管PL-4为盥洗间排水立管，其管径1～5层均为De75。每层连接一根横管，管径为De75。排水干管、排出管管径均为De110，标高为−1.800m，连接室外P2检查井。通气帽、检查口的设置与排水立管PL-2相同。

4）排水立管PL-3的识读

排水立管PL-3为男厕排水立管，其管径从1～5层均为De75。每层连接一根横管，管径为De75。排出管管径均为De110，标高为−1.800m，连接室外P2检查井。通气帽、检查口的设置与排水立管PL-2相同。

5）排水立管PL-5的识读

排水立管PL-5为董事长休息室卫生间排水立管，其管径1～5层均为De110，3层、4层、5层每层连接一根横管，管径均为De110。1层、2层没有横管接入立管。立管在地沟内接入排水干管，干管管径为De160。排出管管径均为De160，标高为−1.800m，连接室外P3检查井。通气帽的设置与排水立管PL-2相同。检查口的设置，除2层不设检查口，其他各层每层1个。

6）排水立管PL-6的识读

排水立管PL-6为另一间休息室卫生间排水立管，管道连接和尺寸标注与PL-5完全相同。在地沟内与PL-5接入同一根排水干管。

实际上在前面一节识读排水系统轴测图时已知，接入排水立管PL-5、PL-6的横管管路是对称的，在原理图中表达不出这一信息。

7）底层独立排水系统的识读

底层独立排水系统为1层金库旁边值班室小卫生间的排水管道。该处卫生间只在1层设置，其污水单独排出室外，污水排至P3检查井。

另外，建筑排水展开系统原理图的识读应与建筑排水平面图、相对应的大样图、设计总说明、管道安装的技术规程等相结合，准确地预留各种洞口位置和大小，掌握各层连接横支管的位置、大小和方向，安装要求等。

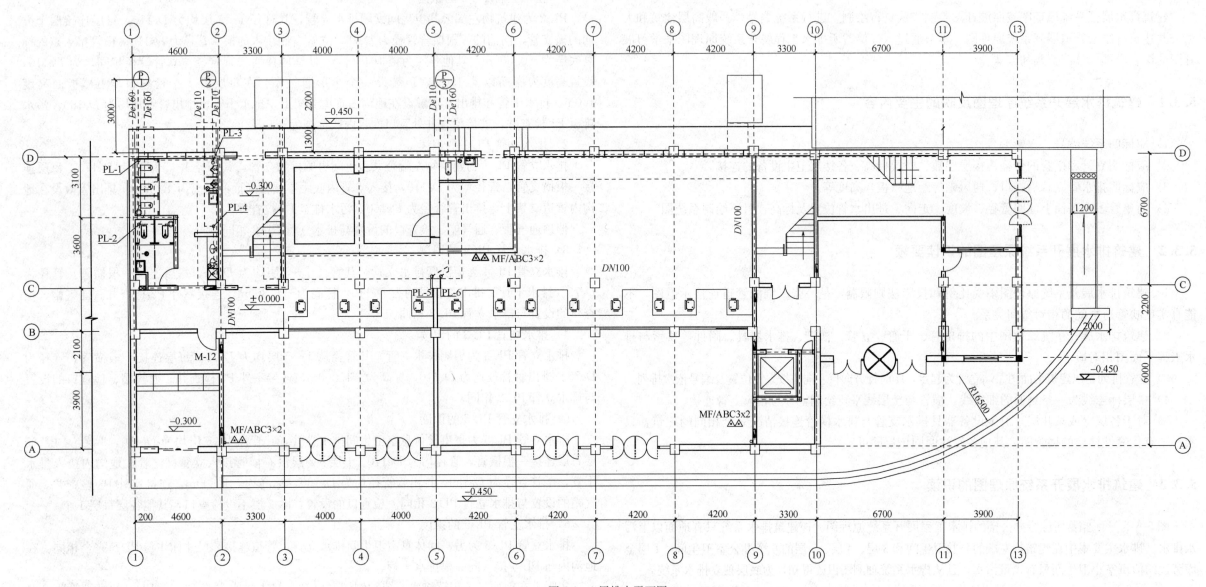

图 5-1 1 层排水平面图

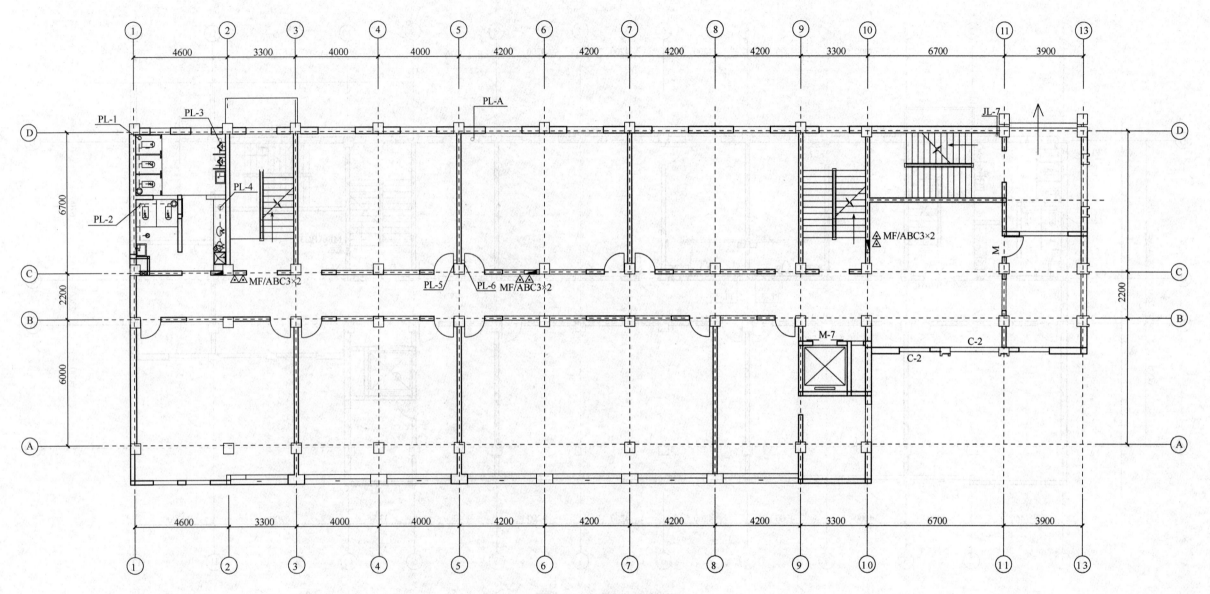

图 5-2　2 层排水平面图

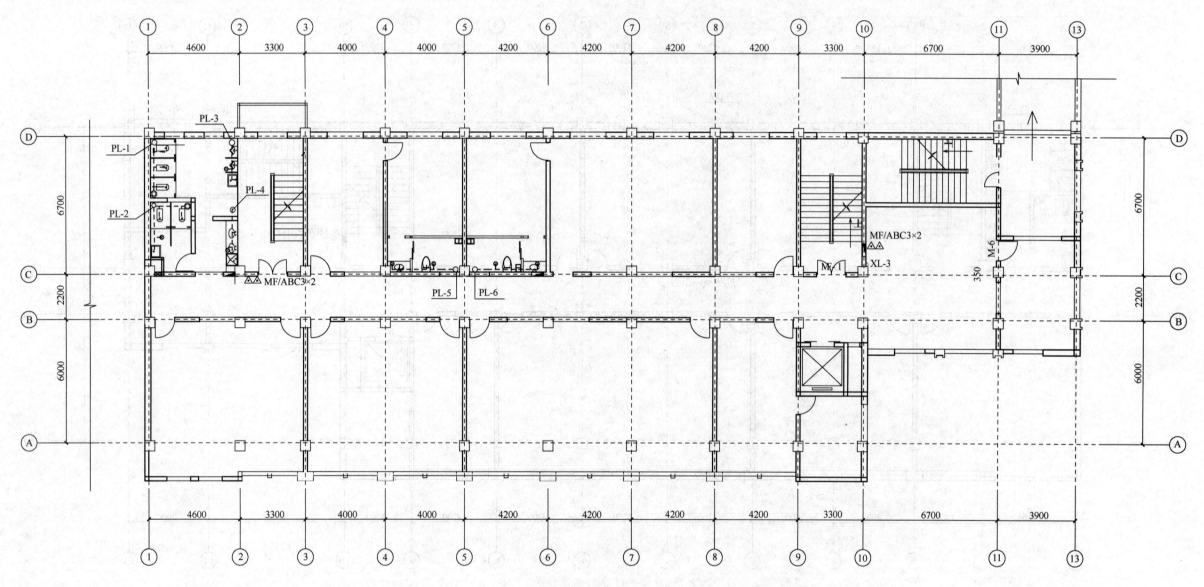

图 5-3 3～5 层排水平面图

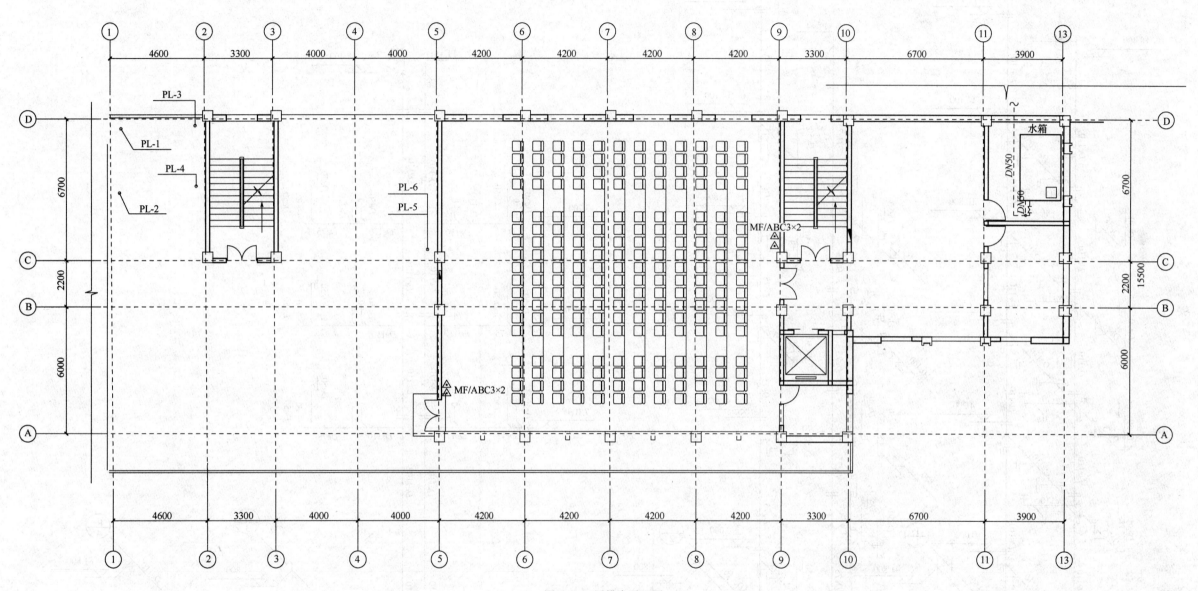

图 5-4　6 层排水平面图

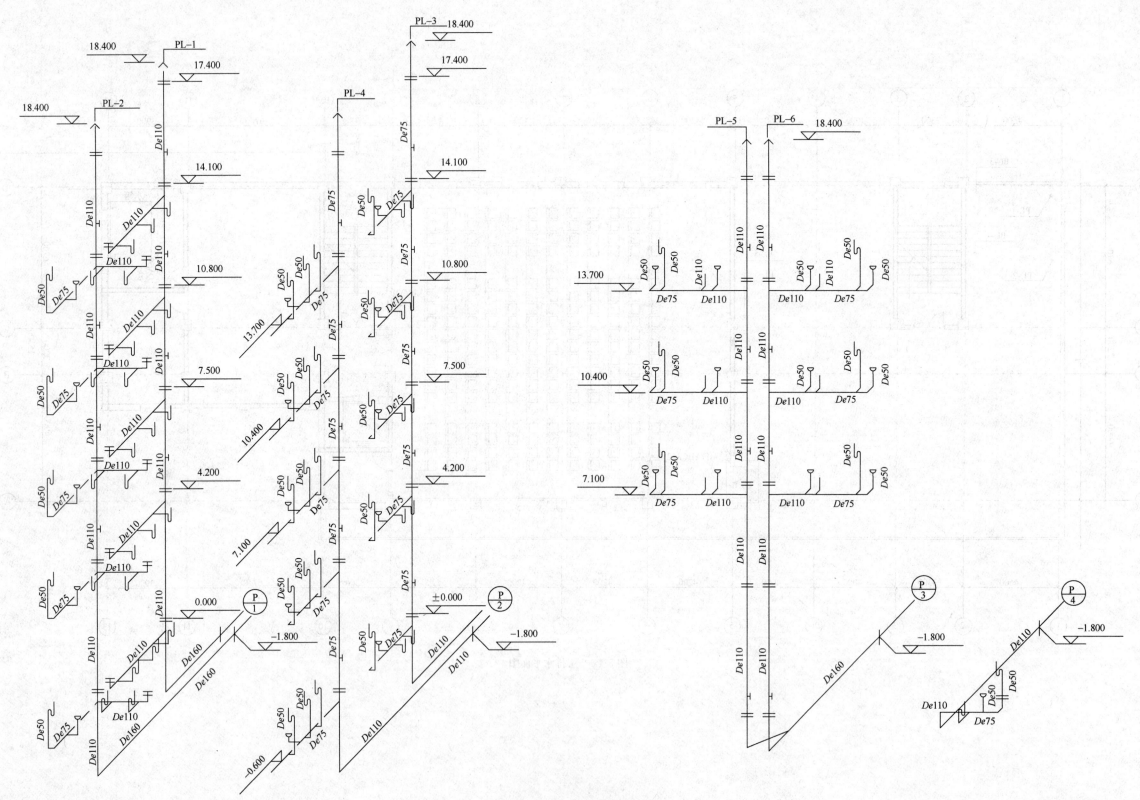

图 5-5 排水系统轴测图

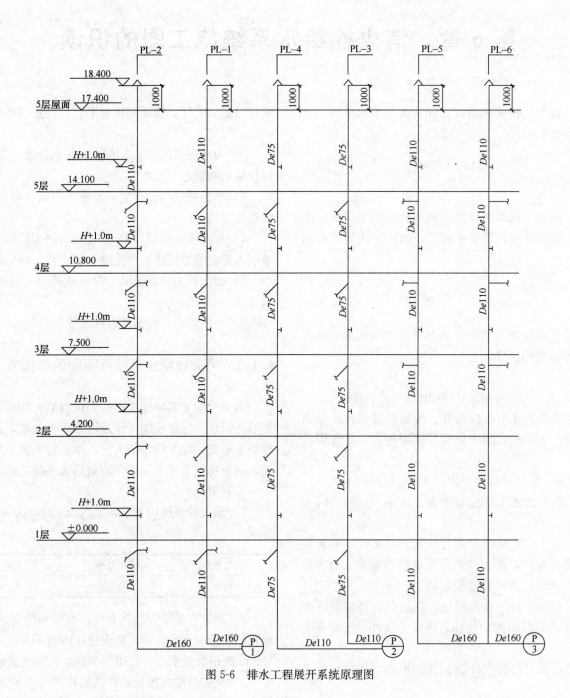

图 5-6 排水工程展开系统原理图

第6章 消火栓给水系统施工图的识读

建筑消防系统根据使用灭火剂的种类和灭火方式分为三种灭火系统，即消火栓给水系统、自动喷水灭火系统、固定灭火系统。本章介绍消火栓给水系统。

6.1 消火栓给水系统平面图的识读

室内消火栓灭火系统使用最为广泛，是建筑物中最基本的灭火设施。消火栓给水系统施工图包括底层平面图（能反映出消防系统进水口）、标准层平面图、顶层平面图、消防系统图（或消防系统展开原理图）以及详图、设计说明等内容。

6.1.1 消火栓给水平面图反映的内容

消火栓给水平面图是以建筑平面图为基础（建筑平面以细线画出）表明消防给水管道、消火栓布置位置、数量以及阀门、管道泵等管道附件平面布置的图样。

消火栓消防系统平面布置图主要反映下列内容：

1）消防系统给水引入管的平面位置、走向、定位尺寸、与室外给水管网的连接形式、管径等。

2）标明消防系统的编号。消防系统给水引入管通常都注上系统编号，编号和管道种类分别写在直径约为 8~10mm 的圆圈内，圆圈内过圆心画一水平线，线上面标注管道种类，拼音字母"X"，线下面标注编号，用阿拉伯数字书写。

3）表明消防立管的位置、编号，水平管道的走向、管径及有关平面尺寸等。

4）消防给水引入管上一般都设有室外阀门井，在平面图上要完整地表示出来。这时，可查明阀门、水泵接合器的型号及距建筑物的距离。

5）消防给水管道要查明消火栓的布置、口径大小及消防箱的形式与位置。消火栓一般装在消防箱内，但也可以装在消防箱外面。当装在消防箱外面时，消火栓应靠近消防箱安装。消防箱底距地面 1.10m，有明装、暗装和单门、双门之分，识图时都要注意搞清楚。

6）除了普通消防系统外，在物资仓库、厂房和公共建筑等重要部位，往往设有自动喷洒灭火系统或水幕灭火系统，如果遇到这类系统，除了弄清管路布置、管径、连接方法外，还要查明喷头及其他设备的型号、构造和安装要求。

7）消防水池、消防水箱位置与技术参数，消防水泵、消防气压罐位置、形式、规格与技术参数，消防电梯集水坑、排污泵位置与技术参数。

6.1.2 消火栓给水系统平面图的识读要领

1）消火栓布置的原则是在公共区域，而且要显眼、易取，提高灭火速度，故消火栓一般安装在过道、大厅、楼梯间休息平台等位置的墙壁上，有暗装、明装、半暗装三种安装形式，各有利弊。

2）为了提高消防系统的供水安全程度，消火栓给水系统一般均连成竖向环状管网，故底层和顶层均敷设水平干管。

3）消防系统均设有屋顶水箱，为消火栓扑灭初期火灾提供水源，且在水箱出水管上需安装管道泵稳压。

4）室内消火栓超过 10 个且室内消火栓用水量大于 15L/s 时，室内消防给水管道至少应有 2 条引入管与室外环状管网连接，并应将室内管道连成环状或将引入管与室外管道连成环状。

5）消火栓消防系统引入管室外部分一般要安装止回阀、闸阀、水泵接合器、弹簧安全阀等附件。

6）消防给水立管与消火栓布置在一起，连接管很短。

6.1.3 消火栓给水系统平面图的识读方法

消火栓给水系统施工图的识读仍然采用前面识读给水排水施工图时采用的工程实例，以便学生对比识读。按照我国《建筑设计防火规范》的规定，该储蓄所建筑高度低于 24m，应设置消火栓给水系统。除了设置消火栓，本工程配置了移动式灭火器。消火栓给水系统采用不分区给水方式，即整栋储蓄所采用同一消防给水系统供水，如图 6-5、图 6-6 所示。

工程概况：

1）消火栓系统用水量：室内 15L/s，火灾延续时间 2h，室外 20L/s，消防管道采用竖向环状管网。

设置场所	危险级别	火灾类别	最小配置灭火级别	最大保护面积
全楼各层	中级危险	A、E 类	2A	75M/A

2）消火栓系统为独立系统，由屋顶消防水箱、管网、消火栓及室外水泵接合器组成。消防水箱储存消防用水 9m³。消火栓箱内含 DN65 消火栓、L＝20m 麻织衬胶水龙带以及喷枪口径为 19mm 的铝合金水枪，按钮一个。水枪的充实水柱长度不小于 10m。

3）火灾时除由屋顶水箱满足初期火灾消火栓用水量外，可由箱内按钮启动加压水泵向系统供水，还可由消防车通过水泵接合器向管网供水。

4）本建筑按中危险级 A、E 类火灾配置磷酸盐干粉灭火器，其设计参数如下：中危险级配置 MF/ABC3，具体数量及位置见图。灭火器应加强管理，定期检查换药，以免过期失效。

5）消防干管敷设在 1 层屋顶和 5 层屋顶下，横向敷设管道采用吊架固定，吊架固定件可现场使用膨胀螺栓作为支撑点；竖向立管的固定关卡设在层高的中点位置，穿楼板管道均设在套管内。

6）消防管道采用焊接钢管，焊接。室内明装管道除锈后刷防锈漆两道、银粉漆两道；地沟内管道除锈后刷防锈漆两道，石油沥青漆两道。

7）管道安装完毕后按规范要求进行水压试验。消火栓系统试验压力为 0.8MPa。

1. 底层消防给水平面图的识读

消火栓给水系统平面图的识读可以按照引入管、干管、立管、消火栓以及消防水泵、消防水箱的顺序进行，也可以按照消防系统的组成从管网、消火栓及水泵、水箱三个方面分块进行识读。下面的识读将采用第二种方式。

1）管网的识读

从图 6-2 中可以看出，室内消火栓给水系统设有 2 根引入管，一根设在轴线③的左侧，另一根设在轴线⑨的左侧，在室内通过 1 层顶板下水平干管连通，满足消防系统 2 个供水水源的要求。在消防系统进水管上设有阀门组件，包括 2 个闸阀、1 个止回阀。X2 进水管上还设有水泵接合器及阀门组件，包括水泵接合器及 2 个闸阀、1 个止回阀、1 个弹簧式安全阀，集中安装在阀门井内。止回阀标示通水方向为由外向内，引入管管径 DN100，埋深 -1.700m。

底层消防给水水平干管布置状如"H"形。纵向的干管有 2 根，分别沿轴线③和轴线⑨布置。沿轴线③布置的干管在水平方向有偏移，在轴线③与轴线ⓒ的交接处向左偏移一个开间，偏移距离大约 3m，偏移后靠近轴线②。水平方向干管布置在营业厅办公室，从轴线②～⑩。水平干管的标高在平面图上未标注，具体安装高度见其他图纸。室内地面标高为 ±0.000，管径均为 DN100。

从图 6-2 可以看出，消防给水立管共有 3 根，分别在轴线②、⑥、⑩与轴线ⓒ交界处的立柱旁，编号为 XL-1、XL-2、XL-3。实际上我们在识读消火栓时将得知，该层共布置 8 个消火栓，3个消火栓处没有设消防立管，该现象表明这 3 个消火栓只在 1 层设置。

另外，在轴线⑪与轴线ⓘ的交界处柱旁设有给水立管 JL-7。在识读建筑给水工程施工图时得知，该立管虽为给水立管，实为消防水箱进水管，故在消防系统施工图中作了保留处理。

2）消火栓

××储蓄所底层共设有 8 个消火栓，其中，在交易业务、个人理财业务厅设置 2 个，靠近左侧墙壁，分别在轴线②与轴线Ⓐ、轴线Ⓑ的交接处；在储蓄业务厅右侧墙壁设置 2 个消火栓，靠近轴线⑨与轴线Ⓐ、轴线Ⓑ的交接处；在营业厅办公室设置 2 个消火栓，分别设在建筑物左端卫生间门口立柱处、轴线⑥与轴线ⓒ的交界处柱上；在楼梯间电梯井前室设有 2 个消火栓，分别在轴线⑨、轴线⑩与轴线ⓒ的交界处立柱上。

2. 2～4 层消防给水平面图的识读

我们在前面识图时已知，该建筑为××储蓄所综合办公楼，1 层为营业厅，2～5 层为办公用房，局部 6 层为会议室、活动大厅、水箱间。2～4 层建筑平面布置略有差别，房间使用功能不同，但消火栓的布置完全相同，可以把 2 层、3 层、4 层当作标准层，只绘制一张消防给水平面图，下面我们进行识读。

标准层一般反映的是立管与支管、用水设备的平面位置及连接方式。由于该层没有干管的干扰，所见管道皆为本层所有，管道少、管线短，所以图面简单、层次清晰，图 6-3 可以印证。图

中我们只找到 3 个消火栓，3 根消防立管，且布置位置与底层完全相同。在消火栓安装处均设有2 个干粉灭火器，型号见标注。给水立管 JL-7 的位置没有变化。

3. 5 层消防给水平面图的识读

从图 6-4 可见，5 层消防立管的数量和消火栓的数量、位置均与标准层相同，区别在于多了水平干管。这是因为消防管道要求在室内形成环状，故在 5 层顶板下设置了消防水平干管，将消防立管 XL-1、XL-2、XL-3 连通，和底层顶板下设置的水平干管组成竖向环状管道，为消火栓提供多个方向的供水，保证消火栓所需水量、水压，保证消防喷枪的充实水柱长度。

从图 6-4 消防给水 5 层平面图图中的文字标注得知，5 层水平干管敷设在 5 层顶板下，平面投影位置为建筑物中间走廊，从轴线②～轴线⑪，在轴线ⓒ与轴线⑪交叉处垂直向上拐入水箱间，和消防水箱出水管连接。水平干管管径均为 DN100，干粉灭火器的型号和数量同其他各层。

4. 6 层消防给水平面图的识读

储蓄所综合办公楼的 6 层为会议室、活动大厅和水箱间，消防管道的布置如图 6-5 所示。消防立管为 XL-2a、XL-3。XL-3 应从 5 层直接穿楼板引上，连接 1 个消火栓，用于扑灭活动大厅火灾。XL-2a 位于轴线⑤与轴线ⓒ的交接处，用于扑灭会议室火灾。该立管编号在 1～5 层平面图识读时未见，此处出现，显然只为 6 层消防给水，且从编号看，该立管与 XL-2 有一定关系。在此推断，XL-2a 应为 XL-2 平面位置改变后延伸至 6 层。结果是否如此，在下一节识读系统图时进行验证。

6 层干粉灭火器 2 个，型号为 MF/ABC3，布置在会议室大门旁。

6.2 消火栓给水系统图的识读

室内消火栓给水系统轴测图，反映系统各组成部分之间的空间关系。

6.2.1 消火栓给水系统轴测图反映的主要内容

1）系统编号。轴测图的系统编号应与建筑消防工程平面图中编号一致。

2）立管编号。消防立管的编号与建筑消防工程平面图中编号一致，数量相同。立管编号为 XL-1、XL-2、……XL-n。

3）管径。系统图中水平干管和立管的管径变化均可以表示出来，所以，系统轴测图上应标注管道管径。例如：DN100。

4）标高。系统轴测图上应标注出建筑物楼层及各层的标高、消防引入管、水平管道的标高，水平管道管径变化处的标高。

5）管道及设备与建筑的关系。系统轴测图上应标注出管道穿墙、穿地下室、穿水箱、穿基础的位置，消防设备与管道接口的位置等。

6）反映出消火栓的安装高度、数量。

7）与管道相关的有关消防给水设施的空间位置。系统轴测图上应标注出消防水箱、室外贮水池、加压设备、室外阀门井等与消防给水相关的设施的空间位置。

8）标注出消防水箱的最高水位标高、最低水位标高。

6.2.2　消火栓给水系统轴测图的识读

　　图 6-6 为××储蓄所消火栓给水系统轴测图，与给水系统图、排水系统图相较，更为简单，且具有明显特征。下面按照由外向内、由下向上的识图方法进行识读。从图中可见，消防系统设有 2 根引入管，即 X1、X2。室内发生火灾时，可从其中一个引入管进水，也可从两个引入管进水，还可以通过消防车连接水泵接合器向室内供水。为了防止倒流，在引入管上设有止回阀，阀前、阀后再各设一个闸阀，以便检修维护。在连接有水泵接合器的 X2 引入管上，还安装有弹簧式安全阀，防止消防车供水时水压超过标准，破坏灭火设备。

　　引入管自室外管网引水并通过地沟内管道送往室内 1 层顶板下水平干管，再通过水平干管输送至立管，立管再由下而上沿垂直方向把消防用水输送至消火栓。由于市政或厂区给水管网水量、水压不一定满足室内消防要求，故按《消防给水及消火栓系统技术规范》GB 50974 最新规定，必须在屋面设高位水箱，储存扑灭室内初期火灾所需的前 10min 消防用水。水箱出水则通过顶层消防干管进行输送。故在图 6-4 中，我们可见 5 层顶棚下敷设的水平干管向右、向上与消防水箱出水管连接。水箱尺寸及水箱接管情况可见第 7 章水箱接管大样图。水箱顶盖上设有进人孔和透气管。水箱上的主要管道有：编号为"JL-7"的水箱进水管（DN40），连接浮球阀的 2 根管径为 DN32 的进水管，水箱泄空管（DN50）和水箱溢流管（DN50）。消防水箱出水管管径为 DN100，向室内消火栓系统供水；稳压水管管径为 DN50，连接有水泵组，具体情况见图 6-1。

　　由 3 根消防立管 XL-1、XL-2、XL-3 与 1 层顶棚下水平干管、5 层顶棚下水平干管组成了立管环，保证了 2～5 层四个楼层的消火栓全部能够获得两个方向的供水。1 层消防管道为枝状管网，在营业大厅、营业厅办公室、电梯井前室设置的 8 个消火栓只有 1 个方向的供水。在消防干管和立管分支处共计设置了 7 个蝶阀。

　　下面来看标注。标高标注有楼层标高和管道标高。楼层标高 1 层楼梯间地面标高为 −0.300m，二层地面标高为 4.200m，3～5 层层高为 3.300m，标高以此类推。5 层屋面标高为 17.400m，6 层层高为 5.600m，6 层屋面标高为 23.000m。

　　引入管穿墙处标高为 −1.700m，进入室内后垂直向上升至 1 层顶棚下敷设，1 层水平干管标高为 3.500m；5 层棚下水平干管标高为 16.800m。消火栓连接支管标高和消火栓安装高度在图中均未表示，阅读说明时我们已经得知，消火栓的安装高度为距离所在楼层地面 1.10m。

　　屋顶设有消防水箱时，其安装位置与接管情况往往是通过水箱间管道布置平面图、水箱正立面图、剖面图来加以说明的。在实际工程中，利用斜轴测图原理绘制的水箱接管图更能直观地表示出水箱的长、宽、高尺寸，以及进水管、出水管、溢流管、泄空管的安装位置，管径、标高，深受其他工种技术人员的欢迎。识读图 6-1 可知，水箱底标高为 18.000m，顶盖标高 20.100m，水箱最高水位 20.000m，水箱盖与最高水位留有 100mm 净空高度。水箱进水总管为给水立管 JL-7，管径 DN40，进水横管管道标高 18.000m。水箱进水支管由两个浮球阀控制，管径为 DN32，标高为 19.800m；水箱出水管从水箱底接出，一根管径为 DN100，另一根管径为 DN50，安装有消防加压泵，通过压力控制器自动启动，向消防管网补水，为消火栓给水系统稳压。止回阀的作用是防止倒流。

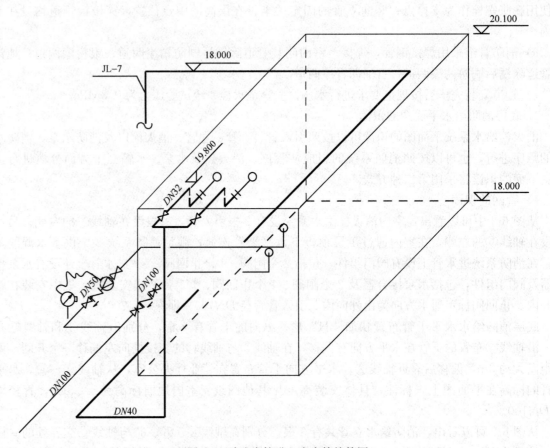

图 6-1　消防水箱进、出水管接管图

6.3　消火栓给水展开系统原理图的识读

　　识读室内消火栓给水展开系统原理图时，可以按由下而上，沿水流方向，先干管、后支管的原则，也可以按其系统的组成来识读。要明确消防水箱、消防水池的最高水位、最低水位及消防贮水量；明确消防系统中试验消火栓、末端试水装置、压力表、系统放空管与排污管等设施的技术要求。要将消火栓给水展开系统原理图与平面图和相应的大样图对照起来识读，以明确消火栓箱的方向与位置，横干管的具体走向，消防水池、消防水箱的具体接管位置与标高等。另外还要注意图面文字说明的阅读。

　　下面以图 6-7 所示××储蓄所室内消火栓给水系统展开原理图为例，由而上，沿水流方向依次识读各管路及用水设备。

　　由下而上来看，消火栓系统设有 2 根 DN100 引入管，并通过设在 1 层顶板下的水平干管和 5 层顶板下的水平干管连接成环状管网。一个引入管在室外安装阀门组，2 个闸阀、1 个止回阀；另一根引入管除此之外还接出 1 个型号为 SQS100-E 的消防水泵接合器。

　　水平干管上接出 DN100 的消防立管 XL-1、XL-2、XL-3，并分别在接出点安装一个 DN100 的蝶阀。在 1 层共设 8 个消火栓，其中 3 个分别接在 3 根消防给水立管上，其他 5 个连接在 1 层过道顶棚下水平干管延伸出的竖向支管上，水平干管的左端延伸出支管连接 2 个，右端延伸出支管连接 3 个。由于横干管敷设在 1 层顶棚下，因此由立管直接连接的 3 个 1 层消火栓是由上向下连接并供水。储蓄所为局部 6 层，消防立管 XL-2、XL-3 各连接 6 个消火栓，消防立管 XL-1 只连接 1~5 层 5 个消火栓。在横干管和立管起端安装有蝶阀，如图所示，共设置 7 个。

消防立管 XL-1、XL-2、XL-3 在 5 层顶棚下通过消防水平干管连接在一起，形成了由 3 根立管和 2 根水平干管组成的室内消火栓系统环状管网。XL-2、XL-3 继续向上延伸至 6 层，分别连

接会议室消火栓和活动大厅消火栓。5 层顶板下敷设的水平干管和消防水箱出水管连接。消防水箱接管情况见第 7 章详图。

连接消火栓的引出支管管径均为 DN70，并在每根支管上设有阀门（消防系统上使用的阀门，可以是闸阀或者蝶阀，但必须有显示开闭的装置，所以一般采用明杆的或信号的阀门），消火栓的安装高度为消火栓栓口距本层楼板 1.1m。

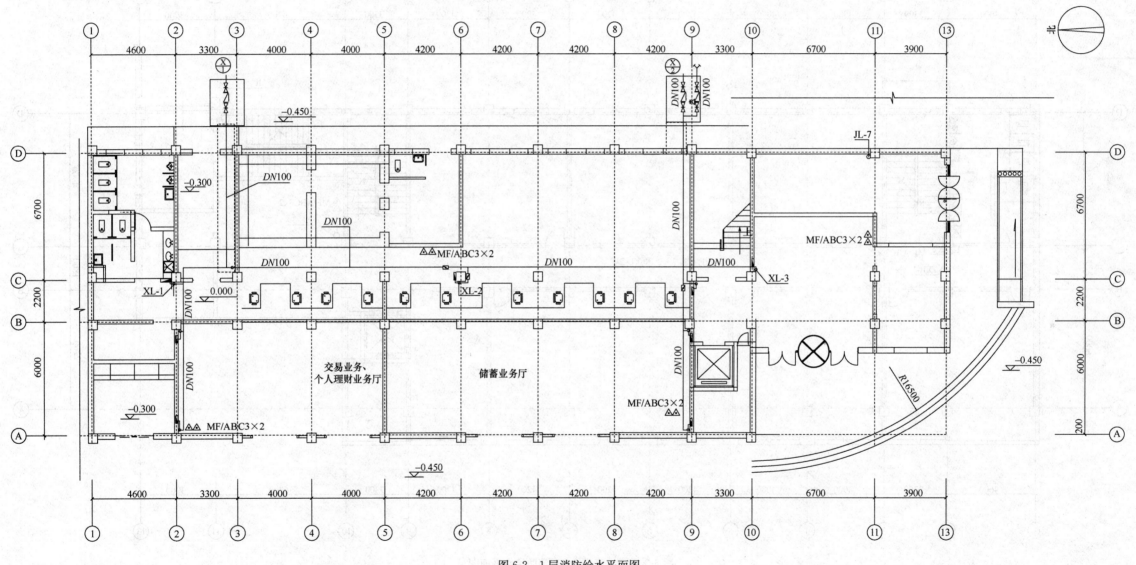

图 6-2 1 层消防给水平面图

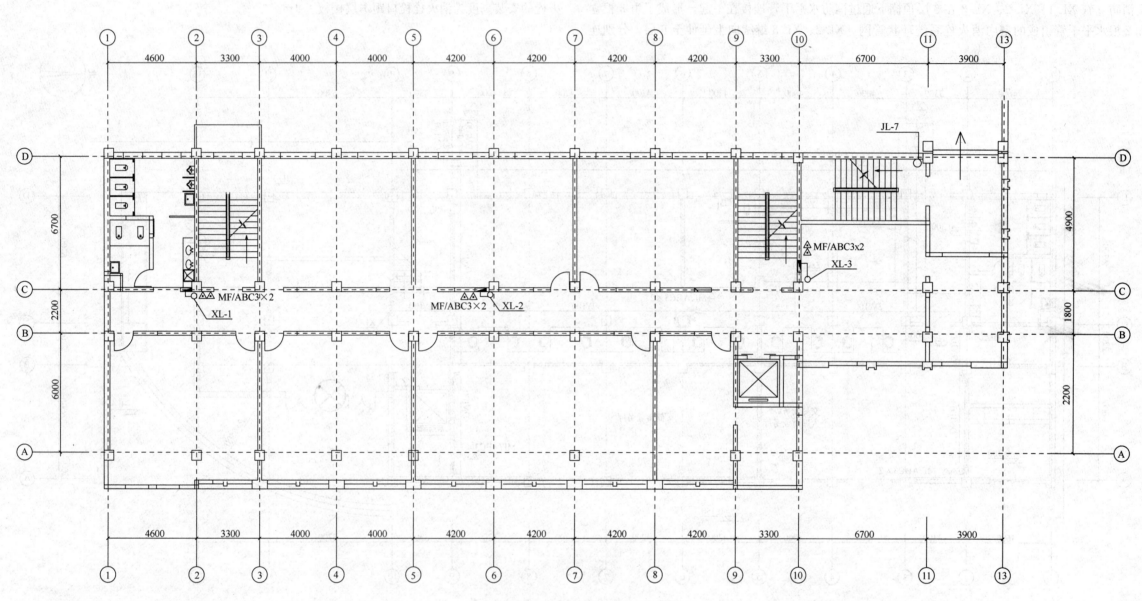

图 6-3 2层、3层、4层消防给水平面图

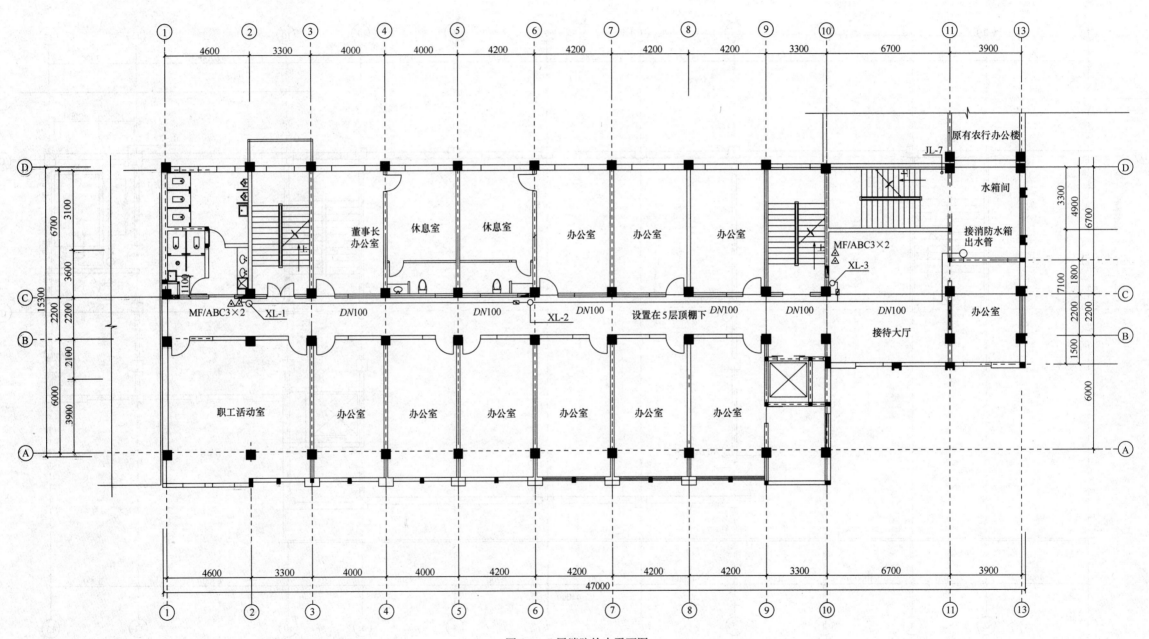

图 6-4　5 层消防给水平面图

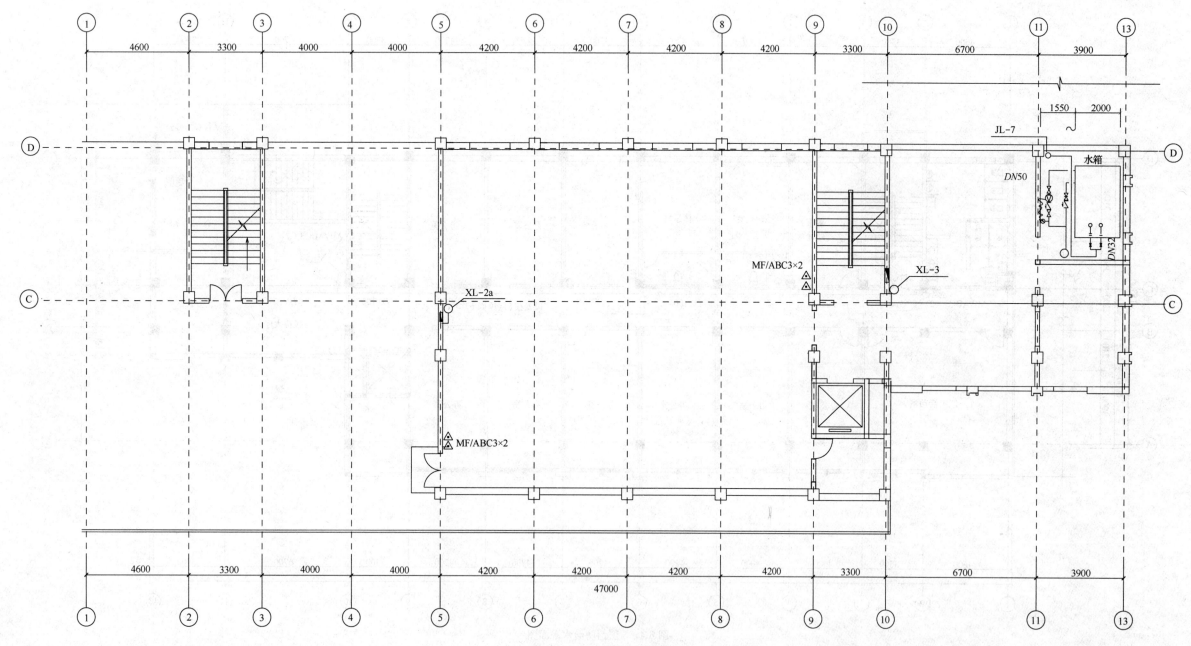

图 6-5 6层消防给水平面图

1550
2000
JL-7
DN50
水箱
DN32
MF/ABC3×2
XL-3
XL-2a
MF/ABC3×2

4600 3300 4000 4000 4200 4200 4200 4200 3300 6700 3900

47000

70

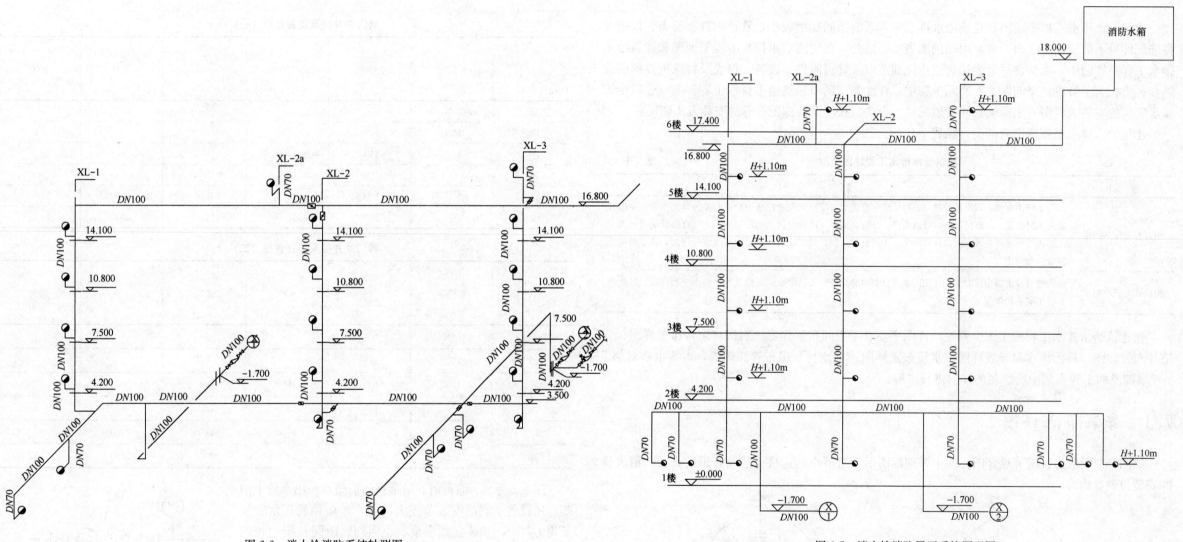

图 6-6　消火栓消防系统轴测图

图 6-7　消火栓消防展开系统原理图

第7章　建筑给水排水工程详图识读

建筑给水排水工程平面图和建筑给水排水工程系统图的比例较小，管道附件、设备、仪表及特殊配件等不能按比例绘出，常常用图例来表示。因此，在建筑给水排水工程平面图和建筑给水排水工程系统图中，无法详尽地表达管道连接细节以及管道附件、设备、仪表及特殊配件等的式样和种类。为了解决这个问题，在实际工程中，往往要借助于建筑给水排水工程详图（建筑给水排水工程的安装大样图）来准确反映管道附件、设备、仪表及特殊配件等的安装方式和尺寸。

建筑给水排水工程详图有两类，见表7-1。

建筑给水排水工程详图类型　　　　　　　　　　　表 7-1

项　目	内　　容
引自有关标准图集	为了使用方便，国家相关部门编写了许多有关给水排水工程的标准图集或有关的详图图集，供设计或施工时使用。一般情况下，管道附件、设备、仪表及特殊配件等的安装图，可以直接套用给水排水工程国家标准图集或有关的详图图集，无需自行绘制，只需注明所采用图集的编号即可，施工时可直接查找和使用
由设计人员绘制出	当没有标准图集或有关的详图图集可以利用时，设计人员应绘制出建筑给水排水工程详图，以此作为施工安装的依据

在建筑给水排水工程施工图中常见的详图主要有卫生间布置详图、厨房与阳台布置详图、管道井布置详图、排污潜水泵布置详图、水箱布置详图、水池与泵房布置详图等，本章重点对第3～6章涉及的工程实例中所绘制的详图进行讲解。

7.1　安装节点详图

如图7-1所示为管网节点详图，图中详细标明了管道节点的连接方法及管道的直径、消火栓的安装位置等内容。

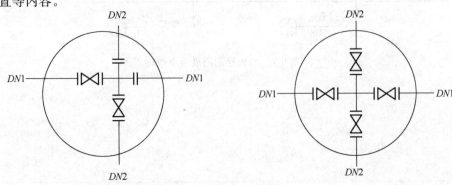

图 7-1　闸阀组合节点图

阀门井井径及接管管径（一）（mm）

井径 ＼ DN2　　DN1	75(80)	100	150	200	250	300
75(80)	1400	—	—	—	—	—
100	1400	1400	—	—	—	—
150	1400	1400	1400	—	—	—
200	—	1800	1800	1800	—	—
250	—	1800	1800	1800	1800	—
300	—	1800	1800	2000	2000	2000

阀门井井径及接管管径（二）（mm）

井径 ＼ DN2　　DN1	75(80)	100	150	200	250	300
75(80)	1400	—	—	—	—	—
100	1400	1400	—	—	—	—
150	1800	1800	1800	—	—	—
200	—	1800	1800	1800	—	—
250	—	2000	2000	2000	2000	—
300	—	2400	2400	2400	2400	2400

图7-2为××储蓄所6层水箱间消防水箱出水管上消防稳压设备及阀门安装节点大样图，消防用稳压水管管径为 $DN50$，安装立式水泵、止回阀、闸阀及压力控制器。阀门口径与管径相同，止回阀的通水方向与出水方向一致，防止消防用水通过出水管倒流回水箱，失去对水箱水位的自动控制。

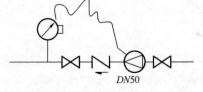

图 7-2　消防水箱出水管水泵组安装大样图

7.2　卫生间管道布置详图

卫生器具的布置与管道的敷设应根据使用场所的平面尺寸、所需选用的卫生器具类型和需要布置卫生器具的情况确定。既要考虑使用方便，又要考虑管线短，排水通畅，便于维护。下面以第4章、第5章、第6章所采用的××储蓄所工程实例为例，进一步详细讲解卫生间管道布置详图及横管与立管连接大样图的识读。下面叙述时将董事长休息室卫生间称为小卫生间。

图7-3为××储蓄所综合办公楼公共卫生间给水排水管道平面布置详图，图中绘制出了给水排水管道，可供初步认识和了解。为了识图方便，又分别绘制了公共卫生间的给水平面布置详图和排水平面布置详图，下面分别讲解。

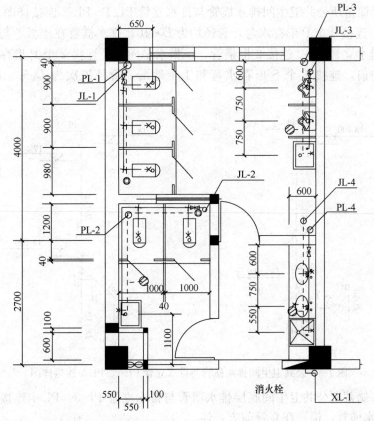

图7-3　公共卫生间给水排水管道平面布置详图

7.2.1　公共卫生间给水管道布置详图

图7-4为××储蓄所公共卫生间平面详图。以立管为起点，依次读出每根立管的供水设备和管道平面走向。具体是，给水立管JL-1向男厕3个蹲便器配水；给水立管JL-2向女厕2个蹲便器和1个洗涤池配水；JL-3向男厕2个小便器和1个洗涤配水；JL-4向盥洗台2个洗脸盆和1个污水池配水。

图7-5为××储蓄所公共卫生间给水横管与立管JL-1、JL-2连接详图，绘制的是5层横支管与立管连接情况。给水立管JL-1是男厕蹲便器给水立管，管径为De32。与JL-1连接的横管起点安装截止阀，阀后向3个蹲便器供水，支管管径均为De32。

给水立管JL-2是女厕蹲便器和洗涤池给水立管，图中绘制的是5层给水横管与立管连接情

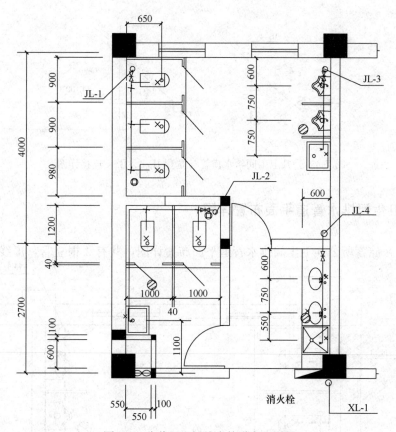

图7-4　公共卫生间给水管道布置详图

况。横管起点安装截止阀，横管先向左供水给2个蹲便器，然后向前（平面图上为向下方）向洗涤池供水。蹲便器横支管管径为De32，洗涤池支管管径为De25。

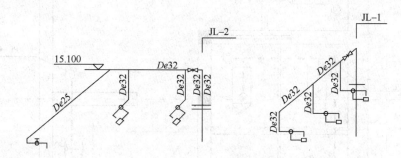

图7-5　公共卫生间给水横管与立管JL-1、JL-2连接详图

图7-6为××储蓄所公共卫生间5层给水横管与立管JL-3、JL-4连接详图。给水立管JL-3是男厕小便器给水立管，立管管径De40。横管标高为15.300m，横管管径De32，起端安装闸阀，连接3个设备，其中2个小便器，1个洗涤池。小便器给水支管管径为De20，污水池给水支管管径为De25。

给水立管JL-4是盥洗间给水立管。立管直径为De32。横管起点标高为14.350m，距离本层地面0.25m，安装闸阀，横管直径De32，向2个洗脸盆和1个拖把池供水。

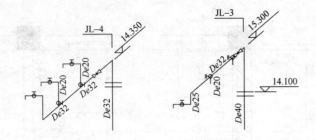

图 7-6　公共卫生间给水横管与立管 JL-3、JL-4 连接详图

7.2.2　公共卫生间排水管道平面布置详图

图 7-7 为××储蓄所公共卫生间排水管道平面布置详图，共有 4 根立管，虚线所示为排水横

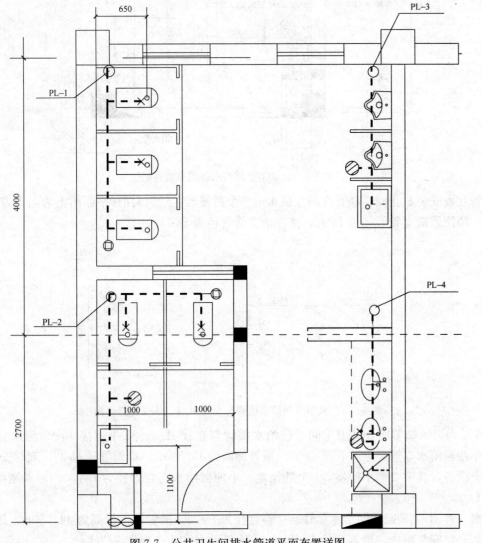

图 7-7　公共卫生间排水管道平面布置详图

支管，其中连接蹲便器的 2 根横管端头安装有清扫口，有 3 个地漏。

PL-1 接纳男厕 3 个蹲便器粪便污水，横管端头安装清扫口。

PL-2 接纳女厕 2 根横管污水，水平方向的横管连接 2 个蹲便器，向前的 1 根连接洗涤池和地漏。

PL-3 位于男厕小便器旁，排水横管在图中是由下向上将污水排至立管，排放 2 个小便器和 1 个洗涤池污水。

PL-4 是盥洗台旁边的立管，排水横管连接 2 个洗脸池的排水支管和 1 个污水池排水支管。

图 7-8 为××储蓄所公共卫生间排水横管与排水立管 PL-1、PL-2 连接详图。排水立管 PL-1 只连接 1 根横管，连接 3 个 P 形存水弯，管径均为 De110。排水横管在楼板下与立管连接。立管管径为 De110。排水立管 PL-2 连接 2 根横管，一根水平向右，连接 2 个 P 形存水弯，管径均为 De110；另一根向前，连接 1 个 S 形存水弯和 1 个地漏，管径依次为 De50、De75，立管管径为 De110。

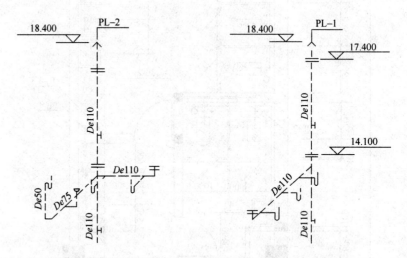

图 7-8　公共卫生间排水横管与排水立管 PL-1、PL-2 连接详图

图 7-9 为××储蓄所公共卫生间底层排水横管与排水立管 PL-3、PL-4 连接详图。排水立管 PL-3 连接 1 根排水横管，横管在立管前方，连接 3 个卫生器具的排水支管，支管上安装有 1 个 S 形存水弯，再连接 2 个 P 形存水弯，管径依次为 De50、De75，立管管径为 De75。排水立管 PL-4 连接 1 根排水横管，横管在立管前方，连接 3 个卫生器具的排水支管和 1 个地漏，排水支管上均安装 S 形存水弯，器具排水支管管为 De50，地漏口径 De50，排水横管和立管管径均为 De75。

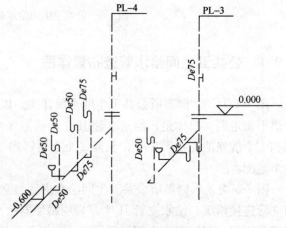

7.2.3　小卫生间给水管道平面布置详图

图 7-10 为××储蓄所董事长休息室卫生

图 7-9　公共卫生间排水横管与排水立管 PL-3、PL-4 连接详图

间给水横管与立管 JL-5 的连接详图，卫生间自左向右设有台式洗脸盆、坐便器、淋浴器。横支管自给水立管 JL-5 接出，向左侧通过两个 90°弯管连接，绕过柱脚沿墙向左配水。为了便于维修，在横管配水之前管段上安装有闸阀。给水立管 JL-5 依次向淋浴器、坐便器和洗脸盆配水。

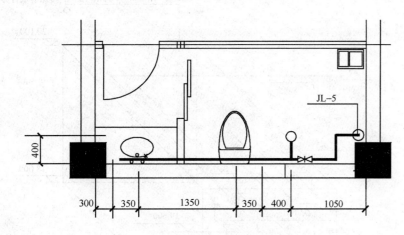

图 7-10　小卫生间给水管道平面布置详图

　　图 7-11 为××储蓄所董事长休息室卫生间 5 层给水横管与立管 JL-5、JL-6 连接详图，给水立管 JL-5、JL-6 上横支管的连接对称，设备完全相同，因此只需要仔细识读一侧的横支管即可了解每一层。详图中绘制的是 5 层横支管与给水立管的连接，5 层地面标高为 14.100m，横管接出点标高为 14.350m，起点安装闸阀，管道直径 De25，首先供水给热水器，再供给坐便器和洗脸盆。向洗脸盆供水的支管管径为 De20。

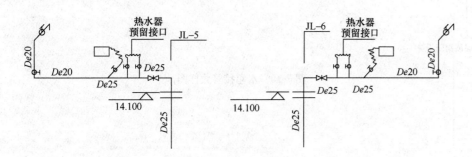

图 7-11　小卫生间给水横管与立管 JL-5、JL-6 连接详图

7.2.4　小卫生间排水管道平面布置详图

　　图 7-12 为××储蓄所董事长休息室小卫生间排水管道布置详图，卫生间卫生洁具的布置和住宅建筑卫生间布置大体相同，有坐便器、洗脸盆、淋浴器。卫生洁具的布置位置见图中标注尺寸。给水立管 PL-5 布置在安装洁具一侧立柱处（图中右下角）。横管自左向右分别连接洗脸间地漏、洗脸盆、坐便器、排放淋雨废水的地漏。

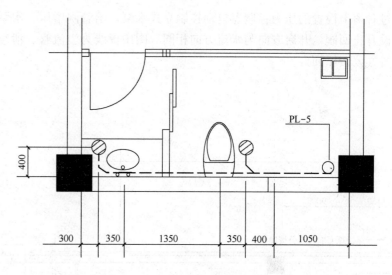

图 7-12　小卫生间排水管道布置详图

　　图 7-13 为××储蓄所董事长休息室小卫生间排水横管与立管连接详图，排水立管 PL-5 管径为 De110，与排水立管 PL-5 连接的横管管径分别为：连接地漏，De50；连接洗脸盆排水支管后管径为 De75；连接坐便器排水支管后管径为 De110。横管最远端起点标高为 13.700m。

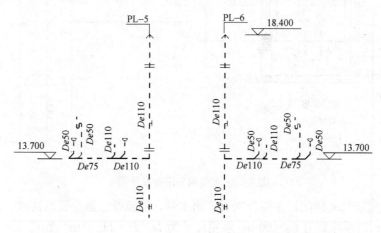

图 7-13　小卫生间排水横管与立管 PL-5、PL-6 连接详图

7.3　水箱间布置详图

　　图 7-14 为××储蓄所 6 层水箱间平面布置详图，从图中可以看出：水箱间的定位轴线、布置位置和建筑平面尺寸。水箱间开间 3550mm，进深 4900mm。水箱靠近右侧墙壁，水箱有效容积 9m³，水箱高度 2m，水箱进水管和出水管均布置在水箱左侧。进水管为左上角 JL-7，从水箱左侧绕行至水箱下端分为 2 根 DN32 进水管进水，进水由浮球阀控制。

　　消防用水出水管从水箱左侧底接出，出水管管径为 DN100，在水箱间左下角穿楼板与 5 层顶板下布置的消防干管连接。另一根出水管为消防稳压水管，管径 DN50，当消防管网压力达不到设计压力时，通过管道上设置的压力控制器自动控制立式水泵，给管网增压。水泵前后各设有一个截止阀，泵后设有止回阀，开启方向与水流方向相同。图中虚线为溢流管、泄空管，排放废水的管道接原有农行办公楼屋面。

流管管径 DN50，溢流水位为 20.000m，溢流管（DN50）上没有设阀门。泄空管自水箱底接出（为水箱底找坡最低点）。泄空管上设一个 DN50 的闸阀，具体安装在水箱底架空部分水平管段上。排放溢流废水和放空水箱废水的管道管径为 DN50，接至原有农行办公楼屋面。

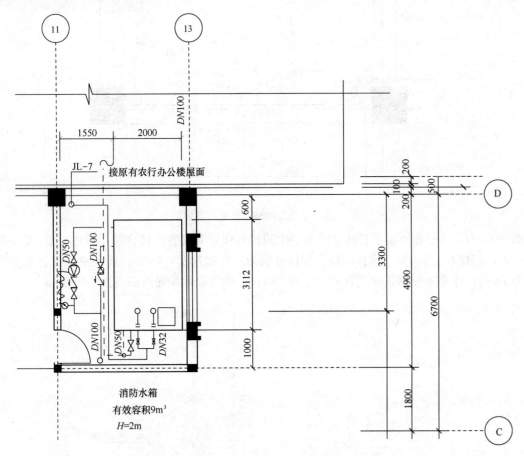

图 7-14　水箱间平面布置详图

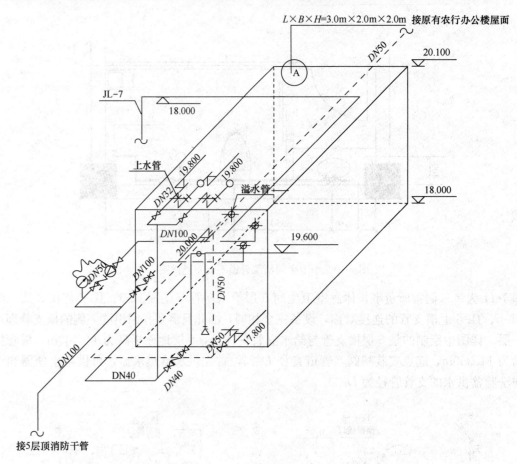

图 7-15　水箱接管大样图

图 7-15 为水箱接管大样图，主要反映进、出水管，溢流管、泄空管的连接。图中可见，水箱底标高为 20.100m。水箱尺寸为 $L \times B \times H = 3m \times 2m \times 2m$。水箱进水管管径为 DN40，标高为 18.000m，连接 2 个浮球阀的进水支管管径为 DN32，标高为 19.800m。溢

第 8 章 建筑给水排水工程实例施工图识读

本章围绕某住宅楼及综合办公楼给水排水工程实例，学习给水排水专业常用给水排水、消火栓、自动喷淋系统识图的方法。

8.1 住宅楼给水排水施工图识读

8.1.1 基本知识

《住宅设计规范》GB 50096－2011 对于给水排水系统基本要求：

1. 住宅各类生活供水系统水质应符合国家现行有关标准的规定。
2. 入户管的供水压力不应大于 0.35MPa。
3. 套内用水点供水压力不宜大于 0.20MPa，且不应小于用水器具要求的最低压力。
4. 住宅应设置热水供应设施或预留安装热水供应设施的条件。生活热水的设计应符合下列规定：

1) 集中生活热水系统配水点的供水水温不应低于 45℃；
2) 集中生活热水系统应在套内热水表前设置循环回水管；
3) 集中生活热水系统热水表后或户内热水器不循环的热水供水支管，长度不宜超过 8m。

5. 卫生器具和配件应采用节水型产品。管道、阀门和配件应采用不易锈蚀的材质。
6. 厨房和卫生间的排水立管应分别设置。排水管道不得穿越卧室。
7. 排水立管不应设置在卧室内，且不宜设置在靠近与卧室相邻的内墙；当必须靠近与卧室相邻的内墙时，应采用低噪声管材。
8. 污废水排水横管宜设置在本层套内；当敷设于下一层的套内空间时，其清扫口应设置在本层，并应进行夏季管道外壁结露验算并采取相应的防止结露的措施。污废水排水立管的检查口宜每层设置。
9. 设置淋浴器和洗衣机的部位应设置地漏，设置洗衣机的部位宜采用能防止溢流和干涸的专用地漏。洗衣机设置在阳台上时，其排水不应排入雨水管。
10. 无存水弯的卫生器具和无水封的地漏与生活排水管道连接时，在排水口以下应设存水弯；存水弯和有水封地漏的水封高度不应小于 50mm。
11. 地下室、半地下室中低于室外地面的卫生器具和地漏的排水管，不应与上部排水管连接，应设置集水设施用污水泵排出。
12. 采用中水冲洗便器时，中水管道和预留接口应设明显标识。坐便器安装洁身器时，洁身器应与自来水管连接，严禁与中水管连接。

13. 排水通气管的出口，设置在上人屋面、住户平台上时，应高出屋面或平台地面 2.00m；当周围 4.00m 之内有门窗时，应高出门窗上口 0.60m。

8.1.2 住宅楼给水排水设计实例设计说明内容识读

下面对水施-1"给水排水及消防设计说明"进行分析，对说明内容识读。

1. 建筑概况：本建筑为二类高层住宅楼，建筑高度为 34.70m；地下室为自行车库，1 层为商铺，2～12 层为住宅。给水系统施工图中介绍建筑概况，首先对于给水排水专业相关技术人员能初步掌握建筑的基本情况，可初步判断给水排水系统系统形式是否合理。

2. 设计范围：室内给水系统、室内排水系统、消火栓系统、建筑灭火器的配置。

设计范围包含部分可用来判断施工图系统是否完整，通过后面设计图纸内容与设计范围对照，可判断有无漏项。

3. 给水系统：水源为城市自来水，供水压力为 0.30MPa。

给水系统流程：

市政管网→商用水表→商铺卫生器具（1 层）；

市政管网→户用水表→消防水池；

市政管网→户用水表→2～5 层住宅用水点（低区）；

市政管网→户用水表→高区变频机组→6～12 层住户用水点→屋顶消防水箱；

其中，低区供水横干管敷设于 1 层商铺顶板下，高区供水横干管敷设于 5 层顶。

给水系统由于商业用水和居民用水水价不同，所以分别计量，住宅居民用水由于供水压力不能满足 6 层以上住户要求，因此 6～12 层加压供水，2～5 层采用市政管网直接供水。

4. 排水系统：

采用生活废水和生活污水合流制系统。经室内管网汇集后排至室外化粪池；地下室及电梯机坑的排水经排水明沟汇集后，由潜污泵提升后排出，系统均为单立管排水系统，本建筑屋面雨水经雨水斗收集后，由雨水立管排至室外雨水管网。

高层建筑卫生间排水系统应采用设专用通气立管，《建筑给水排水设计规范（2009 年版）》GB 50015－2003 第 4.6.2 条规定建筑标准要求较高的多层住宅、公共建筑、10 层及以上高层建筑卫生间的生活污水立管应设置通气立管。由于本工程设计时间为 2008 年，《建筑给水排水设计规范（2009 年版）》GB 50015－2003 无此规定，仍然采用单立管系统，识图时应注意现行设计规范计算时间，图纸设计时间，不同时间设计规范要求可能有差异，图纸表达内容可能有差别，不能简单判定对错。

5. 消防系统：

1）本建筑为二类高层，2h的室内消火栓用水量储存于地下室蓄水池内（有效容积为 80m³），消防时由水泵房内的消防水泵加压供给。

2）消火栓给水系统

室内消防用水量 10L/s，室外消防用水量 15L/s，火灾延续时间 2h，屋顶水箱储存 10min 消防用水量 $V=6m^3$。消火栓箱内，栓口直径 65mm，水枪喷嘴口径 19mm，水龙带长度 25m，并设有直接启动消防水泵的按钮，消火栓箱为明装，栓口距地 1.1m。

根据设计说明知消防水池只提供室内消防用水，室内消防流量 10L/s，室内 2h 用水量为 10×7200＝72000L＝72m³，室外消防用水量由室外消防管网提供，室外应设环状管网，管径不小于 DN100，且应引入两路水源，室外应设室外消火栓，便于消防车取水。

3）灭火器配置：商铺为中危险级，A 类火灾，住宅、自行车库为轻危险，每层均在各消火栓处设置磷酸胺盐（MF/A3）干粉手提式灭火器。

灭火器配置应按《建筑灭火器配置设计规范》GB 50140－2005 确定危险等级及火灾种类设置。本工程商铺为中危险级，A 类火灾，住宅、自行车库为轻危险级，A 类火灾，每层均在各消火栓处设置磷酸胺盐（MF/A3）干粉手提式灭火器。

6．热水系统：本建筑住宅所需热水由住户自理，仅预留冷水接口。

住宅楼热水系统可根据用户要求自行确定加热设备，可选太阳能热水器、燃气热水器、电热水器等，设计时预留冷水接口及电气专业应预留 3kW 插座用电负荷。

7．管材防腐及保温：

1）给水管均采用 PP-R 建筑给水聚丙烯管材及管件，热熔连接，DN≤50 采用截止阀，DN＞50 采用闸阀。

2）消火栓给水系统采用焊接钢管，明设管除锈后外刷红丹、银粉各两道，暗设管除锈后刷红丹漆两道，管道安装尽量贴梁走。

3）本工程地漏采用防溢流和干涸的专用地漏，其水封深度不应小于 50mm。

4）排水立管采用 UPVC 硬聚氯乙烯螺旋消声管及配件；排水横支管接入立管管件采用侧向进水型专用管件，立管间、立管和横支管间采用螺母挤压密封圈接头，水平管和支管采用普通 PVC 管。排水水平干管直线管段大于 2m 时设伸缩节，但伸缩节之间最大间距不得大于 4m。

5）管道坡度：给水管道坡度 0.003，坡向用水点；排水横管尽量抬高靠近顶板，有梁处贴梁安装，排水横支管坡度应为 0.026，排水横干管最小坡度为：

DN50(i=0.025)，DN75(i=0.015)，DN100(i=0.012)，DN150(i=0.007)。

6）De110 以上（包括 De110）穿楼板处设置阻火圈，型号为：ZHQ110B(M) 耐火等级于或等于 2h。

7）管道安装完毕后应进行压力试验：给水管为 1.0MPa，排水管道应做灌水试验，30min 不渗漏为合格。

8）屋顶水箱及不采暖处管道均采用 50mm 厚玻璃岩棉保温，做法见甘 02N3/12、21。

9）横向敷设管使用吊架固定，吊架固定件可现场使用膨胀螺栓作为支撑点，吊架位置可按验收规范执行。竖向立管的固定管卡设在层高的中点位置，穿楼板管道均敷设在套管内。排水横管与横管的连接、横管与立管的连接采用 45°三通或 90°斜三通，立管与排出管端部连接采用两个 45°的弯头，排水管拐弯处采用自带清扫口的弯头，立管最底部弯头处设吊架。

10）设备及管道的防振及隔声：管道穿过墙或楼板时，在套管与管道之间填塞柔性材料密封，使噪声隔离，所有管道的管卡衬橡胶垫圈，所有穿越外墙的管道采用刚性防水套管。

各种管材、管件及阀门到货后应检查并确认符合制造厂技术规定和本设计的要求方可进行安装；卫生器具楼板留洞应在卫生器具定货后，确认无误再行施工。

通过对管材、防腐及保温部分的阅读，我们要熟悉使用的管材种类、连接方式、防腐方法、保温做法及水压试验要求，这一部分对工程造价的概预算及施工均十分重要，阅读时应仔细，掌握设计要求。

8．图例

给水排水工程的图例一般都比较形象和简单，本教材所提供的某综合楼给水排水工程施工图亦然，不过初学者还是会觉得陌生，需要进行一段时间的强行记忆，但是在联系实物形状后，就能融会贯通，遇见陌生的图例时也能进行推测，迅速阅读。举例如下：

图　例

图 例	名 称	备 注	图 例	名 称	备 注
⋈	闸阀	K243YF 型		通气帽	配套定型产品
	止回阀	HH47X 型		检查口	
	新型防返溢地漏	H-12 型		截止阀	J41H 型
	户用水表	LXS-20		存水弯	配套定型产品
	水平式水表			灭火器	MFA3
	单出口消火栓			双出口消火栓	

8.1.3　地下室给水排水平面图

通过水施-2 看出在⑦、⑧轴线处引入商业和住宅共 2 根给水管道，分别为商业和低区住宅供水，这也和设计说明给水水源介绍相一致，商业引入管管径 DN32，住宅生活给水引入管管径 DN65，在室外设水表节点井进行计量。商业用水引入后经过水平干管、立管 JL-1、JL-2、JL-3、JL-4、JL-5、JL-6、JL-7 引至 1 层商铺卫生间。住宅引入管引入后经水平干管一部分接消防水池进水管，另一部分接立管 JL1-总 1、JL1-总 2，接至商铺顶棚下的水平干管。另外从⑱、⑲轴线引入 1 根 DN50 给水管道接生活加压泵房内的无负压增压设备，加压后经管道井内立管 JL2-总 1、JL2-总 2、JL2-总 3、JL2-总 4 向住宅高区供水。

排水部分可看出在自行车库设排水明沟，最低处标高－3.320m，火灾时地下室地面消防水及电梯基坑水可通过地漏及排水管排至明沟，通过明沟排至左右两侧的集水坑，集水坑尺寸为（1500mm×1500mm×1000mm），由潜污泵排出室外。同时水施-2 在平面图反映钢筋混凝土挡土墙上预埋防水套管及 2 层以上排水系统排出管与 1 层排出管水平间距，排出管管径关系。

消防部分首先可以看出在⑪~⑭轴、Ⓑ、Ⓒ轴设置消防水池，消防水池右侧设置消防泵房，内设消防水泵2台，一用一备。消防水泵进水管穿池壁设防水套管、

接消防水泵前设闸阀、柔性接头。进水管管径DN100，出水管管径DN100，两条出水管穿过泵房Ⓕ轴墙体进入自行车库，连接到水平干管，水平干管管径DN100。

地下室设置了2个消防箱体，内设双出口消火栓。保护半径满足要求，注意平面图消火栓双出口消火栓表示。

8.1.4　1层给水平面图

通过水施-4进行分析，商业用水经过立管JL-1、JL-2、JL-3、JL-4、JL-5、JL-6、JL-7向1层商铺卫生间供水。

住宅引入管引入后经水平干管、立管JL1-总1，JL1-总2接至商铺顶棚下的水平干管，从水施-4看出，给水干管经立管JL-1、JL-1，JL-2、JL-2，JL-3、JL-3，JL-4、JL-4，JL-5、JL-5、JL-6、JL-6、JL-7、JL-7、JL-8、JL-8引至2~5层厨房及卫生间，进行供水。

8.1.5　1层排水及消防平面图

从水施-3可以看出，1层卫生间采取了单独排水形式，分别通过干管在⑦、⑬、⑲、㉕轴左侧排出，引至与Ⓐ轴线内侧，水施-2在地下室Ⓐ轴线下侧通过排出管排出室外，水施-2主要在平面图反映钢筋混凝土挡土墙上预埋防水套管，2层以上排水系统排出管与1层排出管水平间距，排出管管径关系。注意排水管道在Ⓐ轴线处的变化。

消防部分观察消火栓平面位置在楼梯间入口转角处设置了XL-1、XL-2、XL-3、XL-4共4根消防立管，在楼梯间外侧墙面明装了4个消防箱体，内设双出口消火栓。避免每个商铺设2个消火栓，减少了消火栓数量，降低了造价，但要注意北方地区应消火栓防冻措施。

8.1.6　2层给水排水消防平面图

水施-5"2层给水排水消防平面图"中生活给水系统部分只表示出各卫生间、厨房给、排水立管JL-1、JL-1，JL-2、JL-2，JL-3、JL-3，JL-4、JL-4，JL-5、JL-5，JL-6、JL-6，JL-7、JL-7、JL-8、JL-8，PL-1、PL-1，PL-2、PL-2，PL-3、PL-3，PL-4、PL-4，PL-5、PL-5，PL-6、PL-6，PL-7、PL-7，PL-8、PL-8及高区给水系统管道井内立管JL2-总1、JL2-总2、JL2-总3、JL2-总4平面位置。

消防部分观察消火栓平面位置，在楼梯间休息平台转角处设置了XL-1、XL-2、XL-3、XL-4共4根消防立管，在楼梯间信息平台侧墙面明装了4个消防箱体，内设双出口消火栓，满足保护要求。

8.1.7　3~5层给水排水消防平面图

水施-6"3~5层给水排水消防平面图"生活给水系统布置同2层给水排水消防平面。

8.1.8　6~10层给水排水消防平面图

水施-7"6~10层给水排水消防平面图"生活给水系统卫生器具布置同2层给水排水消防平面图，6层下设置了高区的厨房、卫生间供水的水平干管，干管分别接自JL2-总1、JL2-总2、JL2-总3、JL2-总4，平面图标注了6层给水排水消防平面图给水干管管径值，仅在6层下设置。

8.1.9　11层给水排水消防平面图

水施-8"11层给水排水消防平面图"生活给水系统布置同7~10层给水排水消防平面图，注意建筑图反映跃层关系，室内绘制了楼梯。

8.1.10　11跃12层给水排水平面图

水施-9"11跃12层给水排水平面图"生活给水系统布置同11层给水排水消防平面图，建筑图反映跃层关系，室内绘制了楼梯。

8.1.11　屋面给水排水消防平面图

水施-10"屋面给水排水消防平面图"通过水箱间平面图观察，水箱通过JL2-5引入给水管（DN40）通过浮球阀接至消防水箱（2.0m×2.0m×2.0m），水箱间设稳压增压装置及DN100重力自流消防出水管接至屋面消防环状干管（DN100），水箱间设试验消火栓一个。

排水部分屋面雨水经屋面找坡排至檐沟内，通过雨水斗排至落水管，屋面雨水采用外排方式。

8.1.12　给水系统图

水施-14、水施-15绘制了给水系统图，反映了给水系统轴测关系，看给水系统图时顺着水流方向，由引入管、干管、立管、支管到用水点方向看，弄清楚每一部分管段走向、管径、标高关系。阀门设置位置及种类，识图时结合平面图自行分析，在此不再赘述。

8.1.13　排水系统图

建筑排水系统的任务就是将室内的生活污水、工业废水及降落在屋面上的雨、雪水用最经济合理的管径、走向排到室外排水管道中去，为人们提供良好的生活、生产与学习环境。

建筑给水排水工程中，生活排水系统也很常见，每幢建筑物内基本都会有生活排水系统的存在。我们通过本节的学习，掌握生活排水系统的识图方法，锻炼识图能力，学习一些生活排水系统的基本知识。

从 11 跃 12 层给水排水平面图至 2 层给水排水平面图可看出每户卫生间及厨房各设 1 根排水立管，排水立管见水施-5 、水施-6 、水施-7 、水施-8 、水施-9 ，1 层为商铺无厨房，2 层以上排水管道需从室外阳台下穿墙引入商铺内，阳台下排水管道需做保温，为美观，此部分建筑装修时可封包起来。1 层给水排水平面图注意排水立管位置及 1 层卫生间排水管道与 2～12 层卫生间分开排放。

水施-16、水施-17、水施-18 对于 2 层以上卫生间排水系统图按高层建筑卫生间排水系统应采用设专用通气立管，《建筑给水排水设计规范（2009 年版）》GB 50015 - 2003 第 4.6.2 条规定建筑标准要求较高的多层住宅、公共建筑、10 层及以上高层建筑卫生间的生活污水立管应设置通气立管。应按图 8-1 (a) 表示，图 8-1 (b) 为不带专用通气立管图，两图对照查看接管位置及方法。

由于本工程设计时间为 2008 年，《建筑给水排水设计规范》GB 50015 - 2003（2003 年版）无此规定，仍然采用单立管系统，识图时应注意现行设计规范执行时间，图纸设计时间，不同时间设计规范要求可能有差异，图纸表达内容可能有差别，不能简单判定对错。

8.1.14　单元给水排水详图

单元式住宅平面图一般按 1：100 比例绘制，内部给水管道图纸显示太小，看不清楚，通常绘制放大的详图表示，通过单元给水排水详图可确定卫生器具定位尺寸，如图 8-2（参照水施-11）所示。

卫生间卫生器具预留孔洞尺寸如下：

大便器预留孔洞直径 200mm，孔中心距墙边距离 320mm；

洗脸盆预留孔洞直径 150mm，孔中心距墙边距离 100mm；

地漏预留孔洞直径 200mm，孔中心距墙边距离 150mm；

卫生间排水立管预留孔洞直径 250mm，孔中心距墙边距离 150mm；

给水立管预留孔洞直径 150mm，孔中心距墙边距离 100mm；

消防立管预留孔洞直径 250mm，孔中心距墙边距离 200mm；

单设洗手盆排水立管预留孔洞直径 250mm，孔中心距墙边距离 150mm。

对于给水排水支管，同样绘制给水排水详图接管大样，反映管道管径及空间标高关系如图 8-3 所示。

单元给水系统接管图支管接立管处距地标高为 1.0m，经预留热水接口后管道标高降为距地 0.25m，便于坐便器及洗脸盆管道接管，同时比较美观，卫生间水表安装也可采用低位安装，距地 0.25m，厨房水表标高距地 0.35m，低位安装水表便于室内装修，很多住宅内均采用低位安装。

单元排水系统接管图支管接管方式采用同层排水较好，可减少对下 1 层的影响，但土建施工较为麻烦，一般住宅楼排水支管仍设在下 1 层顶部。排水横支管遇到大便器管径为 DN100，卫生间其他横支管不小于 DN75。如图 8-4 所示，排水横支管接管应注意坡向坡度要求，具体要求参见设计及施工说明。

8.1.15　消防系统图

如图 8-5 所示，通读图（水施-13）后，发现本图的消防干管有 2 条来自消防泵房消火栓水泵

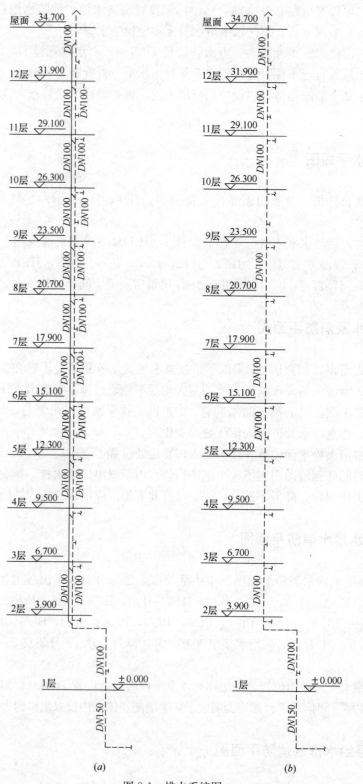

(a)　　　　　(b)

图 8-1　排水系统图

出水管的 $DN100$ 消防水管接至水平干管,注意为检修方便,此处水平环状干管设 3 个蝶阀。此水平干管标高为$-0.80m$,此水平干管向下引出 2 根支立管接消火栓(XL-1″,XL-2″)满足地下室灭火要求,标高为$-0.80m$ 水平干管向上引出 4 根主立管 XL-1、XL-2、XL-3、XL-4 接向 1~12 层,1 层消火栓外挂与商铺门口,2~12 层消火栓设于楼梯间休息平台处,采用双出口消火栓,消火栓箱体明装,立管上下、水平干管上装设蝶阀以便检修控制,屋面设水平干管与立管构成环状管网,保证了供水可靠性,北方地区屋面水平干管必须采取保温及防雨措施。由于本工程消防系统平面及系统较简单,不再赘述,读者自行学习阅读理解。

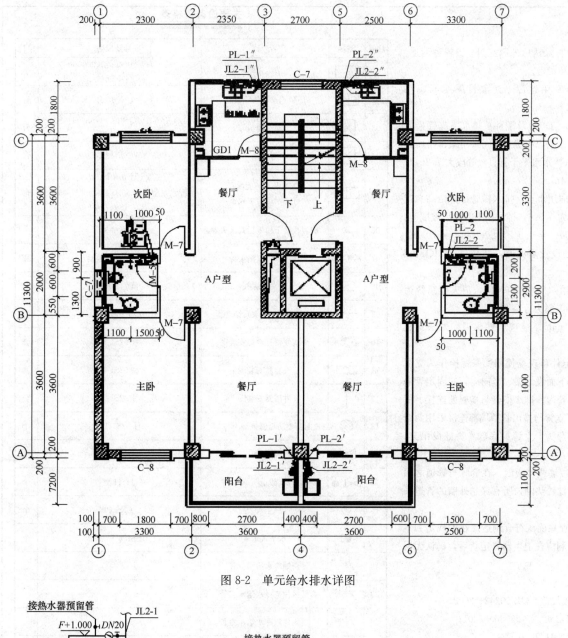

图 8-2 单元给水排水详图

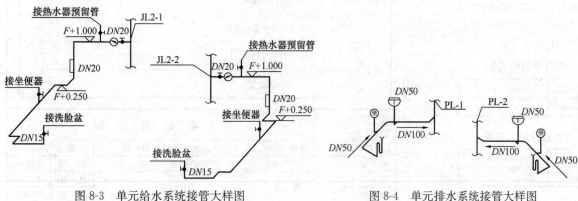

图 8-3 单元给水系统接管大样图

图 8-4 单元排水系统接管大样图

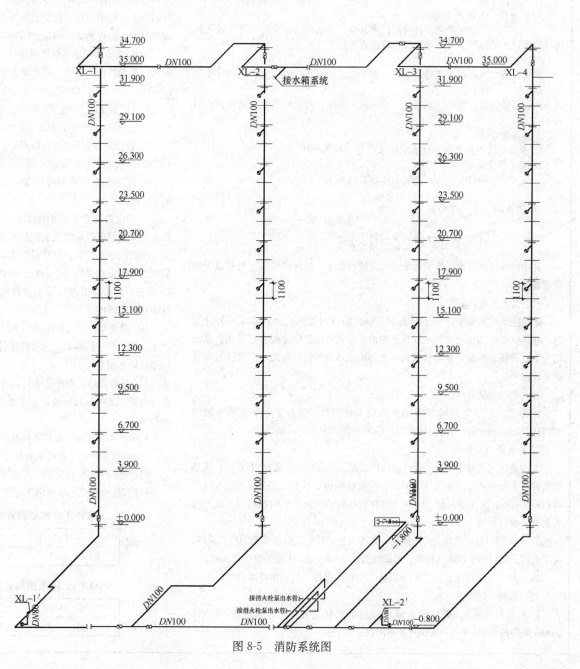

图 8-5 消防系统图

81

给排水及消防设计说明

一、设计依据
1. 《高层民用建筑设计防火规范（2005 年版）》GB 50045-95；
2. 《建筑灭火器配置设计规范》 GB 50140-2005；
3. 《建筑给水排水设计规范》 GB 50015-2003；
4. 《住宅建筑规范》 GB 50368-2005；
5. 《住宅设计规范（2003 年版）》GB50096-1999；
6. 土建专业提供的设计资料；
7. 甲方提供的使用要求。

二、图中尺寸单位：除设计标高以米计外，其余均以毫米计。管线设计标高：给水管、消防管指管中心，排水管指管内底。

三、工程概况
本建筑为二类高层住宅楼，建筑高度为 34.70m；地下室为自行车库，1 层为商铺，2～12 为住宅。

四、设计内容：室内给水系统、室内排水系统、消火栓系统、建筑灭火器的配置。

五、给水系统：
1. 水源为城市自来水，此点的供水压力为 0.30MPa。
2. 给水系统流程：

市政管网 → 户用水表 ┬ 商用水表 → 商铺卫生器具（1 层）
                      ├ 消防水池
                      ├ 2～5 层住户用水点（低区）
                      └ 户用水表 → 高区变频机组 6～12 层住户用水点 → 屋顶消防水箱

其中，低区供水横干管敷设于 1 层商铺顶板上，高区供水横干管敷设于六层地板内。

六、排水系统：
采用生活废水和生活污水合流制系统。经室内管网汇集后排至室外化粪池；地下室及电梯机坑的排水经排水明沟汇集后，由潜污泵提升后排出，系统均为单立管排水系统，本建筑屋面雨水经雨水斗收集后，由雨水立管排至室外雨水管网。

七、消防系统：
1. 本建筑为二类高层，2h 的室内消火栓用水量储存于地下室蓄水池内（有效容积为 80m³），消防时由水泵房内的消防水泵加压供给。
2. 消火栓给水系统
室内消防用水量 10L/s，室外消防用水量 15L/s，火灾延续时间 2h，屋顶水箱储存十分钟消防用水量 V＝6m³。消火栓箱内，栓口直径 65mm，水枪喷嘴口径 19mm，水龙带长度 25m，并设有直接启动消防水泵的按钮，消火栓箱为明装，栓口距地 1.1m。
3. 灭火器配置：商铺为中危险级，A 类火灾，住宅、自行车库为轻危险级，A 类火灾，每层均在各消火栓处设置磷酸铵盐（MF/A3）干粉手提式灭火器。

八、热水系统：本建筑住宅所需热水由住户自理，仅预留冷水接口。

九、管材、防腐及保温：
1. 给水管均采用 PP-R 建筑给水聚丙烯管材及管件，热熔连接，$DN \leqslant$ 50mm 采用截止阀，$DN > 50$mm 采用闸阀。

2. 消火栓给水系统采用焊接钢管，明设管除锈后外刷红丹、银粉各两道，暗设管除锈后刷红丹漆两道，管道安装尽量贴梁走。

3. 本工程地漏采用防溢流和干涸的专用地漏，其水封深度不应小于 50mm。

4. 排水立管采用 UPVC 硬聚氯乙烯螺旋消声管及配件；排水横支管接入立管管件采用侧向进水型专用管件，立管间、立管和横支管间采用螺母挤压密封圈接头，水平管和支管采用普通 PVC 管。排水水平管直线管段大于 2m 时设伸缩节，但伸缩节之间最大间距不得大于 4m。

5. 管道坡度：给水管道坡度 0.003，坡向用水点；排水横管尽量抬高靠近顶板，有梁处贴梁安装，排水横支管坡度应为 0.026，排水横干管最小坡度为：$DN50(i=0.025)$，$DN75(i=0.015)$，$DN100(i=0.012)$，$DN150(i=0.007)$

6. $De110$ 以上（包括 $De110$）穿楼板处设置阻火圈，型号为：ZHQ110B（M）耐火等级大于等于 2h。

7. 管道安装完毕后应进行压力试验：给水管为 1.0MPa，消火栓系统为 1.0MPa，排水管道应做灌水试验，30min 不渗漏为合格。

8. 屋顶水箱及不采暖处管道均采用 50mm 厚玻璃岩棉保温，做法见甘02N3/12，21。

9. 横向敷设管使用吊架固定，吊架固定件可现场使用膨胀螺栓作为支撑点，吊架位置可按验收规范执行及管道弯头下面设吊架。竖向立管的固定管卡设在层高的中点位置，穿楼板管道均设在套管内。排水横管与横管的连接、横管与立管的连接采用 45°三通或 90°斜三通，立管与排出管始端部连接采用两个 45°弯头，排水管拐弯处采用自带清扫口的弯头，立管最底部弯头处设吊架，具体详见 03S402。

10. 设备及管道的防振及隔声：管道穿过墙或楼板时，在套管与管道之间填塞岩棉，使它们隔离，所有管道的管卡衬橡胶垫圈，所有穿越外墙的管道采用刚性防水套管。

11. 各种管材、管件及阀门到货后应检查并确认符合制造厂技术规定和本设计的要求方可进行安装；卫生器具楼板留洞应在卫生器具定货后，确认无误再行施工。

12. 未尽事宜按以下相关规范要求执行。
《建筑给水排水及采暖工程施工质量验收规范》GB 50242-2002；
《建筑塑料给水 PPR 管工程技术规程》DB 62/25-3006-2001；
《建筑排水硬聚乙烯管道工程技术规程》CJJ/T 29-98。

PP-R 给水塑料管外径与公称直径对照关系

DN15—De20	DN25—De32	DN40—De50
DN20—De25	DN32—De40	DN50—De63

UPVC 排水塑料管外径与公称直径对照关系

DN32—De32	DN50—De50	DN100—De110
DN40—De40	DN75—De75	DN150—De160

主要设备规格表

序号	图例	名称	型号及规格	单位
01		消防水箱	$L \times B \times H=2000mm \times 2000mm \times 2000mm$	个
02		屋顶消火栓增压设备	ZW（L）-I-X-10-P=1.5kW	套
03		消火栓泵	SLS65-2501 $Q=13.9L/s$ $H=80m$ $N=22kW$	台
04		潜污泵	65JYWQ37-12-1400-4	台
05	1# 2#	XMWII变频无负压自动增压给水设备	XMWII-18-0.30 所配水泵型号为50BY18-30（H=30m，Q=18m³/h）	台
06		磷酸铵盐干粉手提式灭火器	（MF/A3）	个
07		双阀双出口消火栓	甘 02S6-10（甲型）	套
08		对夹式蝶阀	D71J-10	个
09		SQXA地下式水泵结合器	甘 02S6-26 DN100	套
10		坐式便器低水箱安装图	甘 02S1-85	套
11		洗脸盆安装图	甘 02S1-41	套
12		淋浴器安装图	甘 02S1-77	套
13		地漏新型防返溢地漏 H-12 型	甘 02S1-154	个
14		止回阀	HH47X 型	个
15		截止阀	J41H 型	个
16		户用水表	LXS-20	个
17		水平式水表	01SS105-B（丙）	个
18	JL-	商铺冷水给水立管		
19	JL1-	低区住宅冷水给水立管		
20	JL2-	高区住宅冷水给水立管		
21	PL-	排水立管		
22	XL-	消火栓立管		

审 定		×× 建 筑 设 计 院		
项目负责				
工种负责		建设单位	×× 房地产开发有限公司	工程号 2008-F-2-1
校 对		工程名称	金厦家园1号住宅楼	图 号 水施-01
设 计		图 名	设计说明	比 例 1:100
制 图				日 期 2008.03

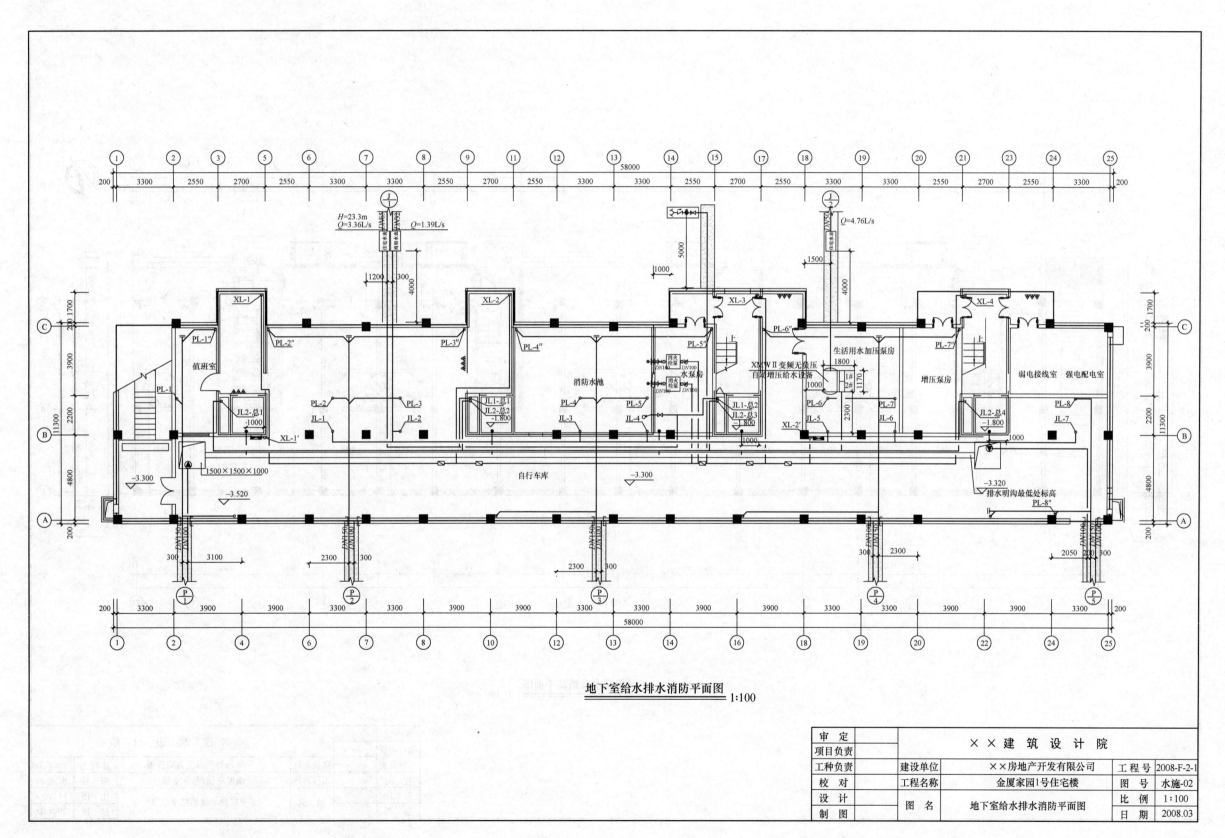

地下室给水排水消防平面图 1:100

审 定		×× 建 筑 设 计 院		
项目负责				
工种负责	建设单位	××房地产开发有限公司	工程号	2008-F-2-1
校 对	工程名称	金厦家园1号住宅楼	图 号	水施-02
设 计	图 名	地下室给水排水消防平面图	比 例	1:100
制 图			日 期	2008.03

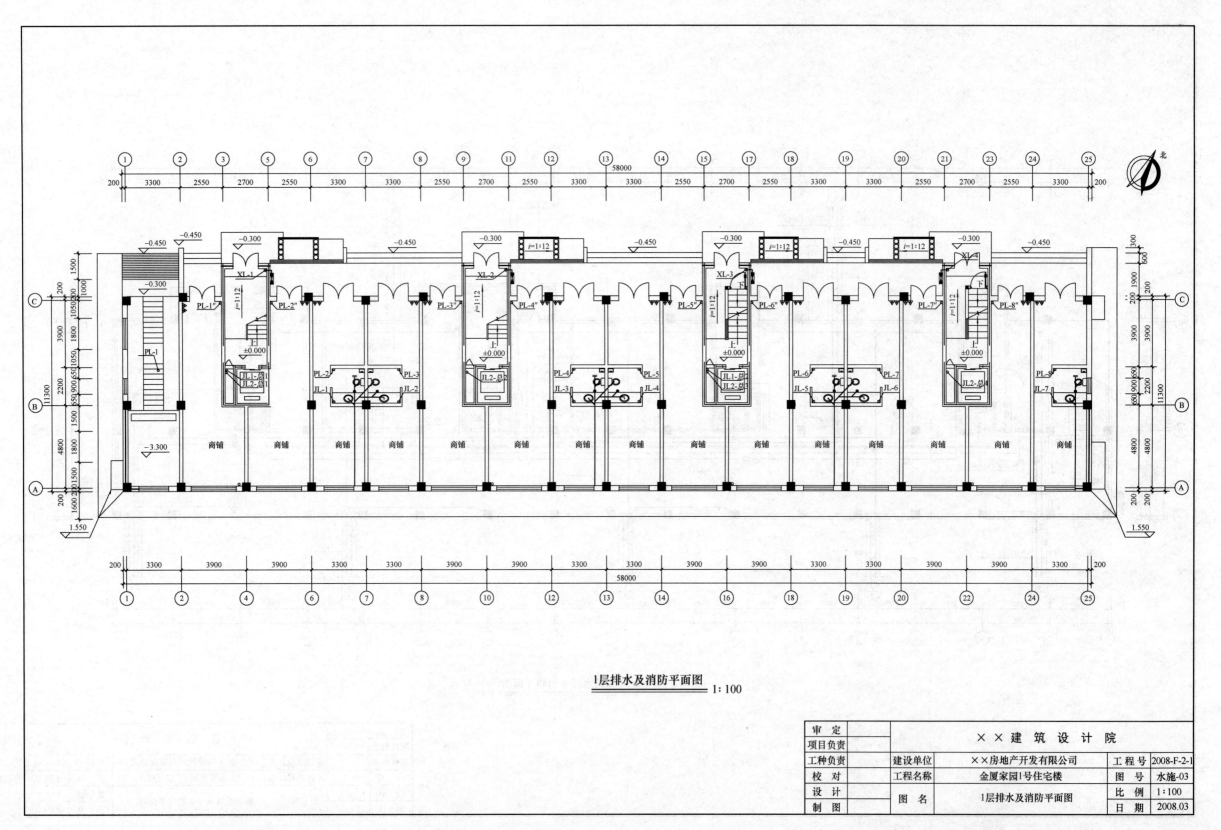

1层排水及消防平面图 1:100

84

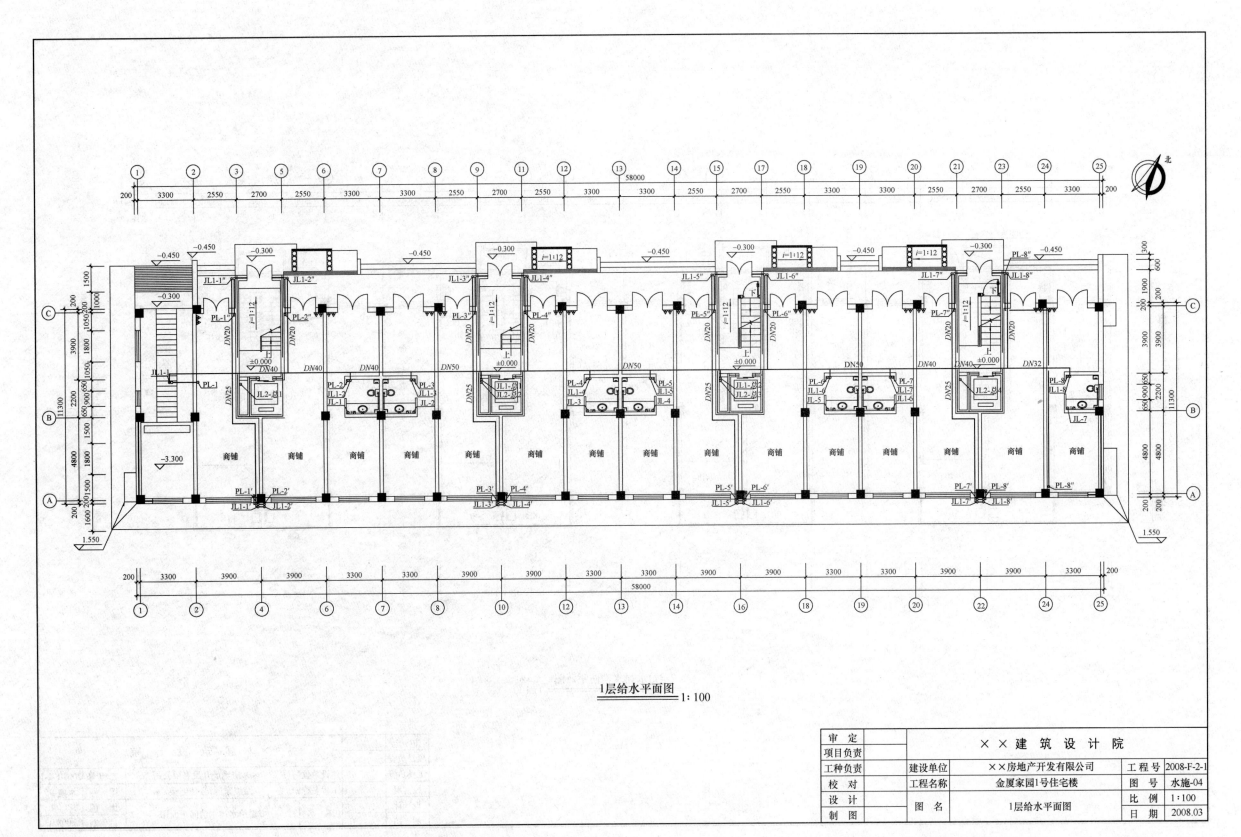

1层给水平面图 1:100

审 定					×× 建 筑 设 计 院			
项目负责			建设单位	××房地产开发有限公司		工程号	2008-F-2-1
工种负责			工程名称	金厦家园1号住宅楼		图 号	水施-04
校 对						比 例	1:100
设 计			图 名	1层给水平面图		日 期	2008.03
制 图							

85

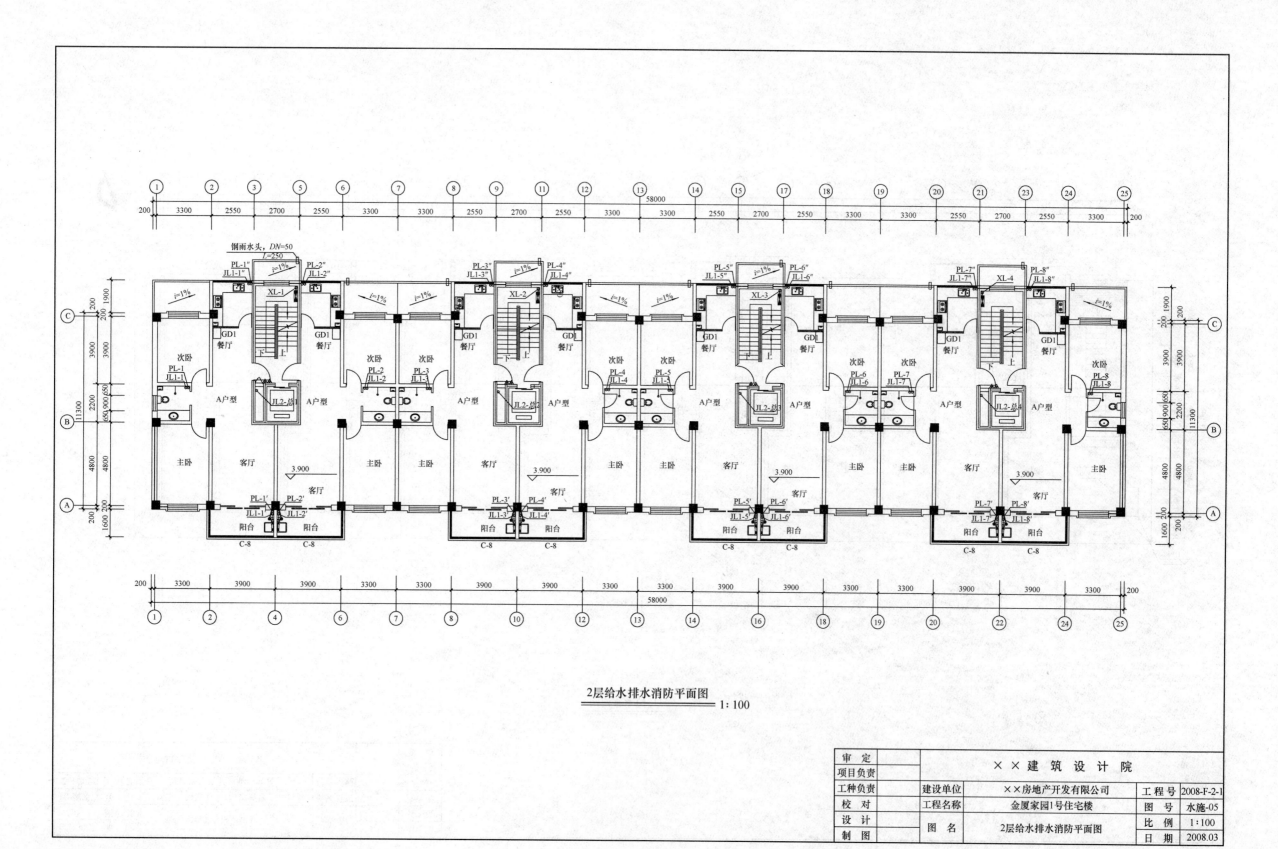

2层给水排水消防平面图
1:100

审 定		×× 建 筑 设 计 院		
项目负责				
工种负责	建设单位	××房地产开发有限公司	工程号	2008-F-2-1
校 对	工程名称	金厦家园1号住宅楼	图 号	水施-05
设 计	图 名	2层给水排水消防平面图	比 例	1:100
制 图			日 期	2008.03

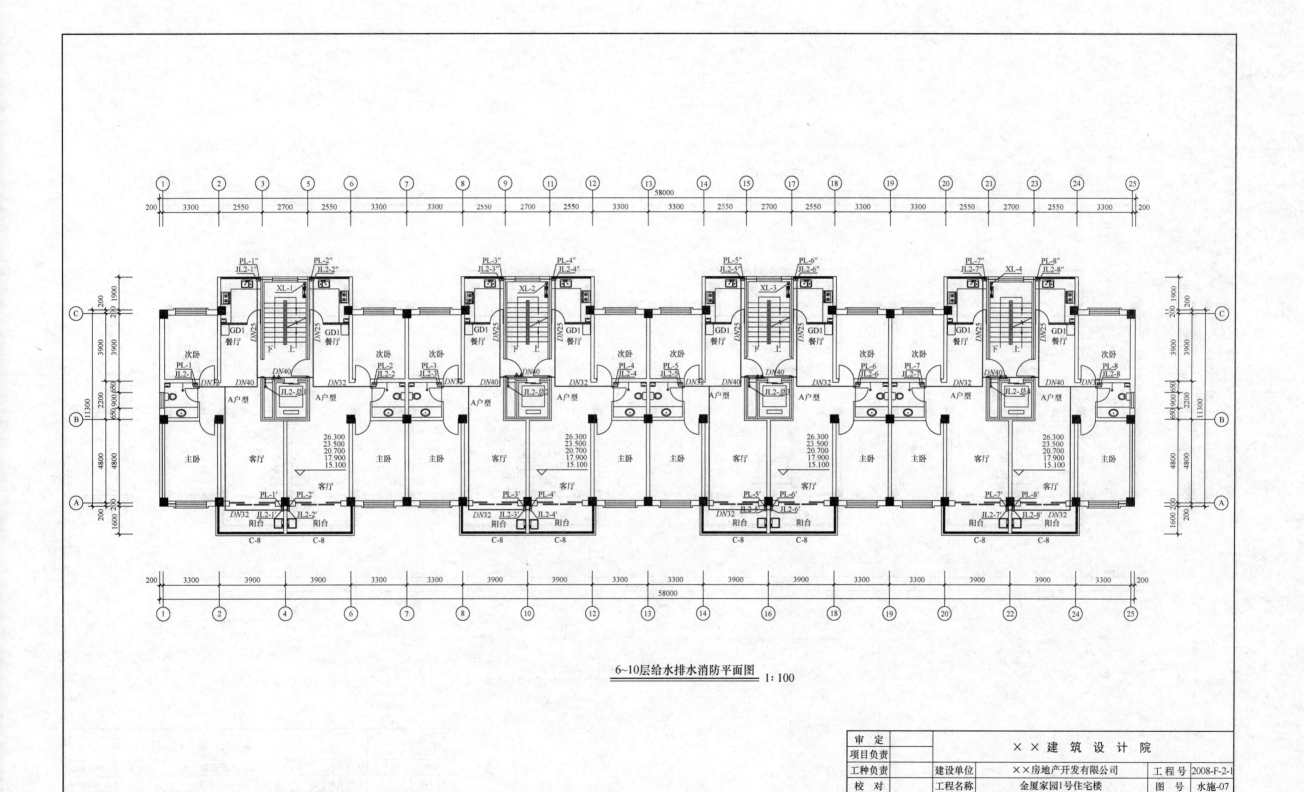

6~10层给水排水消防平面图 1:100

审 定		×× 建 筑 设 计 院		
项目负责				
工种负责	建设单位	××房地产开发有限公司	工程号	2008-F-2-1
校 对	工程名称	金厦家园1号住宅楼	图 号	水施-07
设 计	图 名	6~10层给水排水消防平面图	比 例	1:100
制 图			日 期	2008.03

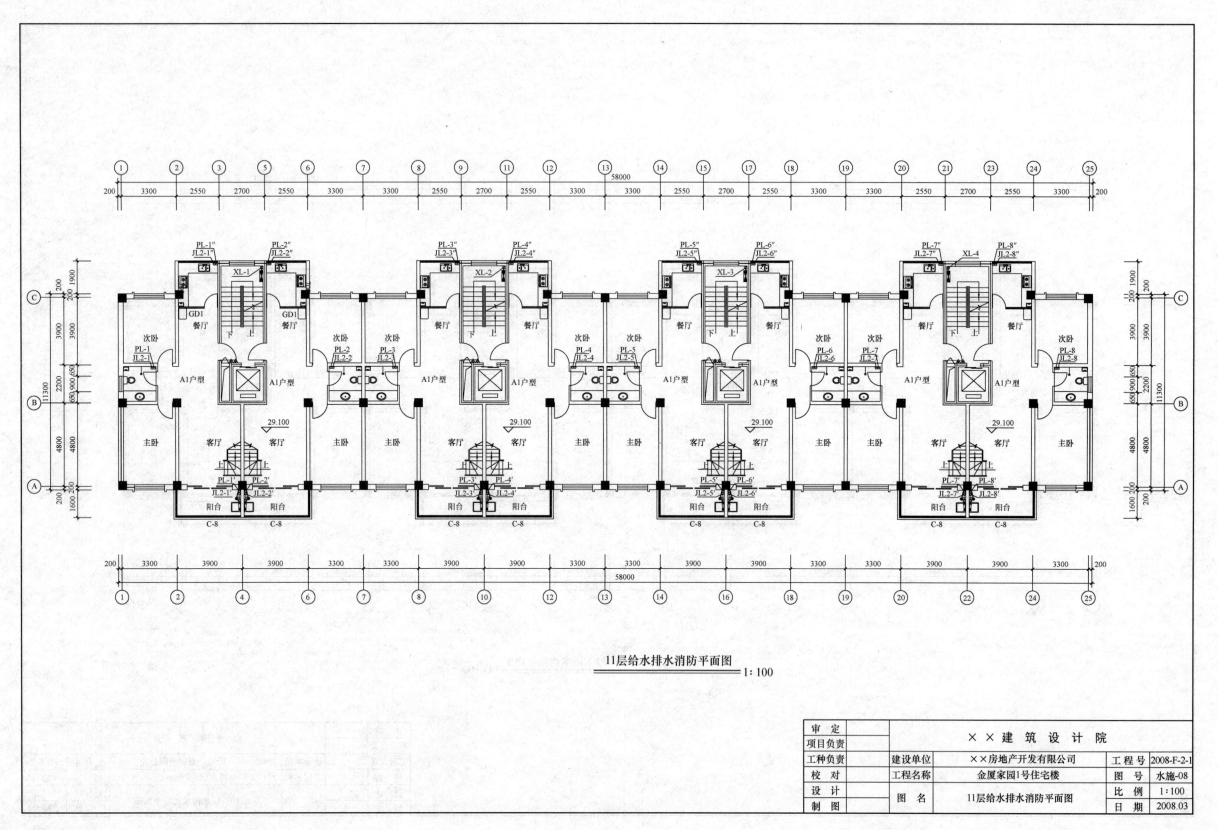

11层给水排水消防平面图 1:100

审 定		××建 筑 设 计 院			
项目负责					
工种负责		建设单位	××房地产开发有限公司	工程号	2008-F-2-1
校 对		工程名称	金厦家园1号住宅楼	图 号	水施-08
设 计		图 名	11层给水排水消防平面图	比 例	1:100
制 图				日 期	2008.03

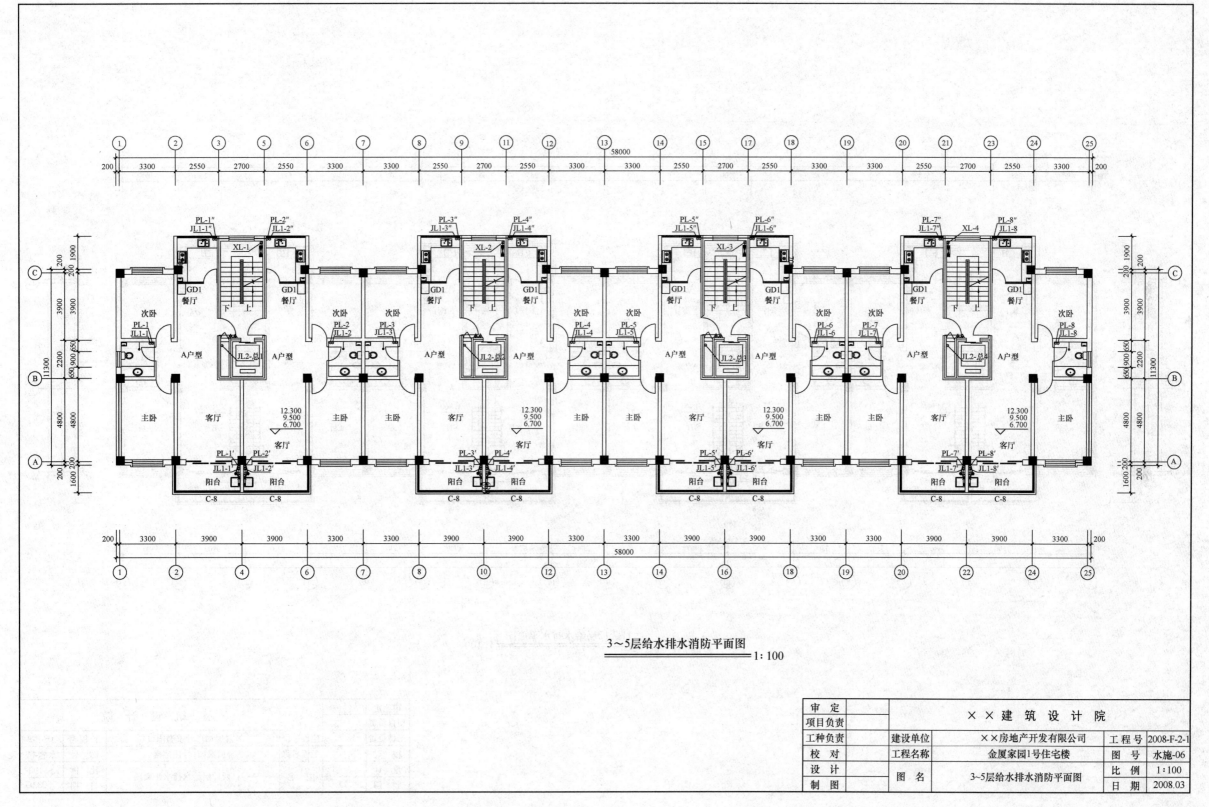

3~5层给水排水消防平面图 1:100

审 定		××建筑设计院		
项目负责				
工种负责	建设单位	××房地产开发有限公司	工程号	2008-F-2-1
校 对	工程名称	金厦家园1号住宅楼	图 号	水施-06
设 计	图 名	3~5层给水排水消防平面图	比 例	1:100
制 图			日 期	2008.03

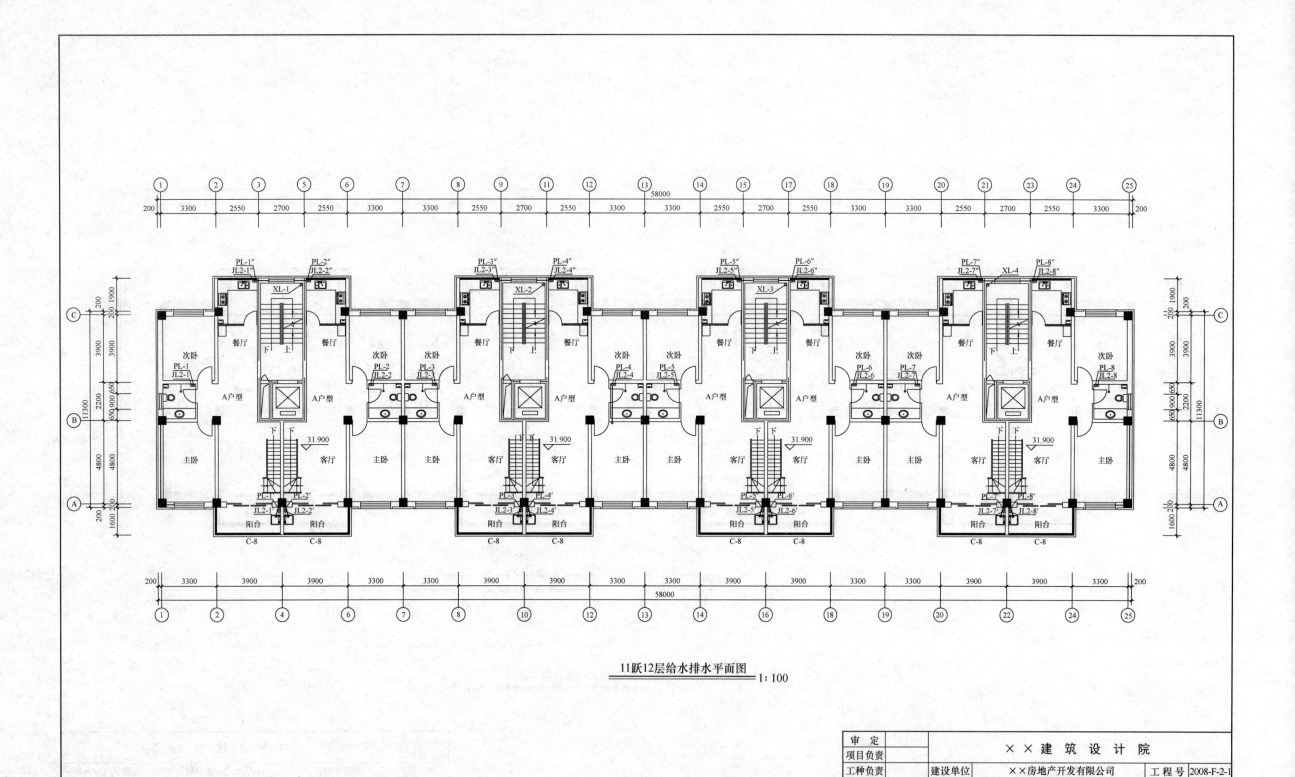

11跃12层给水排水平面图 1:100

审 定		×× 建 筑 设 计 院		
项目负责				
工种负责	建设单位	××房地产开发有限公司	工程号	2008-F-2-1
校 对	工程名称	金厦家园1号住宅楼	图 号	水施-09
设 计			比 例	1:100
制 图	图 名	11跃12层给水排水平面图	日 期	2008.03

90

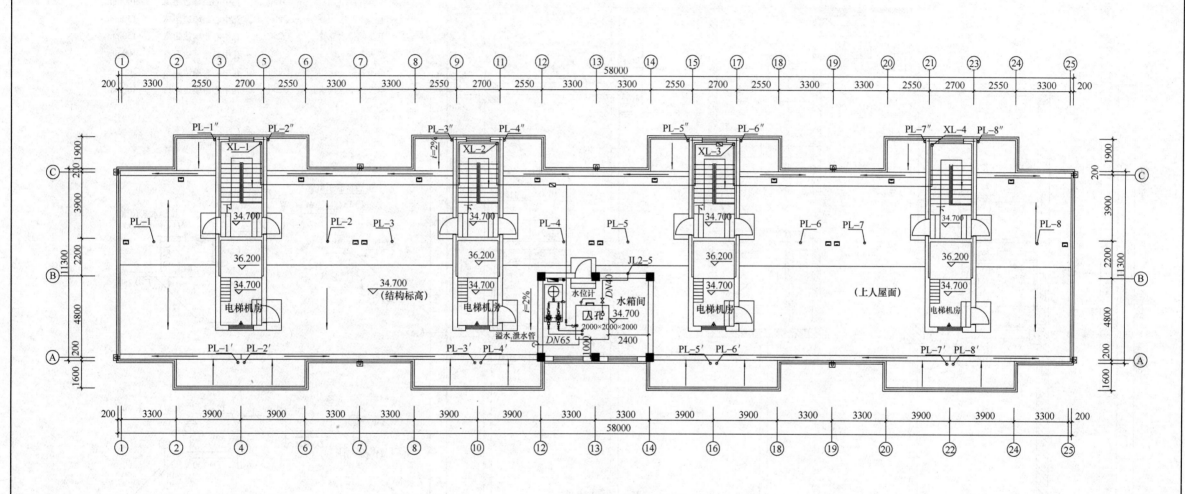

屋面给水排水消防平面图 1:100

审　定		×　×　建　筑　设　计　院		
项目负责				
工种负责	建设单位	××房地产开发有限公司	工程号	2008-F-2-1
校　对	工程名称	金厦家园1号住宅楼	图　号	水施-10
设　计	图　名	屋面给水排水消防平面图	比　例	1:100
制　图			日　期	2008.03

91

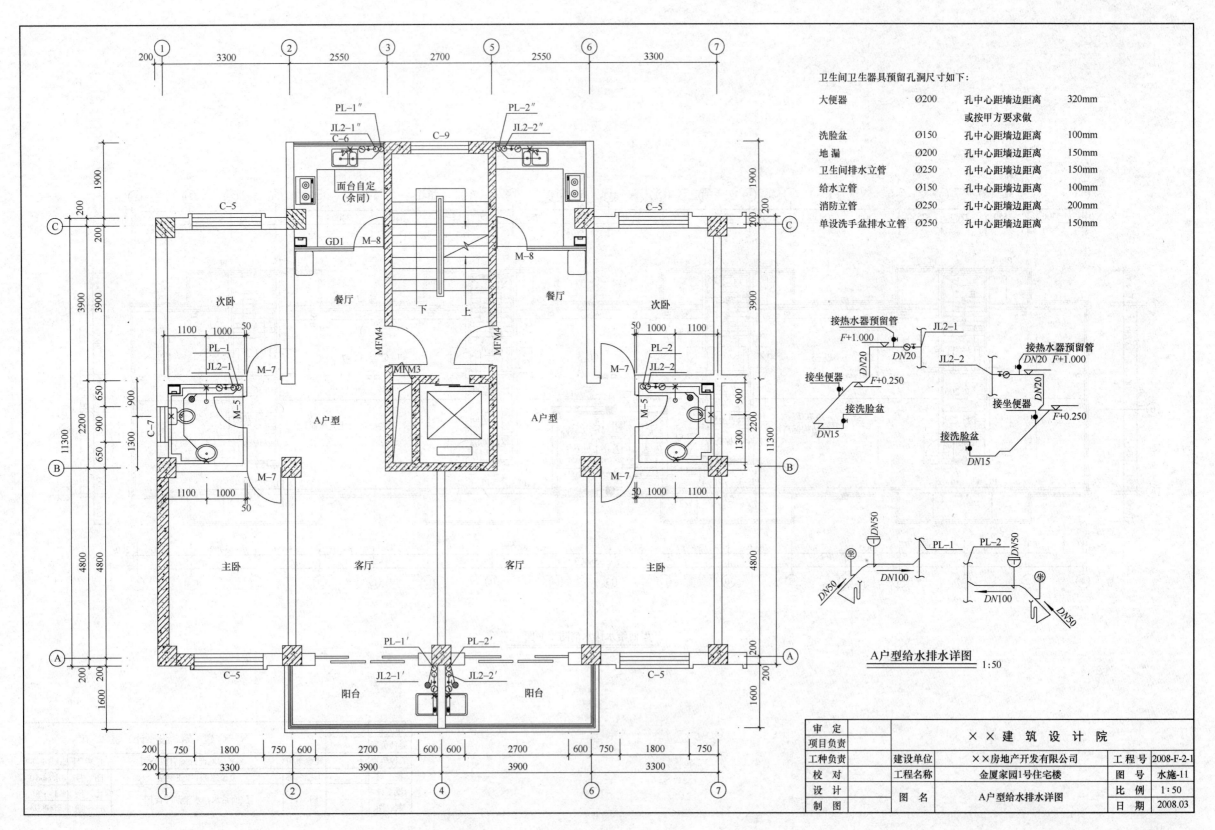

卫生间卫生器具预留孔洞尺寸如下：

大便器	Ø200	孔中心距墙边距离	320mm
		或按甲方要求做	
洗脸盆	Ø150	孔中心距墙边距离	100mm
地 漏	Ø200	孔中心距墙边距离	150mm
卫生间排水立管	Ø250	孔中心距墙边距离	150mm
给水立管	Ø150	孔中心距墙边距离	100mm
消防立管	Ø250	孔中心距墙边距离	200mm
单设洗手盆排水立管	Ø250	孔中心距墙边距离	150mm

A户型给水排水详图 1:50

审 定		×× 建 筑 设 计 院		
项目负责				
工种负责	建设单位	××房地产开发有限公司	工程号	2008-F-2-1
校 对	工程名称	金厦家园1号住宅楼	图 号	水施-11
设 计			比 例	1:50
制 图	图 名	A户型给水排水详图	日 期	2008.03

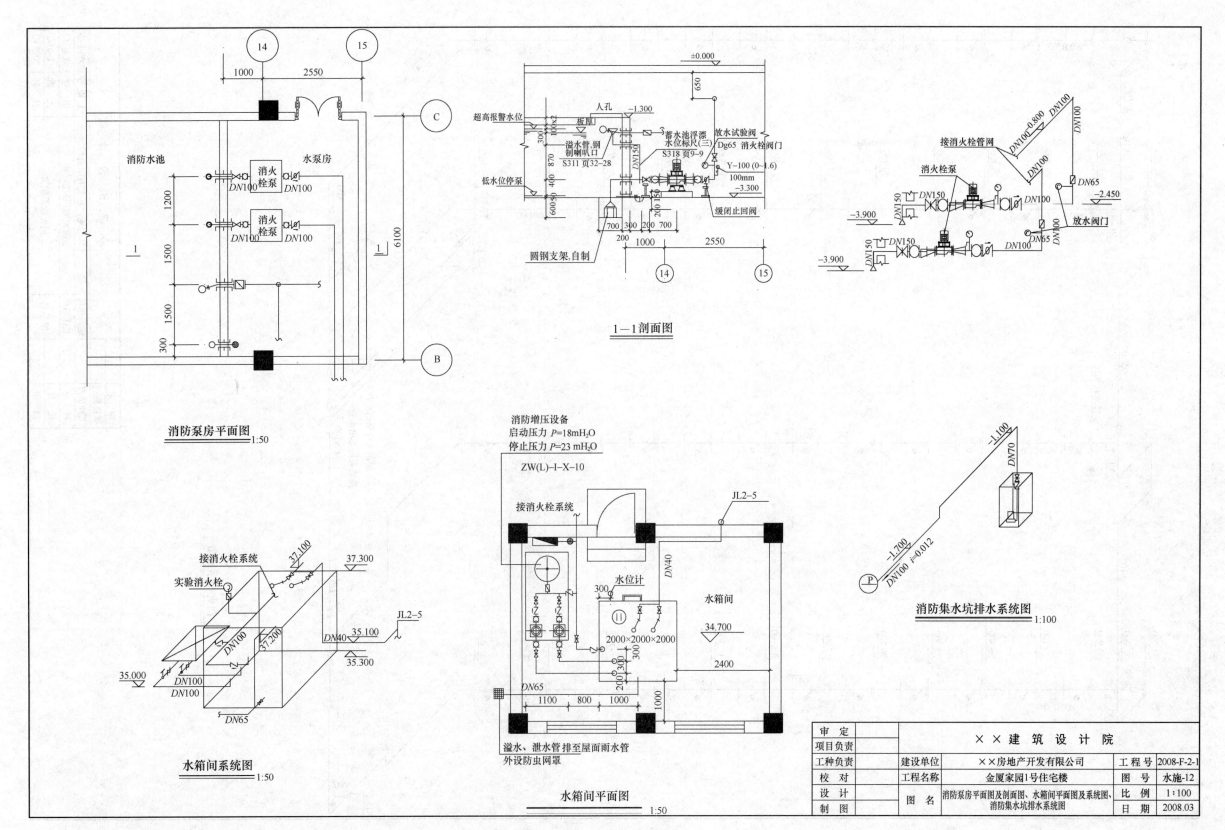

消防泵房平面图 1:50

消防水池

水泵房

消火栓泵 DN100

消火栓泵 DN100 DN100

1—1剖面图

±0.000

超高报警水位

人孔

−1.300

板厚

650

放水试验阀

蓄水池浮漂水位标尺(三)

溢水管,钢制喇叭口

S311 页32—28

S318 页9—9

Dg65 消火栓阀门

Y−100 (0~1.6)

100mm

−3.300

低水位停泵

缓闭止回阀

圆钢支架,自制

接消火栓管网

消火栓泵

放水阀门

水箱间系统图 1:50

接消火栓系统

实验消火栓

37.100

37.300

37.200

35.100

35.300

35.000

DN100

DN100

DN40

JL2—5

DN65

消防增压设备
启动压力 P=18mH₂O
停止压力 P=23 mH₂O

ZW(L)−I−X−10

接消火栓系统

JL2—5

水位计

水箱间

34.700

2400

2000×2000×2000

DN65

1100 800 1000

1000

溢水、泄水管排至屋面雨水管
外设防虫网罩

水箱间平面图 1:50

消防集水坑排水系统图 1:100

−1.100 DN70

−1.700 DN100 i=0.012

P

审 定		×× 建 筑 设 计 院		
项目负责				
工种负责		建设单位	×× 房地产开发有限公司	工程号 2008-F-2-1
校 对		工程名称	金厦家园1号住宅楼	图 号 水施-12
设 计		图 名	消防泵房平面图及剖面图、水箱间平面图及系统图、消防集水坑排水系统图	比 例 1:100
制 图				日 期 2008.03

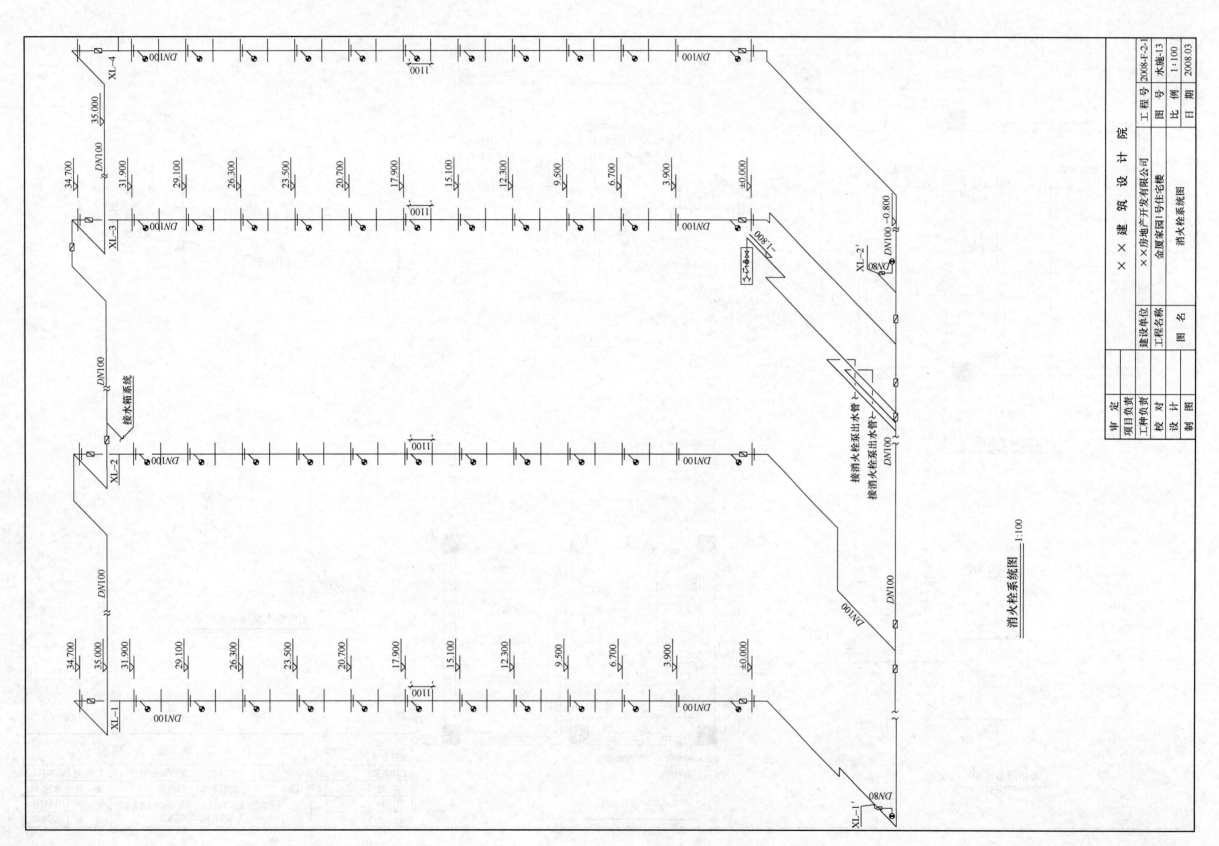

消火栓系统图 1:100

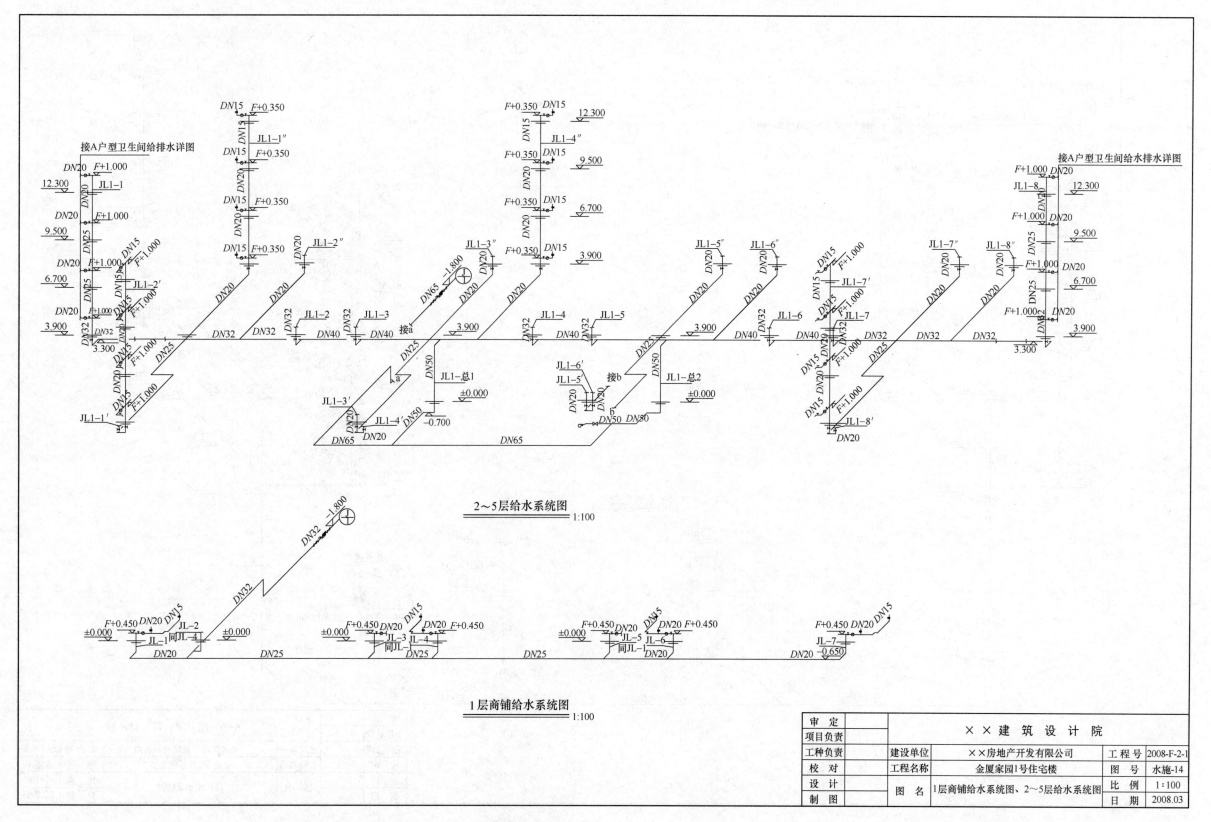

接A户型卫生间给排水详图

接A户型卫生间给水排水详图

2～5层给水系统图 1:100

1层商铺给水系统图 1:100

审 定		×× 建 筑 设 计 院	
项目负责			
工种负责	建设单位	××房地产开发有限公司	工程号 2008-F-2-1
校 对	工程名称	金厦家园1号住宅楼	图 号 水施-14
设 计	图 名	1层商铺给水系统图、2～5层给水系统图	比 例 1:100
制 图			日 期 2008.03

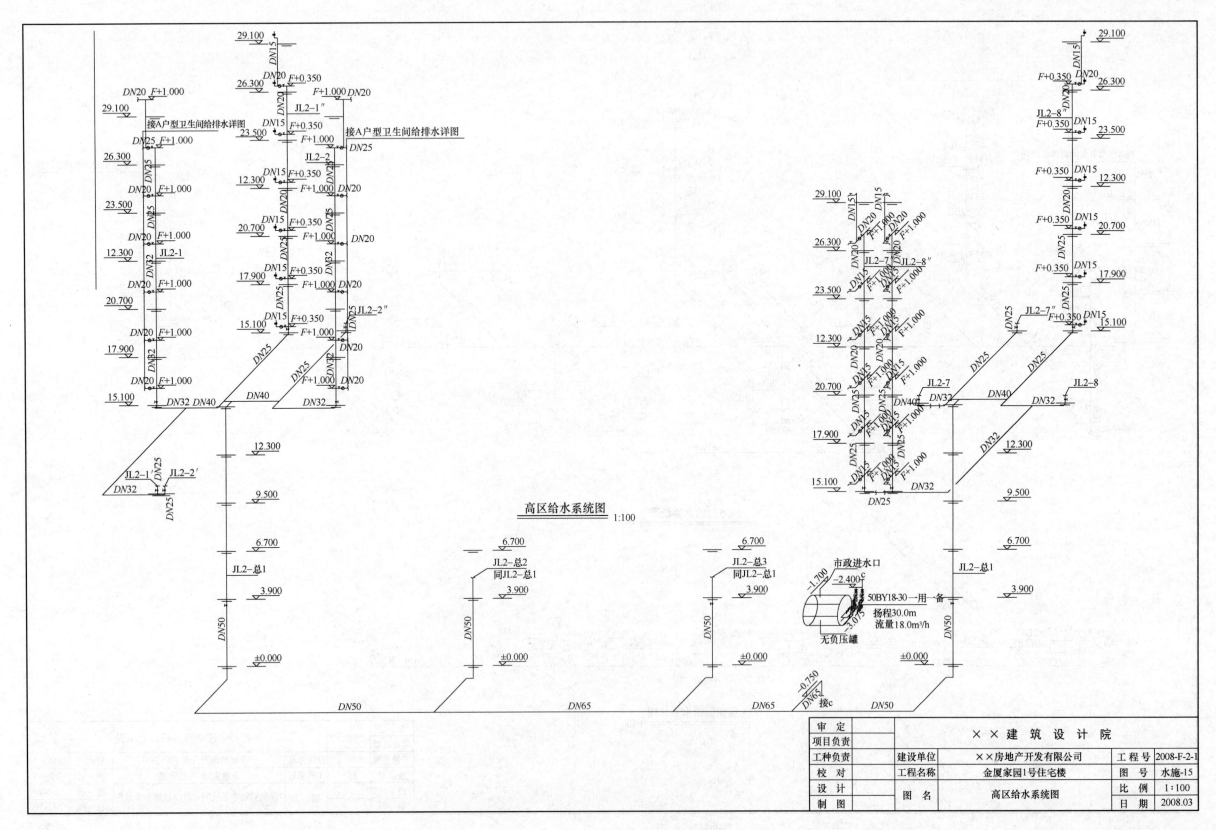

高区给水系统图 1:100

审 定		×× 建 筑 设 计 院		
项目负责				
工种负责	建设单位	××房地产开发有限公司	工程号	2008-F-2-1
校 对	工程名称	金厦家园1号住宅楼	图 号	水施-15
设 计	图 名	高区给水系统图	比 例	1:100
制 图			日 期	2008.03

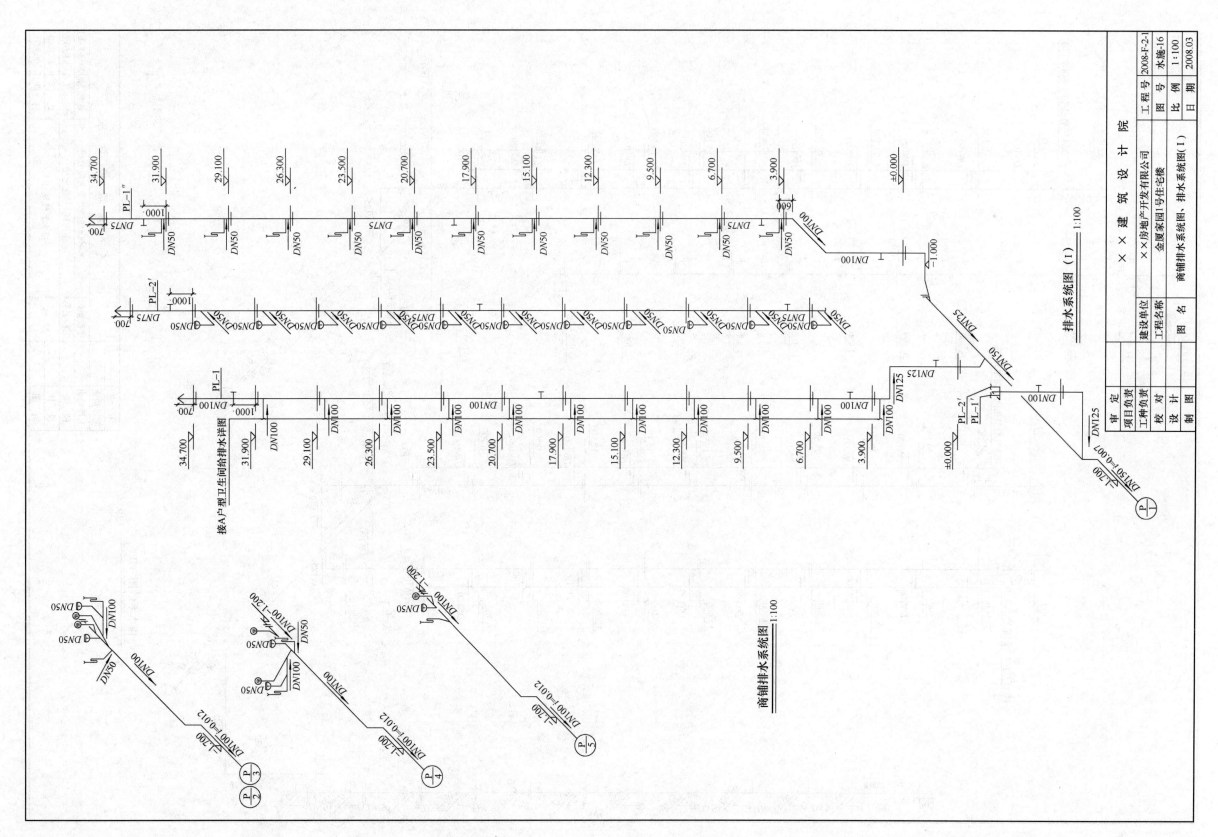

排水系统图（I） 1:100

商铺排水系统图 1:100

接A户型卫生间给排水详图

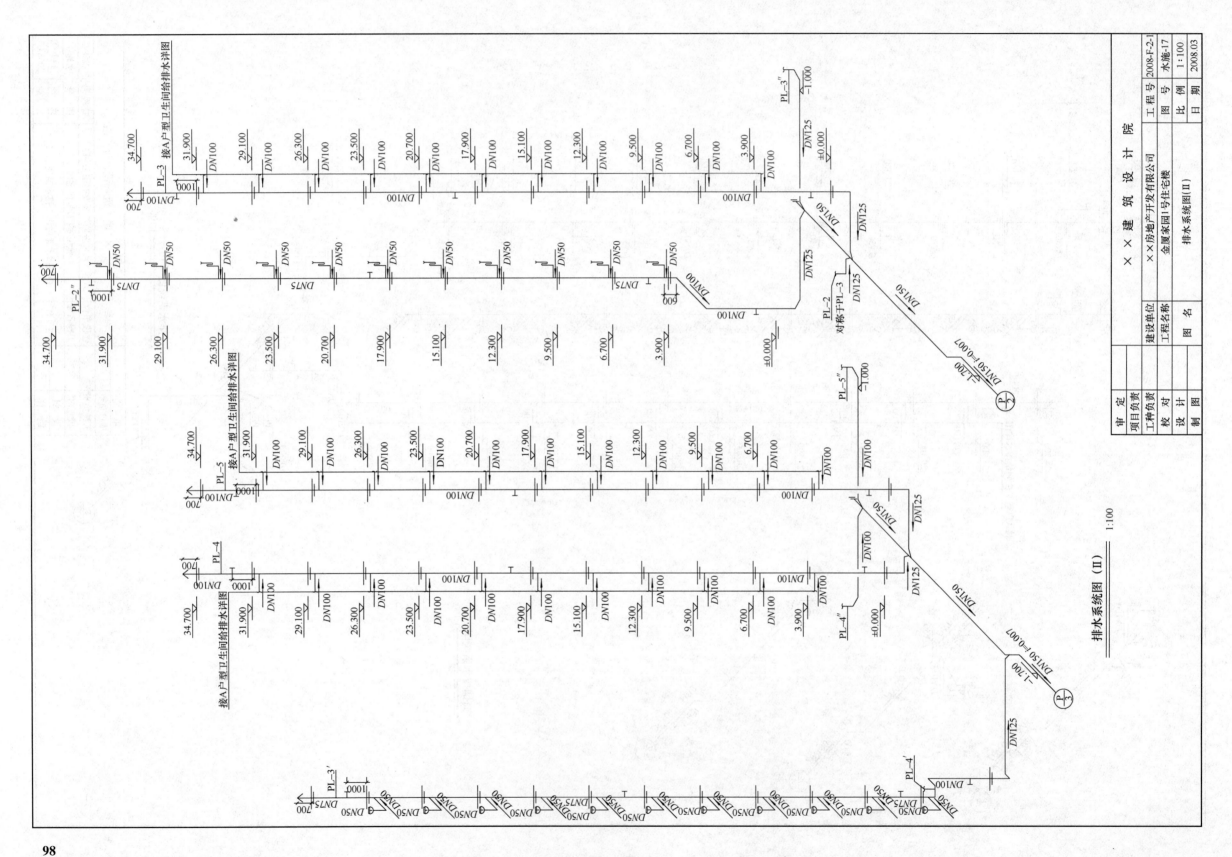

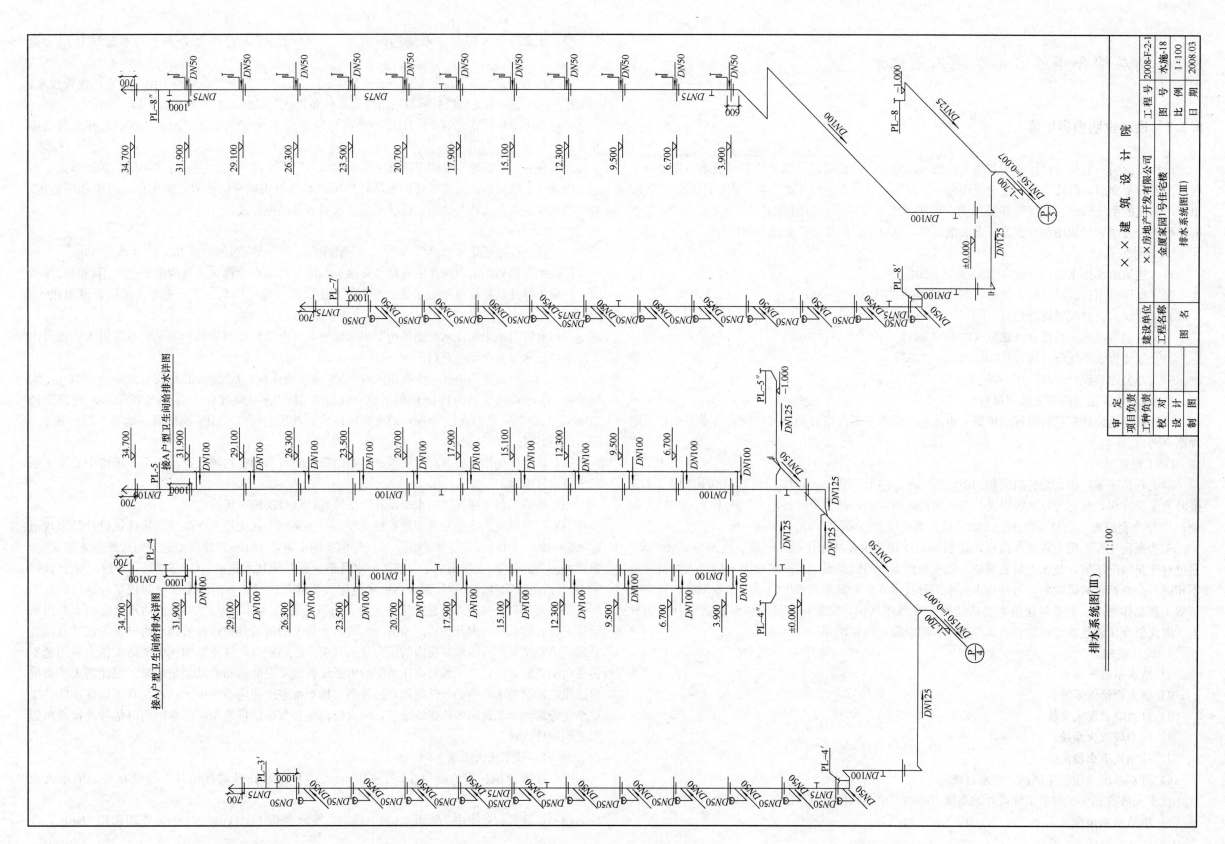

排水系统图(Ⅲ)   1:100

	××建筑设计院	工程号	2008-F-2-1
建设单位	××房地产开发有限公司	图号	水施-18
工程名称	金厦家园1号住宅楼	比例	1:100
图名	排水系统图(Ⅲ)	日期	2008.03

审定		项目负责	
工种负责		校对	
设计		制图	

99

8.2 高层综合楼给水排水施工图识读

8.2.1 设计说明内容识读

设计总说明一般分为设计说明和施工说明两部分，设计说明部分设计依据必须逐一列出；工程概况需简要介绍，设计范围各个系统作为一节说明，技术指标（用水定额、消防用水量）要写出来，采用的系统形式、分区等都要说明，消防系统还要说明设备的选用（消火栓、喷头）。施工说明部分说明管材选用及安装连接方法及要求。现以某高层综合办公楼为例进行识读。

1. 设计依据

1)《建筑给水排水设计规范》GB 50015—2003；
2)《高层民用建筑设计防火规范（2005 年版）》GB 50045—95；
3)《建筑灭火器配置设计规范》GB 50140—2005；
4)《自动喷水灭火系统设计规范（2005 年版）》GB 50084—2001；
5)《气体灭火系统设计规范》GB 50370—2005；
6)《办公建筑设计规范》JGJ 67—2006；
7) 建设单位提供的相关基础资料。

设计依据是设计院进行设计的依据，也是施工图审查部门审查的依据，应将与本工程相关的规范全列出。

2. 工程概况

本工程位于××市，总建筑面积约 $10348.1 m^2$，地下 1 层，地上 12 层。其中地下 1 层一部分平时为戊类库房，战时为核六级甲类二等人员掩蔽所，另一部分为设备用房；地上 1~11 层为办公，12 层为会议室，建筑高度 49.800m，属二类高层办公楼。

工程概况主要说明工程所在地点，建筑面积及建筑主要功能用途，建筑高度及建筑物性质，通过对建筑概况了解，技术人员要清楚工程所在地点，不同工程地点材料价差不同，人工费可能不相同，会对造价有影响的，另外给水排水工程技术专业人员拿到图纸只是本专业图纸，首先要了解工程总体情况，主要对建筑主要功能有一个总体认识，建筑物定性不同对消防设计影响较大，因此要介绍建筑物定性内容，如办公楼、综合楼、商住楼等。

3. 设计范围

1) 给水系统；
2) 消火栓给水系统；
3) 自动喷水灭火系统；
4) 气溶胶灭火系统；
5) 移动式灭火器配置；
6) 排水系统（包括生活污、废水系统）。

技术人员首先应了解本工程设计的系统有哪些，下面我们分系统阅读相关要求。

1) 生活给水系统：

(1) 水源：甲方提供市政管网压力为 0.30MPa，接入管径为 DN150，本建筑日用水量为 $31 m^3$。

(2) 给水系统：室内冷水竖向分 2 个区。1 区为地下 1 层至地上 6 层，由市政水压接管供水；2 区为 7~12 层，由无负压管网自动增压给水设备供水，各区给水均为下行上给。

(3) 开水供应：本建筑 2~11 层办公区每层各设 1 台 CSB-9 型（$N=9kW$）电开水器供应开水。

应首先对给水系统水源情况进行了解，水源不同，水压不同，供水方式不同，系统形式亦不同，因此应先了解水源及市政管网水压，然后判断是否采取分区供水，确定分区供水楼层范围。对于公共建筑及办公楼等建筑，还应考虑开水制备及供应方式。

2) 消火栓系统

(1) 消火栓系统用水量：室内 20L/s，室外 20L/s，火灾延续时间 2h，充实水柱 10m。

(2) 室外消防用水由设在室外给水环网上的地下式消火栓提供，室内消火栓采用临时高压系统，竖向不分区，系统由屋面水箱、消防贮水池、消火栓加压泵、室外消防水泵接合器组成（2 组）。

(3) 火灾时除由屋顶水箱满足初期用水量外，可由箱内按钮启动加压泵向系统供水，还可由消防车通过水泵接合器向管网供水。

(4) 消火栓设备：单栓消火栓箱内设 SN65mm 消火栓，DN65mm 衬胶水龙带，长 25m，水枪喷嘴 19mm，以及消防按钮和指示灯各 1 个，且配有自救卷盘，栓口 SN25mm，胶管直径 25mm，长 30m，水枪直径 9mm，消火栓栓口处的动压超过 0.5MPa 的楼层（地下 1 层~地上 5 层），采用减压稳压消火栓。

(5) 消火栓加压泵控制：各层消火栓箱消防按钮可启动室内消火栓给水泵，消防中心及水泵房也可启停水泵。

(6) 消防水池及屋顶消防水箱设液位信号器，信号反馈至消控室。

不同类型建筑消防水系统用水量相差较大，本实例中首先根据《高层民用建筑设计防火规范（2005 年版）》GB 50045‑95 确定了室内外消防用水量为 20L/s，此流量通过防火规范查表确定，但值得注意的是 2014 年出版了《消防给水及消火栓系统技术规范》GB 50974‑2014，对于 2014 年 10 月后进行设计的工程，消火栓用水量应按新规范执行，本范例设计时间较早，执行的规范标准仍然是《高层民用建筑设计防火规范（2005 年版）》GB 50045‑95，消防水泵应由水泵出水干管上设置的低压压力开关、高位消防水箱出水管上的流量开关或报警阀压力开关等信号直接自动启动消防水泵。消防水泵房内的压力开关宜引入控制柜内，注意本实例中消防按钮主要用途不再是启动消防水泵，对于临时高压消防给水系统的定义是能自动启动消防水泵，因此消火栓箱报警按钮启动消防水泵的必要性降低，另外消火栓箱报警按钮启泵投资大；目前我国居住小区、工厂企业等消防水泵是向多栋建筑给水，消火栓箱报警按钮的报警系统经常因弱电信号的损耗而影响系统的可靠性。

3) 自动喷水灭火系统

(1) 设置范围：室内除卫生间、配电间等不易用水扑救的部位外，均设有自动喷水灭火系统。

(2) 设计参数：按中危险级（I 级）确定，喷水强度 6L/（min·m²），作用面积 160m²，设计流量 21L/s，火灾延续时间 1h，最不利点喷头工作压力 0.1MPa。

（3）湿式报警阀置于地下 1 层水泵房内，选用 ZSZ150 型报警阀（1 套，其控制喷头数为 786 个），ZSJY-10 型压力开关，ZSJZ100 水流指示器。

（4）喷头布置：地下室无吊顶的场所采用 ZSTZ15/68 直立型喷头；地上 1～12 层设有吊顶的场所采用 ZSTD15A/68 吊顶型喷头。

（5）系统末端设压力表及放水阀，最不利点设末端试水装置。

自动喷水灭火系统首先应根据《自动喷水灭火系统设计规范（2005 年版）》GB 50084—2001 确定设计范围、设计参数、喷头类型，对于本高层建筑火灾危险等级中危险等级 I 级，很多带地下车库的高层建筑车库危险级为中危险等级 II 级，对应的喷水强度会发生变化，由喷水强度 6L/（min·m²）变为喷水强度 8L/（min·m²），对应的流量由 21L/s，变为 28L/s，对选消防喷淋泵有影响，阅读时应注意不同部位的火灾危险等级。

4）气溶胶灭火系统

（1）地下 1 层配电室设有 AS600S 型气溶胶无管网灭火系统。2 台落地式 AS600/25kg。

（2）设计参数：灭火设计密度 130g/m³，浸渍时间 10min。

配电室不能直接用水灭火，一般采取气体灭火系统如气溶胶灭火系统、七氟丙烷灭火系统等。

5）移动式灭火器配置

本建筑各层均配置磷酸铵盐干粉灭火器，其设计参数如下：地下 1 层至地上 11 层按 A 类火灾，中危险级配置，最大保护面积 75m²/A，灭火器最小配置级别 2A；12 层会议室按 A 类火灾，严重危险级配置，最大保护面积 50m²/A，灭火器最小配置级别 3A。严重危险级配置 MF/ABC5，中危险级配置 MF/ABC4，具体数量及位置见图，灭火器应加强管理，定期检查换药。

移动式灭火器配置应注意火灾种类、危险等级及其他灭火系统设置情况经计算确定，注意布置时灭火器最大保护距离要求。

6）排水系统

（1）采用污水、废水合流制排水系统，生活污、废水均为重力排水，采用设有伸顶通气管的单立管排水系统，底层单独排出。

（2）污废水排至室外经管道汇至化粪池，简单处理后排入市政污水管。

（3）地下 1 层集水坑及消防电梯底部集水坑，采用潜污泵排出。

（4）雨水系统：采用有组织的内排水系统，屋面雨水由 87 型雨水斗收集后经雨水管道下排至室外散水或室外雨水检查井。

高层建筑底层排水一般与上层分开排，主要原因是要满足排水横支管与干管垂直间距要求困难，单独排水容易满足，具体将在后面排水系统图中加以分析。雨水系统高层建筑采用内排容易对管道维修，且北方寒冷地区可防止气温较低时发生管道结冰现象。

7）人防地下室给排水

（1）基本设计参数：生活用水 4L/（人·d），储水时间 7d，生活饮用水 3L/（人·d），储水时间 15d。

（2）该建筑地下 1 层平时为自行车库，战时为甲 6 级人防，二等人员掩蔽所，掩蔽人数约为 440 人，战时饮用水 19.8m³，生活用水 12.4m³，洗消用水 2m³。

（3）人防设有 2 台战时安装装配式水箱，其中一台为战时饮用水箱 19.8m³（4000×2500×2500），另一台为战时生活水箱 14.4m³（2500×3000×2500），由战时生活泵及手摇泵供生活及洗消用水。

（4）染毒水池污水采用手摇泵排出室外。

《人民防空工程设计规范》GB 50225—2005，对防护等级及用水情况作了相应规定，根据用水定额及人数可确定相应用水量及出水设备容量。排水系统考虑战时采用手摇泵排出室外。

施工说明：

1）总则

（1）图中尺寸单位：标高以米计，其余均以毫米计。

（2）图中管线设计标高：排水管为指内底，其他均以管中心计。

2）管材及接口

（1）水泵房内生活水箱、消防水池进水管及生活水泵吸水管、压水主干管均采用内外热镀锌钢管，丝扣连接。生活供水管采用铝合金衬塑复合管（内层为无规共聚聚丙烯 PP－R），热熔连接；公称压力 PN=1.25MPa。

（2）消火栓系统采用焊接钢管，焊接连接；自动喷水系统管道采用内外热镀锌钢管，管径小于等于 $DN100$ 者采用丝扣连接，大于 $DN100$ 者采用沟槽式卡箍连接。

（3）排水管采用机制柔性抗震铸铁管，A 型柔性接口。雨水管采用焊接钢管，焊接。

（4）所有潜污泵排水管、人防通气管均采用焊接钢管，焊接连接。

（5）人防给水管采用内外热镀锌钢管，丝扣连接，公称压力 1.0MPa。人防埋地排水管采用机制排水铸铁管，承插口连接。

高层建筑生活给水系统高区一般加压供水，考虑立管与支管间应力影响，一般干管、立管均采用金属类管材。压力排水系统采用承压金属管道，且应作好防腐，人防给水管道穿越防护区时均为热镀锌干管，且应注意密闭阀门设置。

3）阀门

（1）给水管道上阀门管径小于等于 $DN40$ 时采用球阀（Q11F-10T），大于等于 $DN50$ 时采用闸阀（Z15T-16T）；水龙头均采用铜质陶瓷磨片水龙头。

（2）消火栓管道上的阀门均采用对夹式橡胶密封蝶阀，阀门公称压力 1.6MPa。阀门及需拆卸处采用法兰连接。

（3）潜污泵出水管道上阀门采用 Z44T-10C 型。阀门公称压力 1.0MPa。

（4）自喷管道水流指示器前采用 WBXE 型消防信号控制阀。

阀门选择应考虑其用途、是否开启方便、使用寿命，一般采用铜质阀门或不锈钢材质阀门，且公称压力满足管网压力要求。

4）卫生设备及附件

（1）地漏及清扫口均采用铸铜镀铬面板，地漏应采用无水封地漏，下设存水弯，地漏表面应低于该处地面 5～10mm。

（2）所有卫生设备及五金配件均要求采用节水型，带水箱大便器采用 3L、6L 两档冲洗阀，变径处用异径管零件（丝接时），卫生设备定位详见卫生间大样图。

（3）卫生设备及配件选型，具体型号、尺寸、配件形式由建设单位根据实际情况、尺寸、标准进行确定，确定其选型及配件后方可定货，施工单位方可进行现场预留板洞及安装。

（4）所有泵房内、水箱间等与设备进、出口连接的管道，采用法兰连接。

地漏及清扫口均采用铸铜镀铬面板较美观、地漏采用无水封地漏，下设存水弯，防臭气进入室内，卫生器具选择应由建设单位根据实际情况确定标准，确定其选型及配件后方可定货，施工单位方可进行现场预留板洞及安装，一般卫生器具由装修施工单位负责安装，前期建安公司主要是留孔洞及管道（干管、立管、部分支管安装）。

5）管道敷设

（1）卫生间内给水支管嵌墙暗装还是明装由建设单位根据墙体现场确定；生活污水伸顶通气管距屋面高度：上人屋面 2.0m，不上人屋面 0.7m；立管检查口距地坪 1.0m。

（2）所有管道穿钢筋混凝土墙及结构梁时应预埋钢套管，管道穿水池池壁处设柔性防水套管，给水管、消火栓管道穿楼板应带止水环的专用套管，排水管穿楼板预埋留洞，管道穿屋面应预埋刚性防水套管。套管应高出地面、屋面 50~100mm，并采用严格的防水措施。

（3）所有穿越人防墙、板的管道均在穿墙、板时加一刚性防水套管，进入工事后，加一抗压不小于 1.0MPa 铜材质阀芯闸阀，阀门要有明显的启闭标记，人防维护结构内侧距离阀门的近端面不宜大于 200mm。手摇泵、装配式给水箱平时备料，预埋管道与支架，战时安装。手摇泵安装高度中心距地坪 1.2m。

卫生间内给水支管嵌墙暗装还是明装由建设单位根据现场确定，主要考虑不同楼层建设单位装修标准可能不同，因此建设单位根据实际情况确定管道敷设方式；生活污水伸顶通气管距屋面高度：上人屋面 2.0m，不上人屋面 0.7m；立管检查口距地坪 1.0m，注意上人屋面通气管口要在活动区以上，距屋面不小于 2.0m。另外读图时注意施工套管埋设要求及人防系统规范中对阀门设置要求。

6）管道支吊托架、固定件

（1）支吊托架，固定件的设置应符合《建筑给水排水及采暖工程施工质量验收规范》GB 50242—2002 的规定。

（2）立管在每层及立管底部，横管在变径及接口处应设固定件。

管道支吊托架固定件部分要考虑支吊架间距、设置位置要求，施工时查阅施工质量验收规范，按规范要求施工。

7）防腐及油漆

（1）在涂刷底漆前，应清除表面的灰尘、污垢、锈斑、焊渣等物，涂刷油漆应厚度均匀，不得有脱皮、起泡、流淌和漏涂现象。

（2）内外热镀锌钢管外壁刷银粉漆 2 道；焊接钢管外壁均先除锈后，以樟丹打底漆，再刷银粉漆 2 道；地沟内的金属管道均刷 C2 厚浆型加强防腐环氧煤沥青漆，具体做法由防腐涂料的生产厂家负责提供；管道支架、吊架除锈后，樟丹打底漆再均刷银粉漆 1 道。

（3）管道施工完成后应涂不同颜色加以区分，各种管道颜色由施工单位确定，并作好记录以便日后维护管理。

防腐及油漆部分要注意防腐做法，油漆种类及涂刷遍数，管道面漆颜色区分，便于后期物业管理部门介入后能正确区分，便于维护管理。

8）管道坡度及水压试验

（1）给水管道坡度：0.002 坡向用水点。自动喷洒系统坡度：0.003 坡向配水立管。

排水管安装坡度：支管坡度均为 0.026，横干管坡度：DN50，$i=0.025$；DN75，$i=0.015$；DN100，$i=0.012$；DN150，$i=0.007$。

（2）给水系统：1 区供水主干管试验压力 0.6MPa；2 区供水主干管试验压力 1.02MPa；各区配水立管、水平干管及支管试验压力 0.6MPa。10min 内压降不超过 0.05MPa 为合格。

（3）消火栓系统：管道安装完备后应按管道安装及验收规范进行试压，试验压力：1.14MPa，达到试验压力后，稳压 30min 无渗漏为合格。

（4）自喷系统：系统安装完备后管道要做压力试验，试验压力：1.40MPa，除此之外，系统应进行全面试运行。其内部应包括水泵、湿式报警阀、水力警铃、压力开关及阀门开关信号等，并经当地公安消防部门检验合格后方可交付使用。

（5）雨水管和排水管做灌水试验。

管道坡度设置主要考虑检修时泄水及排气要求，水压试验及雨水管和排水管做灌水试验按施工验收规范要求执行，学生应学会查阅《建筑给水排水及采暖工程施工质量验收规范》GB 50242—2002。

9）设备及管道的防振和隔声

（1）水泵进出水管、泵基座及泵房管道吊架、支架的防振和隔声做法按厂家提供的样本安装图施工，生活供水设备底座与基础间应设减振器。

（2）管道穿过墙和楼板时，在套管与管道之间填塞岩棉，使它们隔离；所有管道的管卡衬橡胶垫，管道吊架（给水、排水）采用弹性吊架。

设备及管道的防振和隔声应注意施工方法。

10）管道冲洗及消毒

（1）给水管道在系统运行前须用水冲洗和消毒，要求以不小于 1.5m/s 的流速进行冲洗，并符合《建筑给水排水及采暖工程施工质量验收规范》GB 50242—2002 中第 4.2.3 条的规定。

（2）雨水管和排水管冲洗以管道畅通为合格。

管道冲洗及消毒：管道施工要保证供水卫生，必须进行冲洗及消毒，方法按《建筑给水排水及采暖工程施工质量验收规范》GB 50242—2002 执行，学生在识图期间应加强施工验收规范的学习。

8.2.2 主要设备材料表及图例

1. 主要设备材料表

主要设备材料表表述内容在前面章节已作过介绍了，下面就表中备用与库存的区别作一介绍。

知识拓展：备用与库存的区别。

因为在实际运行当中，水泵的故障率比较高，同时各消防系统的水泵平时开启机会较少，导致水泵的故障难于被发现；平时淹没于水中的潜水泵，正常损耗较严重，故障多发。而在很多重要的建筑物，特别是各类高层建筑当中，各系统中的水泵扮演了非常重要的角色，没有了水泵的运作，整个系统就等于人体失去了心脏。所以建筑给水排水系统中一般都要求会设置备用水泵和库存水泵，增加各系统的运行可靠性。在建筑重要位置（如消防泵、消防电梯集水坑）一般采用一用一备方式，在非重要部位（如地下停车场集水坑）一般采用一用一库存方式。

备用：作为备用的水泵正常连接在系统当中，并设置阀门等器件保证其运行和不运行时整个系统的稳定。在常用的水泵发生故障的时候，备用水泵通过电控装置自动切换投入运行。常用水泵和备用水泵并没有严格的区分，为控制设备损耗，一般会采用定期、定时方式轮换运行。

库存：作为库存的水泵平时并未被安装到系统当中，而是作为备件保存在仓库里，在工作水泵出现故障时候，作为应急备件进行紧急更换。

2. 图例

给水排水工程的图例一般都比较形象和简单，本教材所提供的某综合楼给水排水工程施工图亦然，不过初学者还是会觉得陌生，需要进行一段时间的强行记忆，但是在联系实物形状后，就能融会贯通，遇见陌生的图例时也能进行推测，迅速接受。例如：给水管道是在粗实线中缀以字母"J"，即为"给"的汉语拼音的辅音字母；蹲便器的图例就是一幅蹲便器的简略平面图。详见水施-03。

图 例

序号	名　称	图　例	序号	名　称	图　例
1	市政给水管	—— J ——	19	压力表	
2	生活加压给水管	—— J1 ——	20	闭式喷头	
3	生活污水管	—— W ——	21	末端试水阀	
4	压力污水管	—— YW ——	22	排水阀	
5	压力废水管	—— YF ——	23	闸阀	
6	废水管	—— F ——	24	止回阀	
7	雨水管	—— Y ——	25	磷酸铵盐干粉灭火器	
8	室内消火栓加压给水管	—— XH ——	26	Y 形伸缩过滤器	
9	自动喷水管	—— ZP ——	27	通气帽	
10	室内水泵接合器		28	洗手盆	
11	室内消火栓		29	坐式大便器	
12	湿式报警阀		30	蹲式大便器	
13	泄压持压阀		31	小便器	
14	信号蝶阀		32	管堵	
15	水流指示器		33	清扫口	
16	立管检查口		34	地漏	
17	蝶阀		35	拖布池	
18	遥控浮球阀				

8.2.3　生活给水系统施工图识图

建筑生活给水系统的任务，就是经济合理地将水由室外给水管网输送到设置在室内的各用水点，满足用户对水质、水量和水压等方面的要求，保证用水安全可靠。建筑给水排水工程中，生活给水系统最为常见，可以说几乎每幢建筑物内都会有生活给水系统的存在。我们通过本节的学习，掌握生活给水系统的识图方法，锻炼识图能力，学习一些生活给水系统的基本知识。

1. 生活给水系统施工图识图准备

我们从某综合楼整体情况开始分析，掌握整个建筑的特点，然后熟读设计说明中的相关叙述，做好生活给水系统的识图准备。

本楼位于××市，地下1层，地上12层，地上1～11层为办公室，12层为会议室，建筑高度49.800m，属二类高层办公楼。

本楼处于城市，采用城市市政给水管网作为取水点；楼层高，要求生活给水系统必须具有足够的给水压力，才能使水到达建筑屋顶层，同时为了各用水点压力均衡和防备市政管网水压不够，生活给水系统分为高、低两个区，同时还相应配套设置了地下无负压增压设备。

2. 生活给水系统的识读

我们做好上述识图准备之后，开始从某综合楼给水排水工程施工图的生活给水系统图开始阅读。在阅读此系统图的时候，我们采用先简后繁的顺序来逐步阅读，并随时在相关的平面图上印证。

1）管道夹层水施-7内容的识图

（1）从室外给水管网（水源来自市政自来水管网）接入2根管道，从⑤轴线右侧引入，一根DN50管道通过J1直接引入人防地下室人防给水水箱，另一根DN100管道通过J2引入后接入防地下室泵房，JL-0′为消防水池与无负压增压设备供水，同时也为低区卫生间提供水，通过干管接至JL-1，注意：此时水管的标高－1.5m是相对于楼内1层的楼面标高±0.00m，并非处于室外地坪下1.5m处，管道间距400mm，保证敷设安装要求。

（2）有两条雨水排水管 YL-a 及 YL-b 经排水干管排至室外。

2）地下室水泵间平面布置图水施-6

图8-6（参照水施-6）中JL-0′为消防水池与无负压增压设备供水，DN100管道经液位控制阀管道进入消防水池，DN50管道接至无负压增压设备，经增压后DN80出水管接至JL1-0。注意无负压增压设备在泵房内的定位尺寸，泵房内还设有消火栓泵2台（一用一备），自喷系统水泵2台（一用一备），注意各设备平面定位关系及管道走向关系，另外注意消防水池池壁预埋防水套管。

知识拓展：为何消防水池池壁不得凿洞？

因为混凝土构件一次浇筑成型时，其防水性能最好，如果在已经凝固成型的混凝土构件上重新开凿，再二次浇筑填补或填缝，其防水性能会大大下降。一次浇筑和二次浇筑的结合部位，哪怕只有一条肉眼都无法察觉的缝隙，都会导致水渗漏过来。所以在管道穿越建筑物的楼、墙等处时，都要预埋套管，其主要目的就是为了防水，而且都要求预埋，也就是把套管和翼环于混凝土中一次浇筑，而不是后期再行开凿和安装。

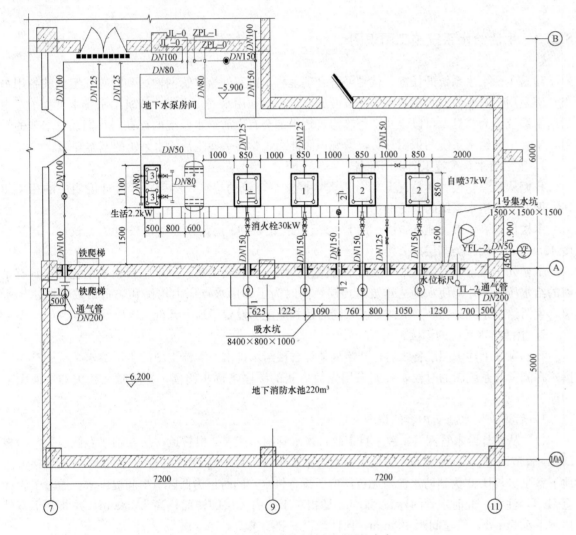

图 8-6　生活给水系统图在地下层的内容

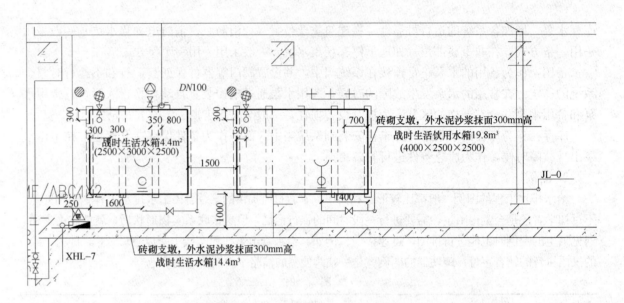

图 8-7　人防地下室水箱间平面布置图

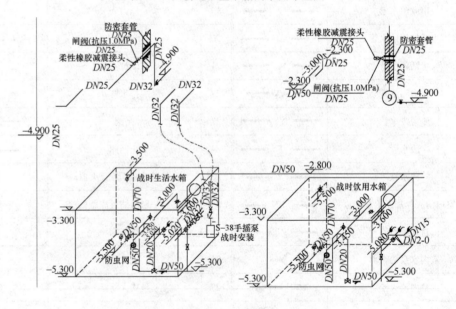

图 8-8　人防地下室水箱接管系统图

3. 生活给水系统在地下1层内容识图

如图 8-7 所示，通过观察地下 1 层人防地下室设备间布置战术生活水箱 2.5m×3.0m×2.5m，有效容积 14.4m³，生活饮用水箱 4.0m×2.5m×2.5m，有效容积 19.8m³，给水通过 JL-0 经水平干管接至水箱提供水源，水箱与⑤轴墙面间距 1m，两水箱间距 1.5m。

4.1 层给水排水、消火栓平面图生活给水系统识读

通过水施-8 观察，无生活用水设备，只有给水立管 JL-1、JL-0 通过。消防管道及排水管道排水系统再作讲解。

5.2 层给水排水、消火栓平面图生活给水系统识读

如图 8-9 所示，通过（参照水施-10）观察在女卫生间拖布池旁设有 JL-1 给水立管上接出水平干管至卫生间卫生器具及电热开水器，结合图 8-10（参照水施-18），2 层给水接向大便器、小便器横干管管径 DN50，标高 7.30m，遇到无障碍卫生间坐便器时标高降为 3.55m，过了坐便器再调整为 4.500m，接蹲便器冲洗管，在水平横支管接小便器将标高调整为 4.60m，接拖布

池给水横支管标高为 7.150m，管径为 DN15，在拖布池处管道标高降为 4.30m，接拖布池水龙头。

6.3～12 层给水排水、消火栓平面图生活给水系统识读

如图 8-11 所示，通过观察（参照水施-11、水施-12、水施-13、水施-14、水施-15）发现公共卫生间平面图与 2 层公共卫生间布置的区别主要是少了无障碍卫生间坐便器，其他均相同，如图 8-12 所示，观察（参照水施-18）给水系统大样，发现相同接管形式标注标高时用 h＋管道距地高度表示，如 h＋3.40，表示管道距楼层地面高度 3.40m，此种标注简单直观，不易算错标高，工程图大多采用此种标注方法。另外在 3 层顶标高为 11.00m（给水系统图查阅）处自 JL-1 引

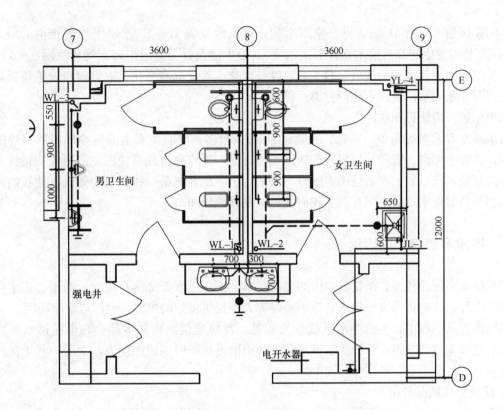

图 8-9 二层公共卫生间给水排水平面图

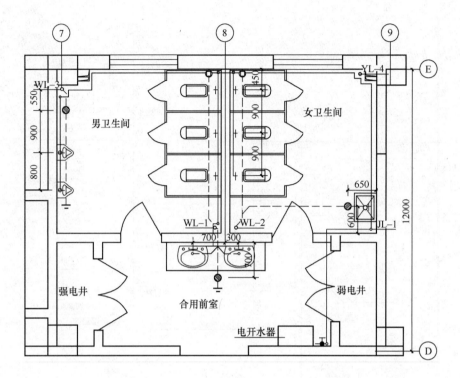

图 8-11 3~12 层公共卫生间给水排水平面图

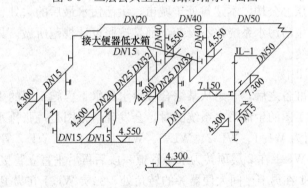

图 8-10 二次公共卫生间给水系统图

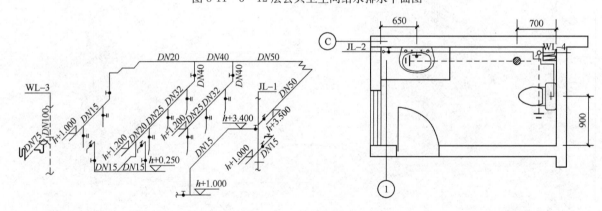

图 8-12 3~12 层公共卫生间给水系统接管图　　　图 8-13 3~12 层办公室卫生间给水排水平面图

出水平干管接至①-②轴线处办公室自带小卫生间内，接 JL-2 立管，如图 8-13 所示。

如图 8-14 所示，3~12 层办公室卫生间 JL－2 立管水平引出支管接台式洗脸盆及坐便器冲洗水箱，水平横支管应装设截止阀以方便检修，接洗脸盆及坐便器支管装设角阀，横支管距地高度 0.25m；

知识拓展：立管定位。

给水排水专业设计图纸中，立管的定位有两种形式，一是给水排水专业或结构专业设计师绘制详细的平面留洞图，在结构施工的时候，按照图纸尺寸一次性预留、预埋到位；二是在平面图上绘制出示意位置，由安装施工单位根据现场情况，翻阅相应标准图集，自行组织与结构施工单位的配合，进行预留、预埋。这两种方式各有利弊。

前面我们对各层给水系统作了介绍，现在我们看给水系统全貌，如图 8-15 所示，注意引入管引入室内时标高－1.50m，室外标高－0.30m，此时引入管在室外地坪下 1.2m，在冻土层以下，引入夹层后管道标高变为－0.70m，经水平干管接至立管 JL-1，向上接至 2 层公共卫生间，JL-1 在 3 层顶引一水平干管（DN32）接至办公室卫生间 JL-2，由 JL-2 向 3~6 层办公室生活给水系统设备供水，在夹层另一干管接至立管 JL-0，引至人防地下室水泵房接消防水池及无负压增压设备，经过增压后水平干管（DN80）经立管 JL1-0 引至 7 层顶部，分 3 路分别接屋顶消防水箱间消防水箱（管径 DN50）、公

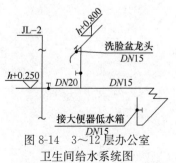

图 8-14 3~12 层办公室
卫生间给水系统图

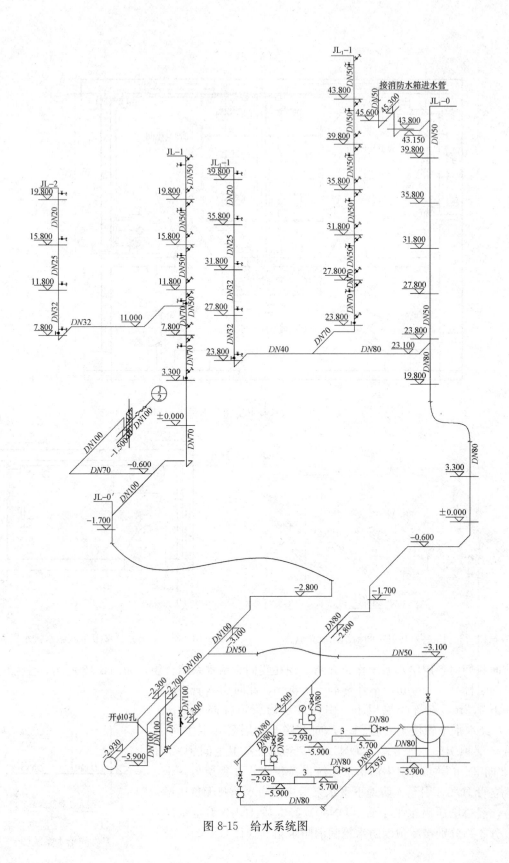

图 8-15　给水系统图

共卫生间高区给水立管 JL1-1、办公室卫生间高区给水立管 JL1-2，水平干管管径由 DN80 变为 DN40 接办公室卫生间高区给水立管 JL1-2，公共卫生间及办公室卫生间支管接法同 3～6 层。看给水系统图应注意管道投影前后左右关系，管径变化、管道标高变化、立管阀门设置情况，立管阀门平面图无法表示，应注意阀门种类及位置。

知识拓展：简化识图法。

给水排水专业系统图中，平行、垂直、45°线条繁多，空间关系上前后叠影但不相连的管道也很多，再加上标高、管径、楼层线等辅助线条林立，最容易造成系统图识图中的找错线条、并错管道的现象，所以我们在系统图识图时可以采用删除或者遮蔽一些管道的做法，使我们希望看清楚的部分凸显出来，会更加有利于我们准确、清晰地识图。

8.2.4　排水系统施工图识读

建筑排水系统的任务，就是将室内的生活污水、工业废水及降落在屋面上的雨、雪水用最经济合理的管径、走向排到室外排水管道中去，为人们提供良好的生活、生产与学习环境。

建筑给排水工程中，生活排水系统也很常见，每幢建筑物内基本都会有生活排水系统的存在。我们通过本节的学习，掌握生活排水系统的识图方法，锻炼识图能力，学习一些生活排水系统的基本知识。

1. 建筑整体情况分析

本楼位于××市，地下 1 层，地上 12 层，地上 1～11 层为办公室，12 层为会议室，建筑高度 49.800m，属二类高层办公楼。本建筑处于城市，生活污水最后的去处就是市政污水管网。我们可以看出本楼楼内的生活污水系统并不复杂，都是按照设计规范所做。具有基本识图能力就能识读本图的生活污水系统。

2. 污水排水系统图识读

我们做好上述识图准备之后，开始从某综合楼给水排水工程施工图的生活污水系统图开始阅读。当我们最初浏览施工图的生活污水系统图时，会发现这张图是一张排水系统干管系统图，共有 4 根排水立管，分别为 WL-1、WL-2、WL-3、WL-4，WL-1、WL-2 管径为 DN150，WL-3、WL-4 管径为 DN100。WL-1 在 2 层顶转为水平管道一段后再沿垂直立管接下至管道夹层地沟内，主要是 3 层及以上 WL-1 在男卫生间大便器旁的转角处，二层 WL-1 在男卫生间小便器旁转角处，立管位置发生变化，原因主要为 1 层为车库，立管 WL-1 无法从中间穿过，故更改位置，另外 2 层卫生间水平排水支管接 1 层对应 WL-1 时要注意水平横支管与 2 层以上排水管道间距应满足《建筑给水排水设计规范（2009 年版）》GB 50015-2003 中水平距离不得小于 1.5m 的要求。WL-2 立管接法同 WL-1，读图时应注意管道位置的变化。污水立管 WL-4 在管道夹层地沟内经水平干管排至室外污水检查井 1，注意地沟内排水干管管径比排水立管管径大一号，立管管径为 DN100，干管管径为 DN150，WL-1、WL-3 在夹层地沟内汇合排出室外，接至污水检查井 2，同样注意立管管径与管沟内排水干管管径的变化，WL-2 在管道夹层地沟内经水平干管排至室外污水检查井 3，排水系统看图时应注意水平横支管，排水干管标高，排出管口标高，另外应注意排水系统检查口，清扫口的设置，通气管管径大小，通气帽管口标高设置要求。

我们回顾设计说明关于设计范围的内容，印证平面、系统图上的内容，看出排水管道出墙后接入检查井即结束。实际上排水管道还会继续从检查井流向化粪池,最后排入城市污水管网中。该部分内容一般在"室外给水排水管道平面图"中表示。

知识拓展:

1)化粪池是一种小型污水处理构筑物,是具有生活功能的建筑物不可或缺的附属构筑物,其主要功能是将粪便等污物进行沉淀、降解后,将位于残渣上层的上清液排入市政污水管网,以免污染整个城市的污水排放地;同时化粪池还配有活动井盖,便于对池内残渣进行定期清掏。

2)检查井是一种小型污水构筑物,和化粪池一样,是具有生活功能的建筑物不可或缺的附属构筑物,其主要功能是将过长的室外排水管道断开,可以检查和清理排水管道,并为室外排水管道的转折提供技术手段。

3)系统图与原理图的区别

有些图纸绘制排水系统图表示,有些以原理图表示,到底有何区别,下面进行分析。

系统图:较为严格地按照轴测图的绘图原理绘制,主要突出空间内各个方向的线条的相互关系,立体感较强。

原理图:以突出系统原理和构成为原则,各线条的空间还原性较差,不利于构建整体的立体感,但是清晰易懂。

3. 卫生间排水系统图识读

如图 8-16 所示,2 层公共卫生间给水排水平面图中 WL-1、WL-2 位置在男女卫生间厕所蹲位墙角转角处,男卫生间大便器排水横支管与 WL-1 立管相接,盥洗间洗手盆排水支管也接在 WL-1 立管上,在坐便器端头地面设清扫口,女卫生间大便器排水横支管与 WL-2 立管相接,女卫生间设拖布池一个,拖布池排水横支管与大便器排水横支管相接,接于 WL-2 前排水横支管

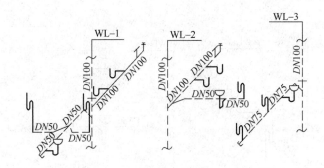

图 8-17 2 层公共卫生间排水系统

上,拖布池旁设排水地漏。男卫生间小便器排水横支管接 WL-3,小便器附近设地漏。通过 2 层公共卫生间排水系统图可以看出,排水横支管均在下一层顶部,卫生器具排水均设置存水弯,以便隔绝臭气进入室内,凡遇到大便器排水管道直径 DN100,遇到小便器排水横支管管径 DN75,拖布池及洗脸盆下排水横支管管径为 DN50。

如图 8-18 所示,3 层与 2 层公共卫生间给水排水平面图基本相同,不同之处是 2 层设有残疾人坐便器,3 层没有残疾人坐便器。排水系统图坐便器自带存水弯,不再绘制存水弯,蹲式大便器下设 P 形存水弯。排水管道管径及接管方式同 2 层排水系统图(图 8-19)。

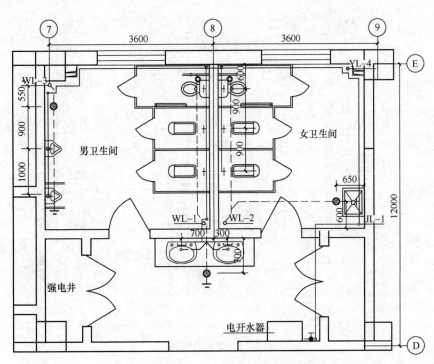

图 8-16 2 层公共卫生间给排水平面图

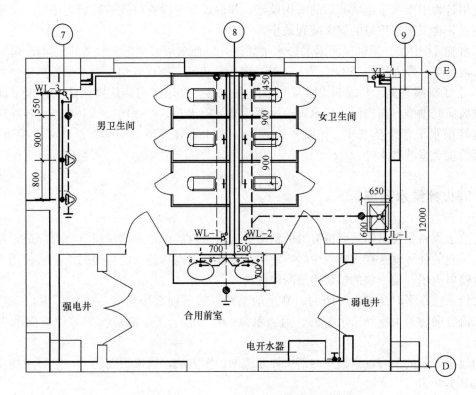

图 8-18 3~12 层公共卫生间给水排水平面图

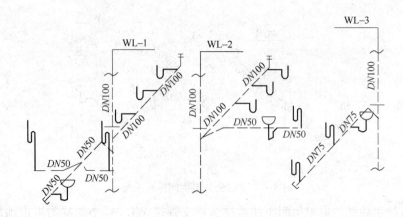

图 8-19　3～12 层公共卫生间排水系统图

8.2.5　雨水系统

因雨水的腐蚀性、排水时雨水管因空置与空气接触，管道的使用寿命多小于建筑物的设计使用年限，因此需选用抗腐蚀性较好的材质，管道布置时应考虑管道维修及更换的需要。另外，尚需考虑使用过程中雨水管道堵塞后的清掏设施，如设置立管检查口或三通加盲堵等，设置的位置应兼顾美观并将发生水患时的损失减到最小。

根据水施-17 中③～⑩轴屋面雨水排水平面图，屋面单坡坡向ⓔ轴线方向檐沟，雨水进入檐沟后流入雨水斗，经 YL-2、YL-3、YL-4 经过各层流入地下夹层管沟经雨水干管排至室外，根据水施-16，在①轴线右侧①～③轴线间及⑪轴线左侧⑨～⑪轴线间，从屋面雨水排水平面图看出屋面单坡坡向ⓔ轴线方向檐沟，雨水进入檐沟后流入雨水斗，经 YL-1、YL-5 经过各层流入地下夹层管沟经雨水干管排至室外。如图 8-20 所示，雨水立管管径 DN100，总共有 5 根雨水立管，经穿墙套管接至室外散水外。

8.2.6　消火栓给水系统

消防给水设备是建筑物最经济有效的消防设施；室内消火栓系统是建筑物内部最常见的消防给水设施，它的任务就是在火灾发生时将室内消火栓管网内具备一定压力的水，通过消火栓、水带、水枪喷射火场，使一般的燃烧物质降温灭火。

消火栓系统在平时是一个封闭的、静止的系统，管网内部维持着一定的压力，一旦火警发生，其水流方向将是由室外给水管网、消防水泵、水泵接合器、高位水箱等处流向消火栓的终端：水枪。

我们通过本节的学习，掌握室内消火栓系统的识图方法，锻炼识图能力，学习一些室内消火栓系统的基本知识。

室内消火栓系统设计说明见水施-1 的第一张图，本工程消火栓给水系统基本情况如下：

1) 大楼属二类高层公共建筑，室内消火栓用水量为 20L/s，室外消防水量为 20L/s；室内外消防火灾延续时间为 2h。

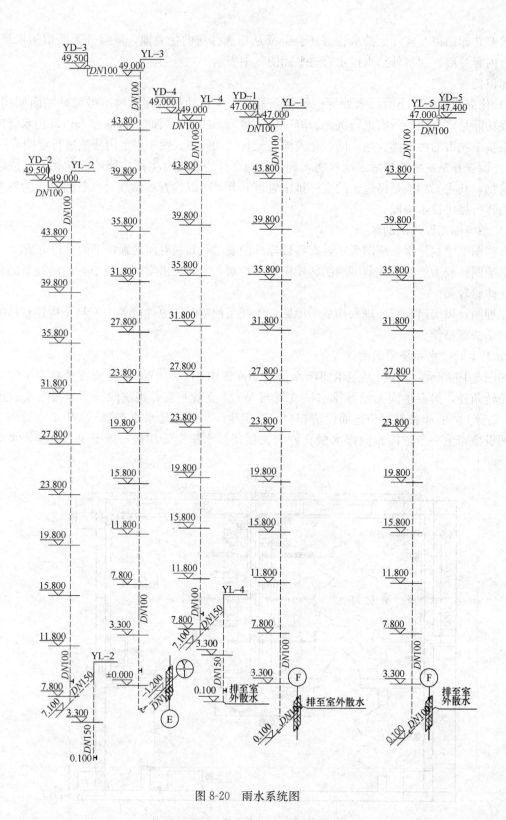

图 8-20　雨水系统图

108

2）地下1层设有专用消防水池及消防水泵房。消防水池有效容积为220m³，其中消火栓用水144m³，喷淋用水100.8m³。

（1）"二类高层建筑"、"室内外消火栓用水量"和"火灾延续时间"的数据，都是在《高层民用建筑设计防火规范（2005年版）》当中查询出来的内容，是设计重要依据。

（2）消防水池有效容积中，消火栓用水144m³，这是依据规范数据计算出来的。

（3）室内消防管网不分区，这与生活给水系统是不同的，这里没有分区。消防管网布置成环状，也是规范所要求的。环状管网内的水流可以朝两个方向流动，可以保证每个点可以从两个方向获得水源。

知识拓展：消防水池中水量的计算。

查规范得：室内消火栓用水量为20L/s，室内消防火灾延续时间为2h。按下式进行计算：

$$20L/s \times 3600s \times 2 \div 1000L/m^3 = 144m^3。$$

生活给水系统和消防给水系统有别于上一节学习过的生活污水系统，都属于给水系统的范畴，所以我们援引生活给水系统的识图方法和顺序来对室内消火栓系统进行识读。

我们做好上述识图准备之后，开始从某综合楼给排水工程施工图的消火栓给水管道系统图（水施-20）开始阅读。在阅读此系统图的时，我们采用先简后繁的顺序来逐步阅读。

如图8-21所示，通读（参照水施-20）后，发现本图的右边偏下的地方，有两条来自消防泵房消火栓水泵出水管的DN125消防水管接至水平环状干管，为检修方便，此处水平环状干管设3个蝶阀。此水平干管标高为-3.10m，此水平干管向下引出4根支立管接消火栓XHL-7、XHL-8、XHL-3′、XHL-6′满足人防地下室灭火要求，标高为-3.10m。水平干管向上引出2根支立管XHL-10、XHL-6接1层消火栓，5根主立管XHL-1、XHL-2、XHL-3、XHL-4、XHL-9接向11层顶部水平干管，5根主立管层层接室内消火栓，满足1～12层灭火要求，另外12层设有会议室，考虑到消火栓立管不影响会议室布置，将上部水平干管接在11层顶部、由11层顶部水平干管向上接出支立管XHL-1、XHL-2、XHL-3、XHL-5、XHL-9，整个消防系统地下室成水平环状管网，竖向也连成环状管网满足供水可靠性要求。地下室水平干管向上接立管穿过人防地下室顶板时，人防地下室内侧顶板处加设密闭阀、柔性接头。11层水平环状管道接出立管XHL-0引自屋顶消防水箱间稳压增压装置。消防立管上下及消防干管应设检修阀门，通常设对夹式蝶阀。

水施-4、水施-7、水施-8、水施-10～水施-16各层消防平面图反映了各层消火栓平面布置，注意观察平面所在位置，室内消火栓的布置位置，在消防规范中有很详细的规定和要求，但观其总则，最关键之处在于：要求室内消火栓的布置，要使得室内任意一点都必须有两支水枪喷射的水柱到达。本工程消防平面图消火栓所在位置在此不再赘述。

下面对水施-17屋顶消防水箱间平面图及消防水箱接管系统图进行识读：

消防水箱是为消防给水系统（消火栓系统和自动喷水系统）提供水量和水压的蓄水装置，其水源来自于生活给水系统，本教材提供的图纸中，消防水箱的详细配管都表达在给水系统图中，如图8-22所示，所以我们在此处进行识读。

注：①高水位48.350m，低水位46.350m；

防虫网做法：做孔径φ10，孔距20mm的花管；

外扎18目的不锈钢丝网。

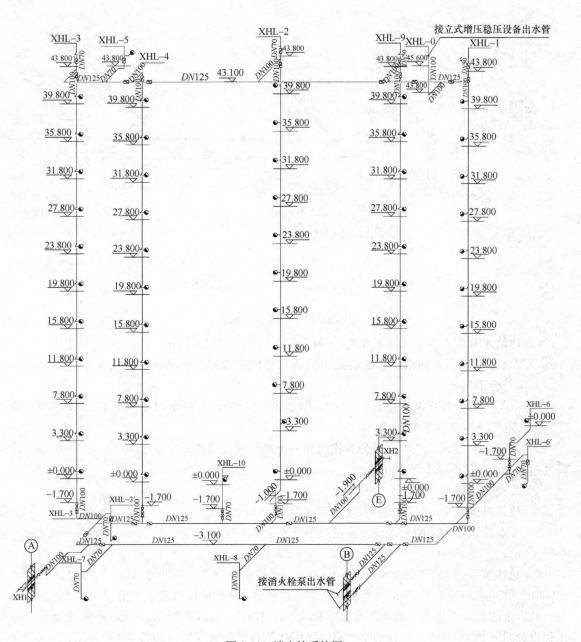

图8-21 消火栓系统图

②立式增压稳压设备（乙）型号：ZW（L）-I-XZ-10；

立式增压稳压水泵启动压力0.36MPa，停泵压力0.42MPa；

配用水泵型号：25LGW3-10X4，N=1.5kW。

我们在屋顶给排水管道平面图（水施-17）中把左边部位剪切出来，得到图8-23。结合图8-22和图8-23，我们可以看出：水箱本体长3.0m，宽2m，高2m；架设在本楼②轴和⑨-⑩轴之间，底部标高46.2m，与⑧轴间距1.3m；与⑩轴间距1.0m；蓄水高度2.15m（48.25m-46.20m），蓄水有效容积12.9m³，大于12m³。

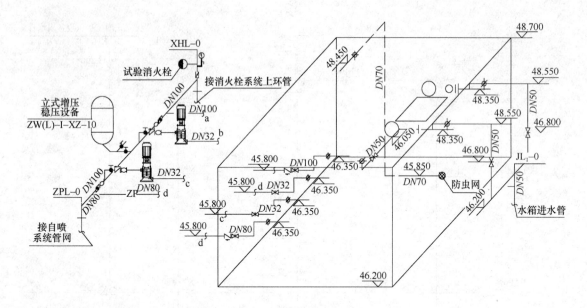

图 8-22 消防水箱系统图

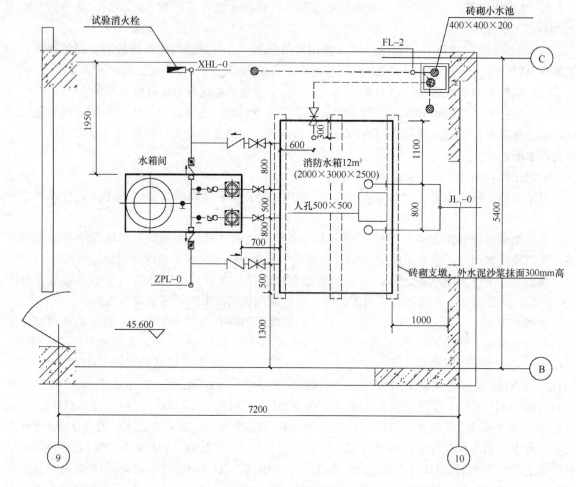

图 8-23 消防水箱平面布置图

《消防给水及消火栓系统技术规范》GB 50974 - 2014 有以下规定:

"5.2.1 临时高压消防给水系统的高位消防水箱的有效容积应满足初期火灾消防用水量的要求,并应符合下列规定:

1 一类高层公共建筑不应小于 36m³,但当建筑高度大于 100m 时不应小于 50m³,当建筑高度大于 150m 时不应小于 100m³;

2 多层公共建筑、二类高层公共建筑和一类高层居住建筑不应小于 18m³,当一类住宅建筑高度超过 100m 时不应小于 36m³;

3 二类高层住宅不应小于 12m³;

4 建筑高度大于 21m 的多层住宅建筑不应小于 6m³;

5 工业建筑室内消防给水设计流量当小于等于 25L/s 时不应小于 12m³,大于 25L/s 时不应小于 18m³;

6 总建筑面积大于 10000m² 且小于 30000m² 的商店建筑不应小于 36m³,总建筑面积大于 30000m² 的商店不应小于 50m³,当与本条第 1 款规定不一致时应取其较大值。"

从以上表述可看出本工程消防水箱容积应不小 18m³,有效容积 12.9m³,不满足要求,但本工程设计时间是 2009 年,执行的是《高层民用建筑设计防火规范(2005 年版)》GB 50045 - 95,对于 2014 年 10 月以后工程应执行《消防给水及消火栓系统技术规范》GB 50974 - 2014,阅读时要注意设计时间的现行规范要求。

水源来自平行并靠近⑩轴的 DN50 的高区生活给水管道,接入水箱。在水箱底部 46.35m 的位置,接出 2 支横管,DN100 的管道接消火栓系统,屋顶设试验消火栓 XHL-0。

知识拓展:实验消火栓。

实验消火栓,是为了实验用的消火栓,主要是为了测试建筑物内部消火栓系统的水量、水压等数据,所以一般布置在整个室内消防管网中最不利的位置:屋顶。实验消火栓只有栓口、阀门及连接管道,通常没有常见的消火栓箱体内应具有水带和水枪。

8.2.7 自动喷水管道系统施工图识图

建筑自喷系统的任务,是在火灾发生时能自动打开喷头喷水的消防设施。自动喷水灭火系统安全可靠、控火灭火成功率高、经济实用、适用范围广、使用期长。目前我国使用的自动喷水系统有湿式、干式、预作用、雨淋自动喷水灭火系统和水幕、水喷雾系统六种。本教材所提供范例的某综合楼自动喷水系统,是现代建筑当中使用最多的湿式自动喷水灭火系统。

我们通过本节的学习,掌握自动喷水灭火系统的识图方法,锻炼识图能力,学习一些自动喷水灭火系统的基本知识。

我们从本教材所提供的某综合楼整体情况开始分析,掌握整个建筑的特点,然后熟读设计说明中的相关叙述,做好自动喷水管道系统的识图准备。

1) 设置范围:室内除卫生间、配电间等不易用水扑救的部位外,均设有自动喷水灭火系统。

2) 设计参数:按中危险级(Ⅰ级)确定,喷水强度 6L/(min·m²),作用面积 160m²,设计流量 21L/s,火灾延续时间 1h,最不利点喷头工作压力 0.1MPa。

3）湿式报警阀置于地下 1 层水泵房内，选用 ZSZ150 型报警阀（1 套，其控制喷头数为 786 个）、ZSJY-10 型压力开关、ZSJZ100 水流指示器。

4）喷头布置：地下室无吊顶的场所采用 ZSTZ15/68 直立型喷头；地上 1～12 层设有吊顶的场所采用 ZSTD15A/68 吊顶型喷头。

5）系统末端设压力表及放水阀，最不利点设末端试水装置。

本楼属于综合楼性质，内部包含了一层车库、办公室、会议室等使用功能。室内使用功能不同造成各个布置自动喷水喷头的位置会有相应的变化，也会引起一些管道的变化。

湿式自动喷水系统内是常备压力的，为了防止系统内缺水、失压，经常在系统内设置稳压装置。稳压装置由一组水泵和稳压罐组成，系统内小的压力波动由稳压罐平抑，大的压力波动由水泵启动来维持。

自动喷水系统属于消防给水系统的范畴，所以我们援引生活、消防给水系统的识图方法和顺序来对自动喷水系统进行识读。

我们做好上述识图准备之后，开始从本教材所提供的某综合楼给水排水工程施工图的自动喷水管道系统图（如图 8-24 所示，参照水施-20）开始阅读。

本工程从人防地下室消防泵房自喷系统水泵出水管接出 2 路管道至湿式报警阀前，形成环状管道，通过水施-6 看出湿式报警阀设在水泵房内，喷淋系统出水管路管径为 DN150，泵房顶部喷淋干管标高—2.800m，喷淋干管设泄压阀 DN125 至消防水池，喷淋系统图立管接水盘公管处设电动蝶阀、水流指示器，1～8 层水平干管设减压孔板减压，减压孔板孔径见水施-20 减压孔板设置表。

为了水平支管泄水，在每层水流指示器后设泄水管及泄水阀门接 FL-1，排至室外。为保证顶层管网压力，与消火栓系统共用一套增压装置，通过 ZPL-0 接至湿式报警阀前，本工程总喷头数在 800 个以下，只设一组湿式报警阀。

各层自喷系统平面图应注意根据危险级别确定的喷头间距及管径应符合《自动喷水灭火系统设计规范（2005 年版）》GB 50084—2001 表 7.1.2 及表 8.0.7 要求。各层平面图管路及喷头布置参见水施-5～水施-16，各层喷淋管道系统参见水施-21～水施-23。看图时应注意将平面图与系统图结合起来，观察管径变化及标高变化关系，注意干管与支管管道标高，如 1 层干管标高 2.650m，支管标高 3.20m，干管敷设在走廊内，支管在室内，为提高室内净高，支管上返提高了标高，其他楼层类似，不再赘述。地下室采用直立型喷头，其他楼层采用吊顶型喷头，注意喷头设置的变化。

知识拓展：

1）自动喷水泵及管道与消火栓泵在安装有很多相同之处：

（1）泵吸水口穿越水池壁都预埋有柔性套管。

（2）都有穿越水池壁放回水池的检查管。

（3）自动喷淋系统与消火栓系统一样，都接有水泵接合器。

2）不同之处：自动喷淋系统在水泵和湿式报警阀之间的管道形成一个小的环网，而消火栓系统是大的环网。

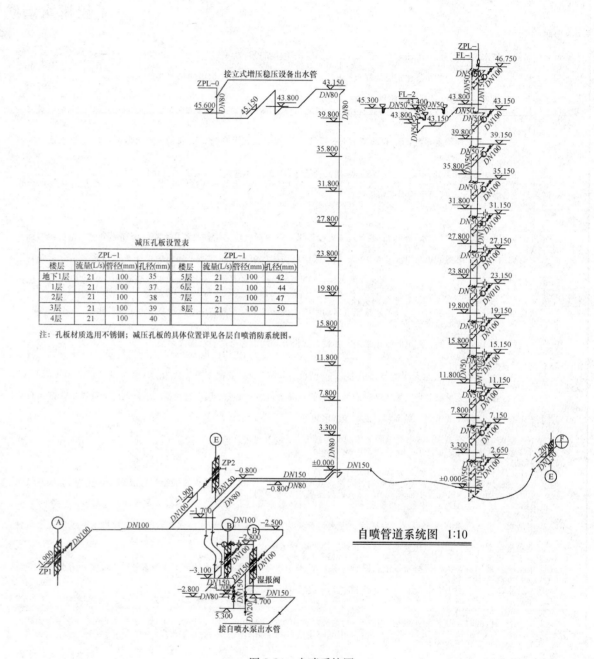

减压孔板设置表						
ZPL-1			ZPL-1			
楼层	流量(L/s)	管径(mm)	孔径(mm)	楼层	流量(L/s)	管径(mm)	孔径(mm)
地下1层	21	100	35	5层	21	100	42
1层	21	100	37	6层	21	100	44
2层	21	100	38	7层	21	100	47
3层	21	100	39	8层	21	100	50
4层	21	100	40				

注：孔板材质选用不锈钢；减压孔板的具体位置详见各层自喷消防系统图。

自喷管道系统图　1:10

图 8-24　自喷系统图

给排水消防设计总说明

设计说明

一、设计依据

1.《建筑给水排水设计规范》GB 50015－2003，2.《高层民用建筑设计防火规范（2005 年版）》GB 50045－95，3.《建筑灭火器配置设计规范》GB 50140－2005，4.《自动喷水灭火系统设计规范（2005 年版）》；GB 50084－2001，5. 气体灭火系统设计规范 GB 50370－2005，6.《办公建筑设计规范》JGJ 67－2006，7. 建设单位提供的相关基础资料。

二、工程概况

本工程位于甘肃省平凉市，总建筑面积约 10348.1m^2，地下 1 层，地上 12 层。其中地下 1 层一部分平时为戊类库房，战时为核六级甲类二等人员掩蔽所，另一部分为设备用房；地上 1～11 层为办公，12 层为会议室，建筑高度 49.800m，属二类高层办公楼。

三、设计范围

1. 给水系统，2. 消火栓给水系统，3. 自动喷水灭火系统，4. 气溶胶灭火系统，5. 移动式灭火器配置，6. 排水系统（包括生活污、废水系统）。

（一）生活给水系统

1. 水源：根据甲方提供市政管网压力为 0.30MPa，接入管径为 DN150，本建筑日用水量为 31m^3。

2. 给水系统：室内冷水竖向分 2 个区，1 区：地下 1 层～地上 6 层，由市政水压接管供水，2 区：7～12 层，由无负压管网自动增压给水设备供水，各区给水均为下行上给。

3. 开水供应：本建筑 2～11 层办公区各设一台 CSB-9 型（N＝9kW）电开水器供应开水。

（二）消火栓系统

1. 消火栓系统用水量：室内 20L/s，室外 20L/s，火灾延续时间 2h，充实水柱 10m。

2. 室外消防用水由设在室外给水环网上的地下式消火栓提供，室内消火栓采用临时高压系统，竖向不分区，系统由屋面水箱、消防贮水池、消火栓加压泵、室外消防水泵接合器组成（2 组）。

3. 火灾时除由屋顶水箱满足初期用水量外，可由箱内按钮启动加压泵向系统供水，还可由消防车通过水泵接合器向管网供水。

4. 消火栓设备：单栓消火栓箱内设 SN65mm 消火栓，DN65mm 衬胶水龙带，长 25m，水枪喷嘴 ϕ19mm，以及消防按钮和指示灯各一个，且配有自救卷盘，栓口 SN25mm，胶管 ϕ25mm，长 30m，水枪 ϕ9m，消火栓栓口处的动压超过 0.5MPa 的楼层（地下 1 层～地上 5 层），采用减压稳压消火栓。

5. 消火栓加压泵控制：各层消火栓箱消防按钮可启动室内消火栓给水泵，消防中心及水泵房也可启停水泵。

6. 消防水池及屋顶消防水箱设液位信号器，信号反馈至消控室。

（三）自动喷水灭火系统

1. 设置范围：室内除卫生间、配电间等不易用水扑救的部位外，均设有自动喷水灭火系统。

2. 设计参数：按中危险级（Ⅰ级）确定，喷水强度 6L/（min・m^3），作用面积 160m^2，设计流量 21L/s，火灾延续时间 1h，最不利点喷头工作压力 0.1MPa。

3. 湿式报警阀置于地下 1 层水泵房内，选用 ZSZ150 型报警阀（1 套，其控制喷头数为 786 个）、ZSJY-10 型压力开关、ZSJZ100 水流指示器。

4. 喷头布置：地下室无吊顶的场所采用 ZSTZ15/68 直立型喷头；地上 1～12 层设有吊顶的场所采用 ZSTD15A/68 吊顶型喷头。

5. 系统末端设压力表及放水阀，最不利点设末端试水装置。

（四）气溶胶灭火系统

1. 地下 1 层配电室设有 AS600S 型气溶胶无管网灭火系统。2 台落地式 AS600/25kg。

2. 设计参数：灭火设计密度 130g/m^3，浸渍时间 10min。

（五）移动式灭火器配置

本建筑各层均配置磷酸氨盐干粉灭火器，其设计参数如下：

地下 1 层～地上 11 层按 A 类火灾，中危险级配置，最大保护面积 75m^2/A，灭火器最小配置级别 2A。12 层会议室按 A 类火灾，严重危险级配置：最大保护面积 50m^2/A，灭火器最小配置级别 3A。

严重危险级配置 MF/ABC5，中危险级配置 MF/ABC4，具体数量及位置见图，灭火器应加强管理，定期检查换药。

（六）排水系统

1. 采用污水、废水合流制排水系统，生活污、废水均为重力排水，采用设有伸顶通气管的单立管排水系统，底层单独排出。

2. 污废水排至室外经管道汇至化粪池，简单处理后排入市政污水管。

3. 地下 1 层集水坑及消防电梯底部集水坑，采用潜污泵排出。

4. 雨水系统：采用有组织的内排水系统，屋面雨水由 87 型雨水斗收集后经雨水管道下排至室外散水或室外雨水检查井。

（七）人防地下室给水排水

1. 基本设计参数：生活用水 4L/（人・d），储水时间 7d，生活饮用水 3L/（人・d），储水时间 15d。

2. 该建筑地下 1 层平时为自行车库，战时为甲 6 级人防，二等人员掩蔽所，掩蔽人数约为 440 人，战时饮用水 19.8m^3，生活用水 12.4m^3，洗消用水 2m^3。

3. 人防设有 2 台战时安装装配式水箱，其中一台为战时饮用水箱 19.8m^3（4000mm×2500mm×2500mm），另一台为战时生活水箱 14.4m^3（2500mm×3000mm×2500mm），由战时生活泵及手摇泵供生活及洗消用水。

4. 染毒水池污水采用手摇泵排出室外。

施工说明

一、总则

1. 图中尺寸单位：标高以米计，其余均以毫米计。

2. 图中管线设计标高：排水管为指内底，其他均以管中心计。

二、管材及接口

1. 水泵房内生活水箱、消防水池进水管及生活水泵吸水管、压水主干管均采用内外热镀锌钢管，丝扣连接。

生活供水管采用铝合金衬塑复合管（内层为无规共聚聚丙烯 PP-R），热熔连接；公称压力：PN＝1.25MPa。

2. 消火栓系统采用焊接钢管，焊接连接；自动喷水系统管道采用内外热镀锌钢管，管径小于等于 DN100 者采用丝扣连接，大于 DN100 者采用沟槽式卡箍连接。

3. 排水管采用机制柔性抗震铸铁管，A 型柔性接口。雨水管采用焊接钢管，焊接。

4. 所有潜污泵排水管、人防通气管均采用焊接钢管，焊接连接。

5. 人防给水管采用内外热镀锌钢管，丝扣连接，公称压力 1.0MPa。人防埋地排水管采用机制排水铸铁管，承插口连接。

三、阀门

1. 给水管道上阀门管径小于等于 DN40 时采用球阀（Q11F-10T），大于等于 DN50 时采用闸阀（Z15T-16T）；水龙头均采用铜质陶瓷磨片水龙头。

2. 消火栓管道上的阀门均采用对夹式橡胶密封蝶阀，阀门公称压力 1.6MPa。阀门及需拆卸处采用法兰连接。

3. 潜污泵出水管道上阀门采用 Z44T-10C 型。阀门公称压力 1.0MPa。

4. 自喷管道水流指示器前采用 WBXE 型消防信号控制阀。

四、卫生设备及附件

1. 地漏及清扫口均采用铸铜镀铬面板，地漏应采用无水封地漏，下设存水弯，地漏表面应低于该处地面 5～10mm。

2. 所有卫生设备及五金配件均要求采用节水型，带水箱大便器采用 3L、6L 两档冲洗阀，变径处用异径管零件（丝接时），卫生设备定位详见卫生间大样图。

3. 卫生设备及配件选型、具体型号、尺寸、配件形式由建设单位根据实际情况、尺寸、标准进行确定，确定其选型及配件后方可定货，施工单位方可进行现场预留板洞及安装。

4. 所有泵房内，水箱间等与设备进、出口连接的管道，采用法兰连接。

五、管道敷设

1. 卫生间内给水支管嵌墙暗装还是明装由建设单位根据墙体现场确定；生活污水伸顶通气管距屋面高度：上人屋面 2.0m，不上人屋面 0.7m，立管检查口距地坪 1.0m。

2. 所有管道穿钢筋混凝土墙及结构梁时应预埋钢套管，管道穿水池池壁处设柔性防水套管，给水管、消火栓管道穿楼板设带止水环的专用套管，排水管穿楼板应预埋留洞，管道穿屋面应预埋刚性防水套管。套管应高出地面、屋面 50～100mm，并采用严格的防水措施。

3. 所有穿越人防墙、板的管道均在穿墙、板时加一刚性防水套管，进入工事后，加一抗压不小于 1.0MPa 铜材质阀芯闸阀，阀门要有明显的启闭标记，人防维护结构内侧距离阀门的近端面不宜大于 200mm。手摇泵、装配式给水箱平时备料、预埋管道与支架战时安装。手摇泵安装高度中心距地坪 1.2m。

六、管道支吊托架，固定件

1. 支吊托架、固定件的设置应符合《建筑给水排水及采暖工程施工质量验收规范》GB 50242－2002 的规定。

2. 立管在每层及立管底部，横管在变径及接口处应设固定件。

七、防腐及油漆

1. 在涂刷底漆前，应清除表面的灰尘、污垢、锈斑、焊渣等物，涂刷油漆应厚度均匀，不得有脱皮、起泡、流淌和漏涂现象。

2. 内外热镀锌钢管外壁刷银粉漆两道；焊接钢管外壁均先除锈后，以樟丹打底，再刷银粉漆两道；地沟内的金属管道均刷 C2 厚浆型加强防腐环氧煤沥青漆，具体做法由防腐涂料的生产厂家负责提供；管道支、吊架除锈后，樟丹打底再均刷银粉漆一道。

3. 管道施工完成后应涂不同颜色加以区分，各种管道颜色由施工单位确定，并作好记录以便日后维护管理。

八、管道坡度及水压试验

1. 给水管道坡度：0.002 坡向用水点。自动喷洒系统坡度：0.003 坡向配水立管。

排水管安装坡度：支管坡度均为 0.026，横干管坡度：DN50，i＝0.025；DN75，i＝0.015；DN100，i＝0.012；DN，150i＝0.007。

2. 给水系统：1 区供水主干管试验压力 0.6MPa；2 区供水主干管试验压力 1.02MPa；各区配水立管、水平干管及支管试验压力 0.6MPa。10min 内压降不超过 0.05MPa 为合格。

3. 消火栓系统：管道安装完备后应按管道安装及验收规范进行试压，试验压力：1.14MPa，达到试验压力后，稳压 30min 无渗漏为合格。

4. 自喷系统：系统安装完备后管道要做压力试验，试验压力：1.40MPa，除此之外，系统应进行全面试运行。其内部应包括水泵、湿式报警阀、水力警铃、压力开关及阀门开关信号等，并经当地公安消防部门检验合格后方可交付使用。

5. 雨水管和排水管做灌水试验。

九、设备及管道的防振和隔声

1. 水泵进出水管、泵基座及泵房管道吊架、支架的防振和隔声做法按厂家提供的样本安装图施工，生活供水设备底座与基础间应设减振器。

2. 管道穿过墙和楼板时，在套管与管道之间填塞岩棉，使它们隔离；所有管道的管卡衬橡胶垫、管道吊架（给水、排水）采用弹性吊架。

十、管道冲洗

1. 给水管道在系统运行前须用水冲洗和消毒，要求以不小于 1.5m/s 的流速进行冲洗，并符合《建筑给水排水及采暖工程施工质量验收规范》GB 50242－2002 中第 4.2.3 条的规定。

2. 雨水管和排水管冲洗以管道畅通为合格。

十一、给水塑料管外径与公称直径对照关系

塑料管外径 mm（dn）	20	25	32	40	50	63	75	90	110
公称直径（mm）（DN）	15	20	25	32	40	50	65	80	100

十二、其他未尽事宜应遵照以下规范规程执行：

1.《建筑给水排水及采暖工程施工质量验收规范》GB 50242－2002。

2. 中国工程建设标准化协会标准《建筑给水铝合金衬塑管道（热熔连接）工程技术规程》DBJ/CT 505－2007。

3.《自动喷水灭火系统施工及验收规范》GB 50261－2005。

××建筑设计院								
审定			专业负责			工程名称：××综合办公楼	工程号	2009-083
审核			校对				图号	水施-1
			设计			图名：设计说明	比例	
设计总负责			制图				日期	2009.07

泵房主要设备表

序号	设备名称	规格及型号	单位	数量	备注
1	无负压管网自动	80ZWG2/CR10-5 型	套	1	
	增压给水设备	$Q=11m^3/h$，$H=37m$，$N=2.2kW$	台	2	一开一备
		稳压补偿罐：G600-65	台	1	控制柜：WPK-2.2/2
2	消火栓消防泵	XBD7.6/20-100×200×4 型 $N=30kW$	台	2	$Q=20L/s$ $H=76m$ 一用一备
3	喷淋消防泵	XBD8.9/20-100×20×5/1 型 $N=37kW$	台	2	$Q=21L/s$ $H=87m$ 一用一备
4	水泵房潜水泵	50WQ/C242-1.5 型 $N=1.5kW$	台	1	$Q=25m^3/h$，$H=12m$
5	压力表	YX100 型	个	5	水泵出水管
6	安全泄压阀	DZ_yS57X 型 DN125	个	1	动作压力 1.05MPa
7	遥控浮球阀	ZF100X 型 DN100	个	1	水池进水管
8	Y 形伸缩过滤器	SY4P-16 型 DN125	个	2	泄压持压阀前
		SY4P-10 型 DN100	个	1	遥控浮球阀前
		SY4P-16 型 DN150	个	1	湿报阀前
9	消防专用弹性座封闸阀	RVHI 型 DN150	个	8	水泵吸、出水管湿报阀前
		RVHI 型 DN125	个	3	水泵出水管
		RVHI 型 DN100	个	1	水池进水管
		RRHR 型 DN125	个	1	安全泄压阀前
		RRHR 型 DN65	个	4	水泵出水管
10	球形污水止回阀	HQ41X-1.0C 型 DN50	个	1	水泵出水管
11	可曲绕接头	KXT-FD 型 DN150	个	6	水泵吸、出水管
		KXT-FD 型 DN125	个	2	水泵出水管
		KXT-FD 型 DN50	个	1	水泵出水管
12	闸阀	Z41H-10C 型 DN100	个	1	水池给水引入管
		Z41H-10C 型 DN50	个	1	无负压管网自动增压给水设备引入管
		Z44T-10C 型 DN50	个	2	水泵出水管、水池泄水管
13	湿式报警阀	ZSZ DN150	套	1	
14	信号蝶阀	WBXE PN16 DN150	个	2	
15	截止阀	J41H-16C DN25	个	1	
16	压力开关	ZSJY10	个	1	
17	磷酸铵盐干粉灭火器	MFABC4 型	具	2	

标准图目录

序号	图号	图名	备注
1	99S304-38	单柄单孔龙头台上洗脸盆安装图	
2	99S304/69	连体式坐便器安装图	
3	99S304-82	液压脚踏阀蹲式大便器安装图	
4	99S304-55	延时自闭式洗手盆安装图	
5	99S304-91	自闭式冲洗阀壁挂式小便器安装图（一）	
6	99S304-17	附盆背污水盆安装图	
7	02S404-13	地面式清扫口（甲型）安装图	
8	02S404-18	刚性防水套管（A型）安装图（一）	
9	03S402	室内管道支架及吊架	
10	04S202-21	带灭火器箱组合式消防柜（丙型）	700×1800×240
11	04S202-16	屋顶试验用消火栓箱	
12	02S203-35	钢筋混凝土消防水泵接合器井平、剖面图	
13	02S101-6～11	装配式钢板给水箱	热镀锌钢板
14	01S305	小型潜水排污泵选用及安装	
15	045S0681-84	卡箍式管道连接示意图及说明	
16	04S202/33	单阀单出口室内消火栓	SN65 型
17	99S203/17	地下式消防水泵接合器安装图	SQX100-A
18	02S101-77	玻璃管水位计安装图	人防水箱、屋顶水箱
19	02S101-69	外人梯详图（一）	人防水箱
20	02S101-68	内人梯详图	人防水箱
21	02S101-71	方形人孔	人防水箱
22	04S206-77	ZSFP15 排气阀大样图	
23	01S125/7	CSB 系列电开水器安装图	
24	04S206-7	湿式系统说明	
25	04S301-25	无水封（直通式）地漏（甲型）安装图	甲Ⅲ型 DN50
26	02S403-112	吸水喇叭管支架（A型）	
27	02S403-70	喇叭口大样图	
28	02S403-110	吸水喇叭管	
29	02S404-5	柔性防水套管（A型）安装图	
30	02S101-76	磁耦合液位计安装图	
31	96S821-11	铁梯大样图	
32	02S403-103	罩型通气管	
33	98S176-10	立式增压稳压设备组装图（甲）	

图纸目录

序号	图号	图名
1	水施-1	设计说明
2	水施-2	图纸目录、标准图目录、泵房主要设备表
3	水施-3	主要设备材料表
4	水施-4	地下1层给水排水、消火栓平面图
5	水施-5	地下1层自喷平面图
6	水施-6	水泵房大样图 消防水池壁洞留洞图
7	水施-7	消防水池剖面图 消火栓、自喷水泵管道系统图
8	水施-8	管道夹层给水排水、消火栓平面图
9	水施-9	1层给水排水、消火栓平面图
10	水施-10	1层自喷平面图
11	水施-11	2层给水排水、消火栓、自喷平面图
12	水施-12	3层给水排水、消火栓、自喷平面图
13	水施-13	4、5层给水排水、消火栓、自喷平面图
14	水施-14	6层给水排水、消火栓、自喷平面图
15	水施-15	7～11层给水排水、消火栓、自喷平面图
16	水施-16	12层给水排水、消火栓、自喷平面图
17	水施-17	12层夹层给水排水平面图
18	水施-18	屋面排水平面图 水箱间大样图 屋顶水箱系统图
19	水施-19	卫生间大样图 战时水箱给水管道系统图 消防电梯集水坑、污水池管道系统图
20	水施-20	给水管道系统图
21	水施-21	排水管道系统图 雨水管道系统图
22	水施-22	消火栓管道系统图 自喷管道系统图
		地下1层自喷管道系统图
		1层自喷管道系统图
		2层自喷管道系统图 3层自喷管道系统图
23	水施-23	4层自喷管道系统图 12层自喷管道系统图

人防图例

序	图号	图名	图例
1	04FS02-16	刚性密闭套管	
2	04FS02-47	FBD 防爆地漏	
3	04FS02-53	冲洗阀	
4	04FS02-31	S38 型手摇泵	
5	RS4-3	地漏	
6	GXT1	管道减振器	

××建筑设计院

审定		专业负责		工程名称： ××综合办公楼	工程号 2009-083
校对					图号 水施-2
审核		设计		图名：图纸目录 标准图目录 泵房主要设备表	比例
					日期 2009.07

主要设备材料表

序号	设备名称	规格及型号	单位	数量	备注
一	人防工程				
1	清水泵	KQL32/125-0.75/2型	台	2	其中库存备1台
		$Q=1.39L/s$, $P=20m$, $N=0.75kW$			
2	污水泵	50WQ/C247-2.2型 $N=2.2kW$	台	2	一用一备污水池
		$Q=15m/h$ $H=19m$			
3	热镀锌钢板装配式水箱	(4000×2500×2500)mm	台	1	战时使用
		(2500×3000×2500)mm	台	1	战时使用
4	防爆地漏	FBD型 DN75	个	7	
5	缓闭式止回阀	DZ_BH47-16C型 DN32	个	2	
		DZ_BH47-16C型 DN50	个	1	
6	球形污水止回阀	HQ41X-1.0C型 DN40	个	3	
		HQ41X-1.0C型 DN70	个	2	
7	地漏	RS4-3型 DN75	个	7	
8	遥控浮球阀	ZF100X型 DN50	个	2	战时水箱用
9	Y型伸缩过滤器	SY4P-10型 DN50	个	2	遥控浮球阀前
10	手摇泵	S-38型	台	4	
11	可曲挠接头	KXT-FD型 DN100	个	2	
		DN70	个	3	
		DN50	个	1	
		DN40	个	2	
		DN25	个	2	
12	闸阀	Z44T-10C型 DN100	个	1	
		DN70	个	3	
		DN50	个	2	
		DN40	个	3	
		Z41H-10C型 DN50	个	4	
		DN32	个	3	
		DN25	个	2	
13	截止阀	J11X-10型 DN25	个	3	
		J11X-10型 DN15	个	4	
14	水位计	DN15	个	4	战时水箱用
二	消火栓消防系统				
1	单偏心对夹式蝶阀	WBLX PN16型 DN70	个	8	
		WBLX PN16型 DN100	个	5	
		WBLX PN16型 DN125	个	15	
2	水泵接合器	SQX100-A DN100	套	2	
3	潜水泵	65WQ/C248-4型 $N=4kW$	台	2	消防电梯集水坑
		$Q=40m/h$ $H=20m$			其中库存备用一台
4	单阀单出口室内消火栓	SN65	套	36	6~12层
5	室内减压稳压消火栓	SNJ65型	套	31	一1~5层

主要设备材料表

序号	设备名称	规格及型号	单位	数量	备注
6	热镀锌钢板装配式水箱	(2000×3000×2500)mm	台		水箱间
7	闸阀	Z44T-10C型 DN100	个	1	
		Z44T-10C型 DN50	个	1	
		Z41H-10C型 DN50	个	2	
		Z41H-10C型 DN32	个	2	
		RRHR型 PN16 DN70	个	2	
		RRHR型 PN16 DN100	个	8	
		RRHR型 PN16 DN125	个	2	
8	压力表	YX100型	个	1	试验消火栓
9	可曲挠接头	KXT-FD型 DN100	个	7	
		KXT-FD型 DN125	个	2	
		KXT-FD型 DN70	个	2	
10	磷酸铵盐干粉灭火器	MFABC4型	具	118	
		MFABC5型	具	10	
11	浮球阀	H724X-4型	个	2	
12	球形污水止回阀	HQ41X-1.0C型 DN100	个	1	
13	缓闭式止回阀	DZ_BH47-16C型 DN100	个	1	
14	立式增压稳压设备	ZW(L)-I-XZ-10	套	1	与自喷系统共用
三	喷水消防系统				
1	截止阀	J11X-16型 DN25	个	12	试水装置
2	闭式玻璃球洒水喷头	ZSTD-15A/68	个	743	
		ZSTZ-15/68	个	43	
3	压力表	Y-100型	个	12	试水装置
4	可曲挠接头	KXT-FD型 DN100	个	4	
5	水流指示器	ZSJZ100	个	12	
6	信号蝶阀	WBXE PN16 DN100	个	12	
7	自动排气阀	ZSFP15	个	1	
8	水泵接合器	SQX100-A	套	2	
9	消防专用弹性座封闸阀	RRHR型 PN16 DN100	个	4	
		RRHR型 PN16 DN80	个	1	
10	缓闭式止回阀	DZ_BH47-16C型 DN80	个	1	
11	闸阀	Z41H-16C型 DN50	个	12	
四	气溶胶灭火系统				
1	落地式 AS600S型气溶 AS胶自动灭火装置	600/25kg	台	2	
五	给排水系统				
1	潜水泵	50WQ/C242-1.5型 $N=1.5kW$	台		
		$Q=25m/h$ $H=12m$			
2	可曲挠接头	KXT-FD型 DN50	个	2	

主要设备材料表

序号	设备名称	规格及型号	单位	数量	备注
3	闸阀	Z15T-16T型 DN100	个	2	
		Z15T-16T型 DN70	个	2	
		Z15T-16T型 DN50	个	12	
		Z44T-10C型 DN50	个	2	
4	球阀	Q11F-10T型 DN40	个	22	
		Q11F-10T型 DN32	个	2	
		Q11F-10T型 DN20	个	21	
		Q11F-10T型 DN15	个	10	
5	球形污水止回阀	HQ41X-1.0C型 DN50	个	2	
6	缓闭式止回阀	DZ_BH47-16C型 DN100	个	2	
7	开水器	CSB-9型 $N=9kW$	台	10	
8	洗手盆		套	22	
	坐便器		套	11	
	拖布池		套	11	卫生器具规格、型号由建设单位确定
	洗脸盆		套	9	
	蹲式大便器		套	64	
	小便器		套	22	

图例

序号	名称	图例	序号	名称	图例
1	市政给水管	—J—	19	压力表	
2	生活加压给水管	—J1—	20	闭式喷头	
3	生活污水管	—W—	21	末端试水阀	
4	压力污水管	—YW—	22	排气阀	
5	压力废水管	—YF—	23	闸阀	
6	废水管	—F—	24	止回阀	
7	雨水管	—Y—	25	磷酸铵盐干粉灭火器	
8	室内消火栓加压给水管	—XH—	26	Y形伸缩过滤器	
9	自动喷水管	—ZP—	27	透气帽	
10	室内水泵接合器		28	洗手盆	
11	室内消火栓		29	坐式大便器	
12	湿式报警阀		30	蹲式大便器	
13	泄压持压阀		31	小便器	
14	信号蝶阀		32	管堵	
15	水流指示器		33	清扫口	
16	立管检查口		34	地漏	
17	蝶阀		35	拖布池	
18	遥控浮球阀				

××建筑设计院

审定		专业负责		工程名称:		工程号	2009-083
审核		校对		××综合办公楼		图号	水施-3
		设计		图名:		比例	
设计总负责		制图		主要设备材料表		日期	2009.07

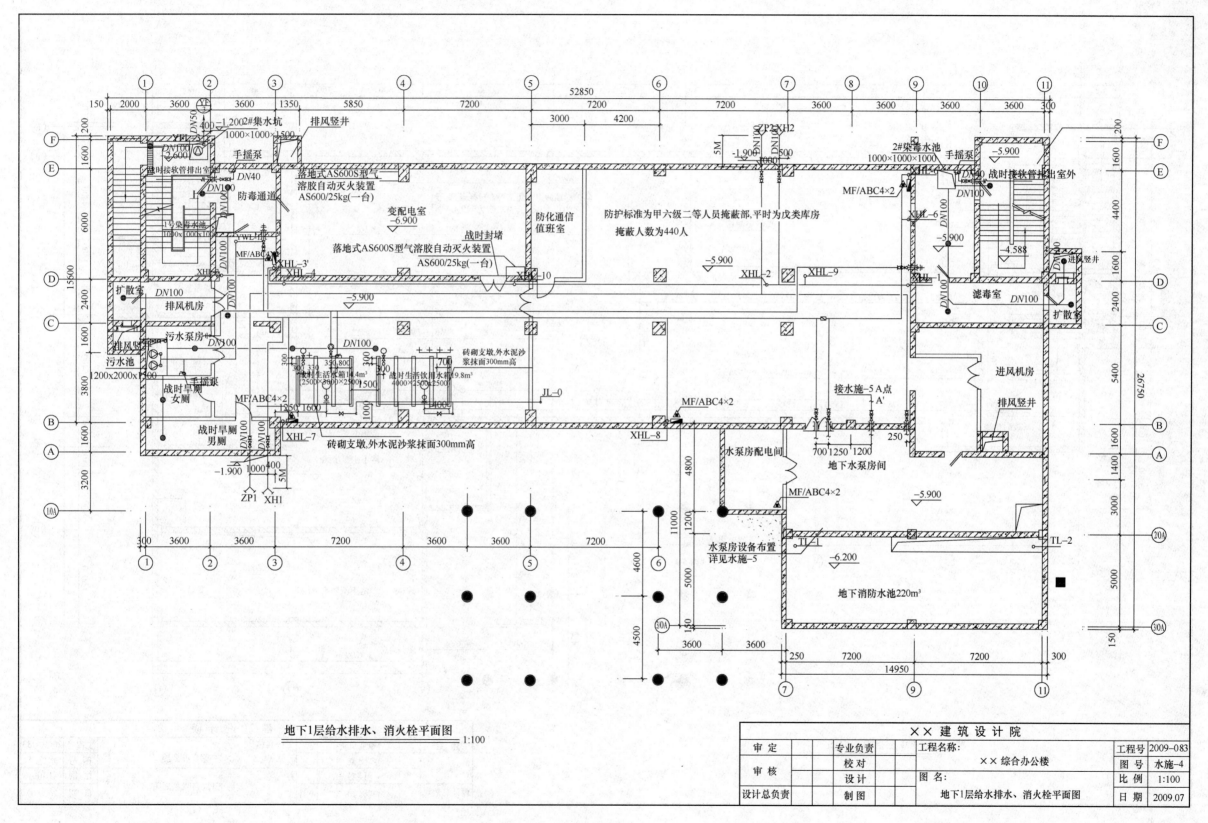

地下1层给水排水、消火栓平面图
1:100

×× 建 筑 设 计 院					
审 定		专业负责		工程名称:	工程号 2009-083
审 核		校 对		×× 综合办公楼	图号 水施-4
		设 计		图 名:	比 例 1:100
设计总负责		制 图		地下1层给水排水、消火栓平面图	日 期 2009.07

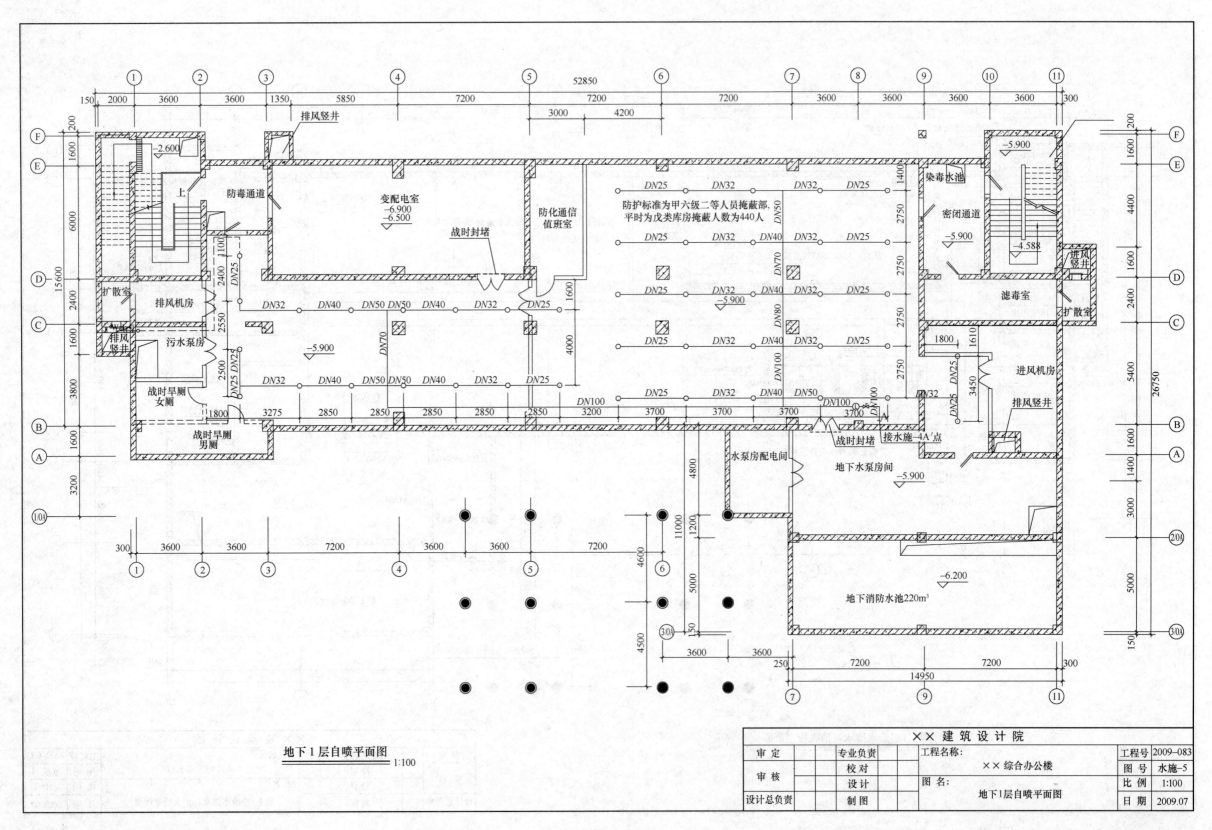

地下1层自喷平面图
1:100

×× 建 筑 设 计 院						
审 定		专业负责		工程名称:	工程号	2009-083
审 核		校 对		××综合办公楼	图 号	水施-5
		设 计		图 名:	比 例	1:100
设计总负责		制 图		地下1层自喷平面图	日 期	2009.07

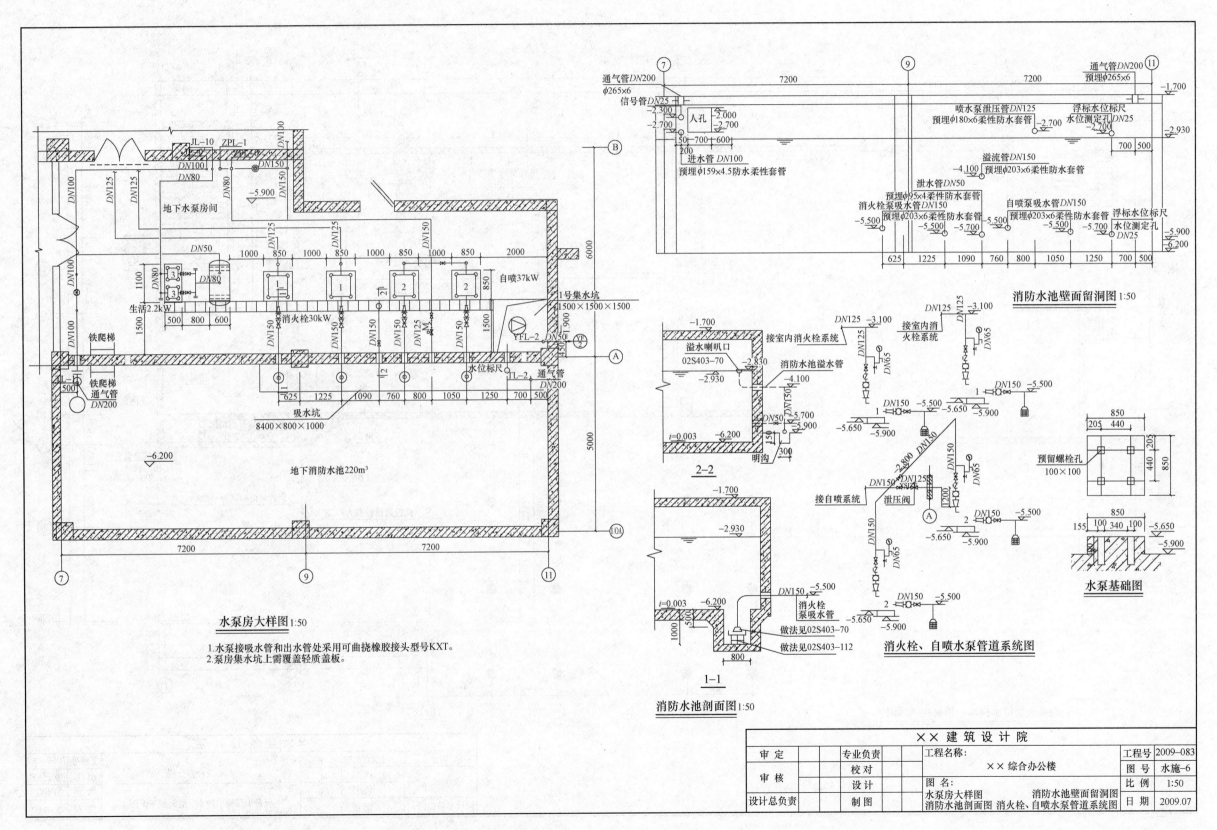

水泵房大样图 1:50

1.水泵接吸水管和出水管处采用可曲挠橡胶接头,型号KXT。
2.泵房集水坑上需覆盖轻质盖板。

消防水池壁面留洞图 1:50

消防水池剖面图 1:50

2-2

1-1

消火栓、自喷水泵管道系统图

水泵基础图

×× 建 筑 设 计 院				
审 定		专业负责	工程名称:	工程号 2009-083
		校 对	×× 综合办公楼	图 号 水施-6
审 核		设 计	图 名:	比 例 1:50
设计总负责		制 图	水泵房大样图 消防水池壁面留洞图 消防水池剖面图 消火栓、自喷水泵管道系统图	日 期 2009.07

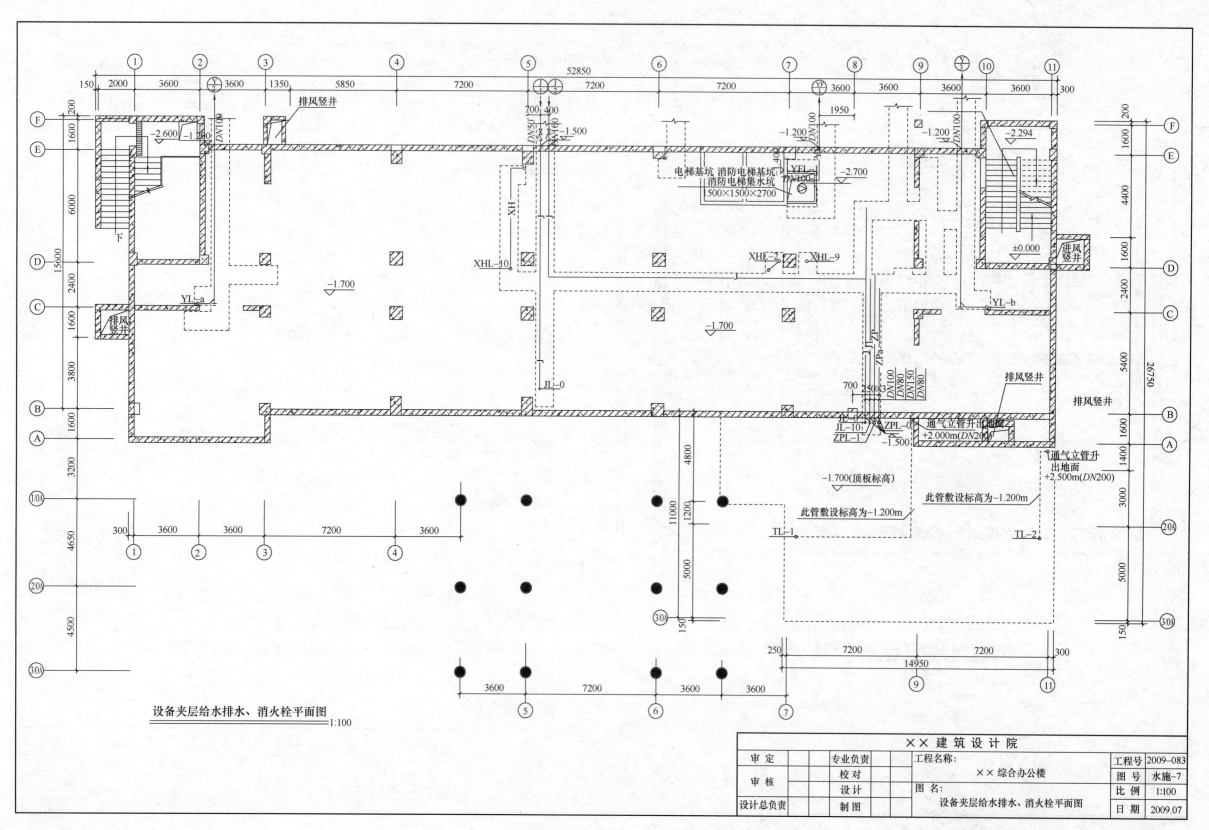

设备夹层给水排水、消火栓平面图
1:100

×× 建 筑 设 计 院					
审 定		专业负责	工程名称：	工程号	2009-083
		校 对	××综合办公楼	图 号	水施-7
审 核		设 计	图 名：	比 例	1:100
设计总负责		制 图	设备夹层给水排水、消火栓平面图	日 期	2009.07

118

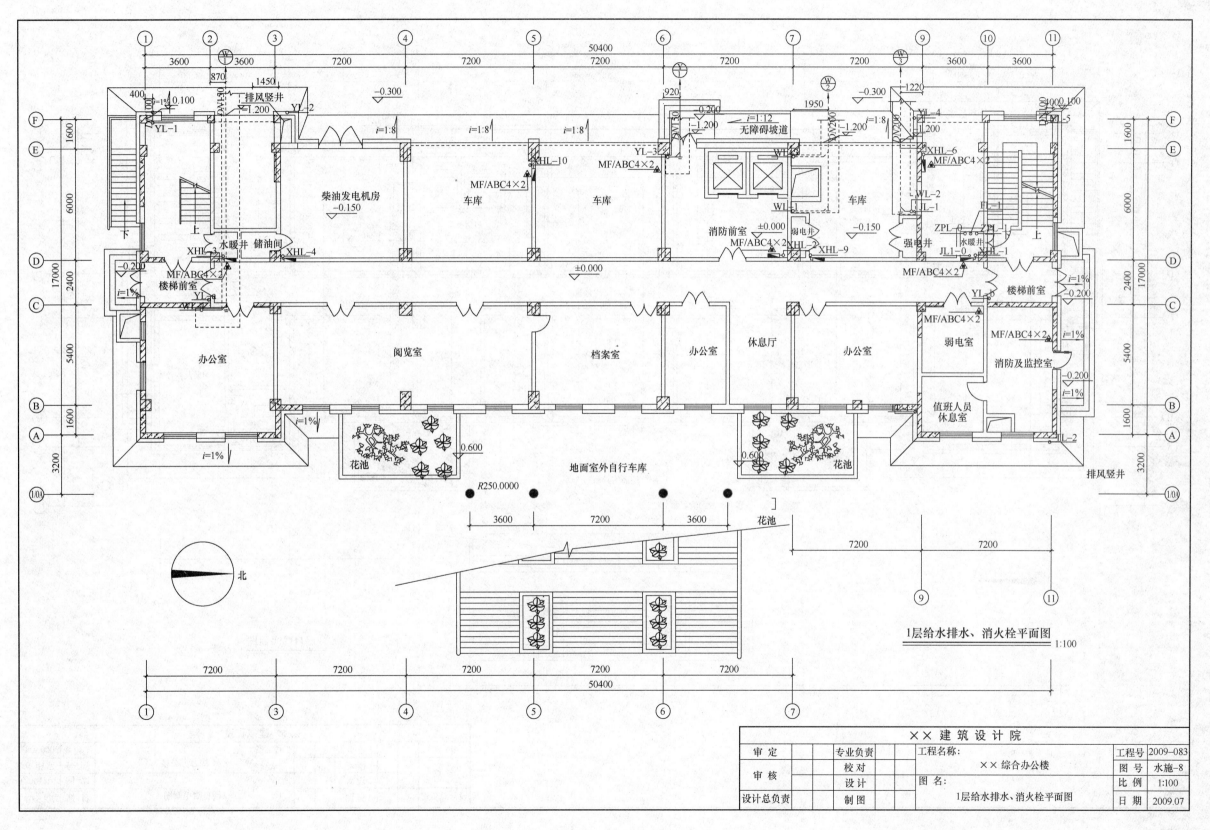

1层给水排水、消火栓平面图 1:100

×× 建 筑 设 计 院					
审 定		专业负责	工程名称：	工程号	2009-083
		校 对	×× 综合办公楼	图 号	水施-8
审 核		设 计	图 名：	比 例	1:100
设计总负责		制 图	1层给水排水、消火栓平面图	日 期	2009.07

119

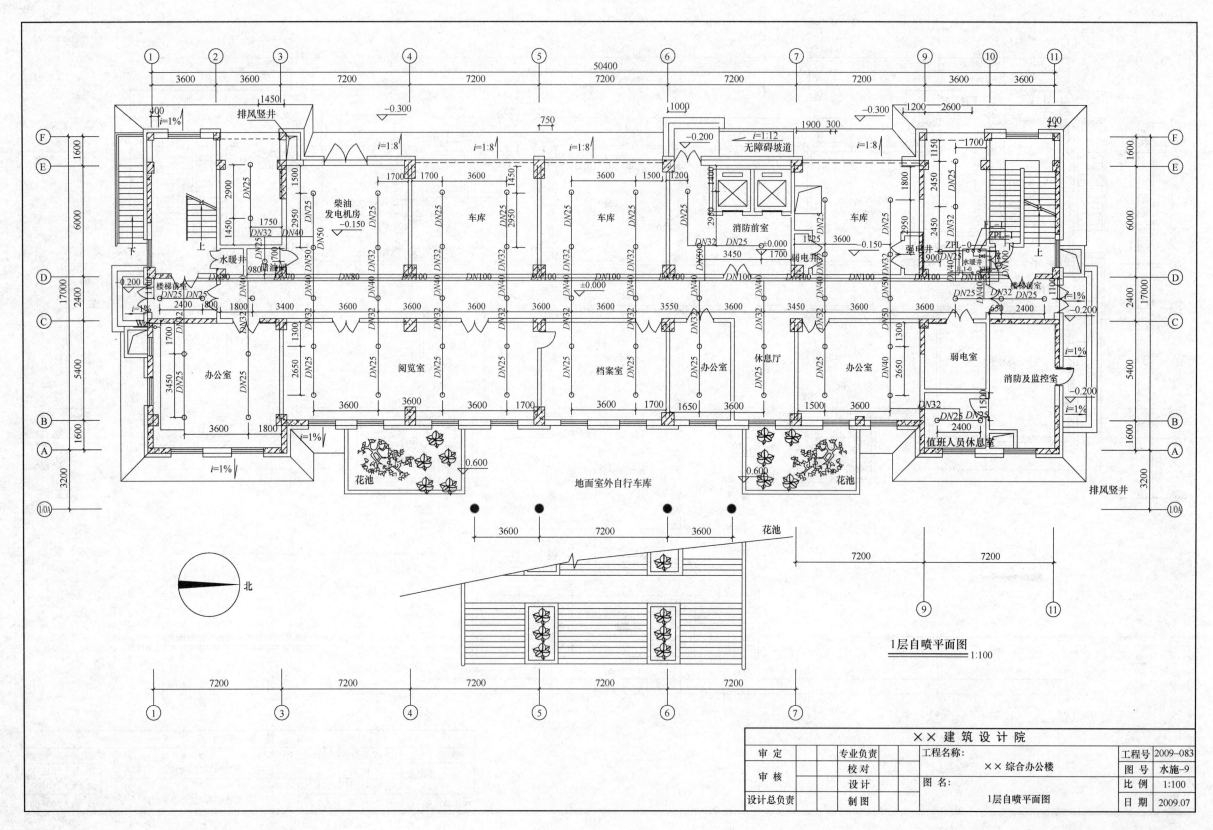

1层自喷平面图
1:100

×× 建 筑 设 计 院			工程号	2009-083
审 定	专业负责	工程名称：	图 号	水施-9
审 核	校 对	×× 综合办公楼		
	设 计	图 名：	比 例	1:100
设计总负责	制 图	1层自喷平面图	日 期	2009.07

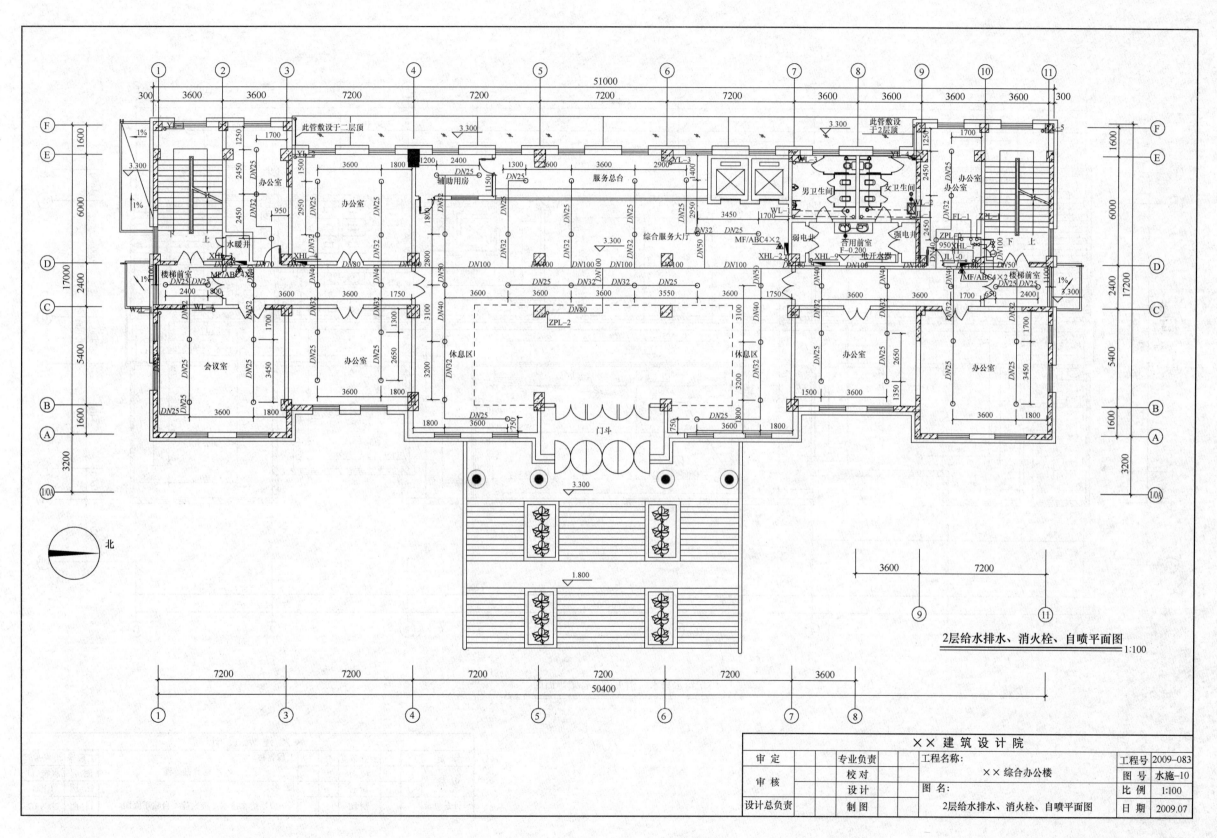

2层给水排水、消火栓、自喷平面图 1:100

×× 建 筑 设 计 院					
审 定		专业负责	工程名称：	工程号	2009-083
		校 对	×× 综合办公楼	图 号	水施-10
审 核		设 计	图 名：	比 例	1:100
设计总负责		制 图	2层给水排水、消火栓、自喷平面图	日 期	2009.07

121

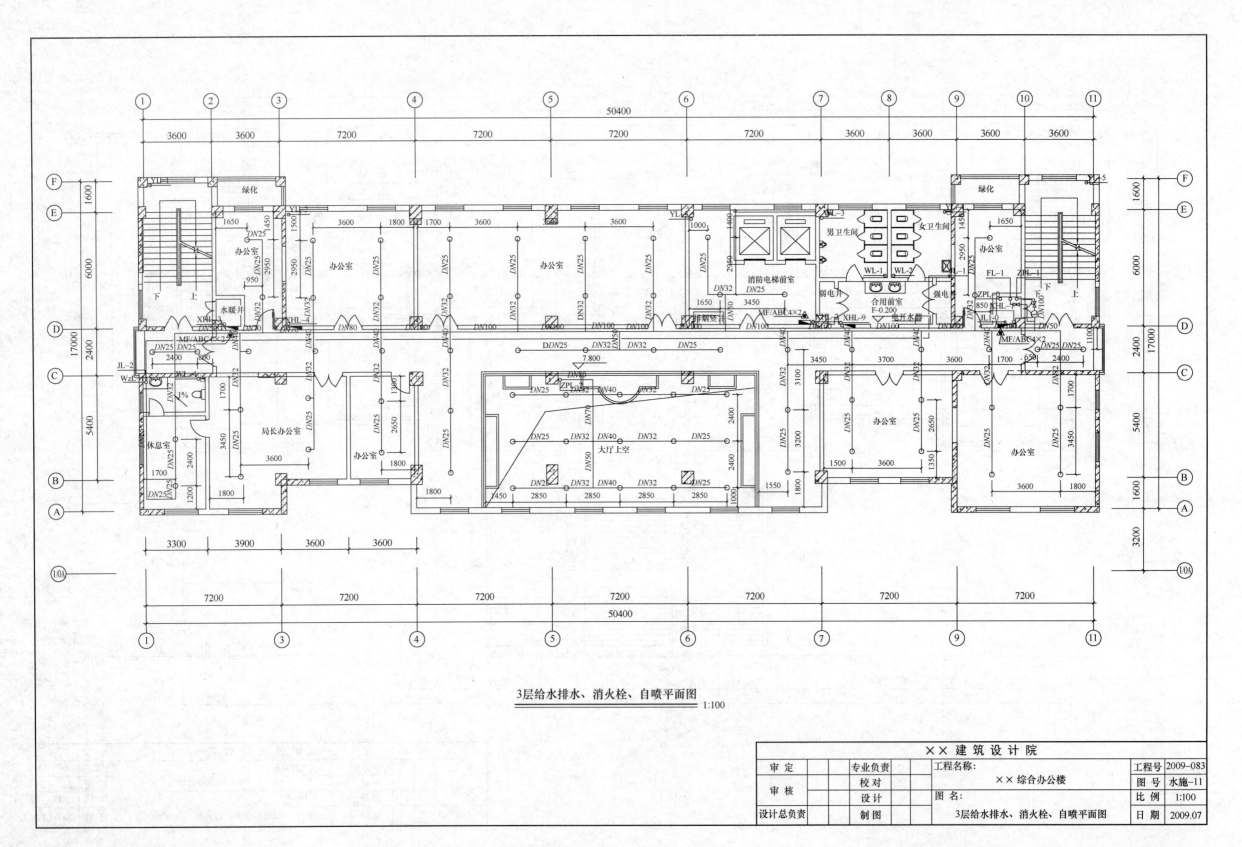

3层给水排水、消火栓、自喷平面图 1:100

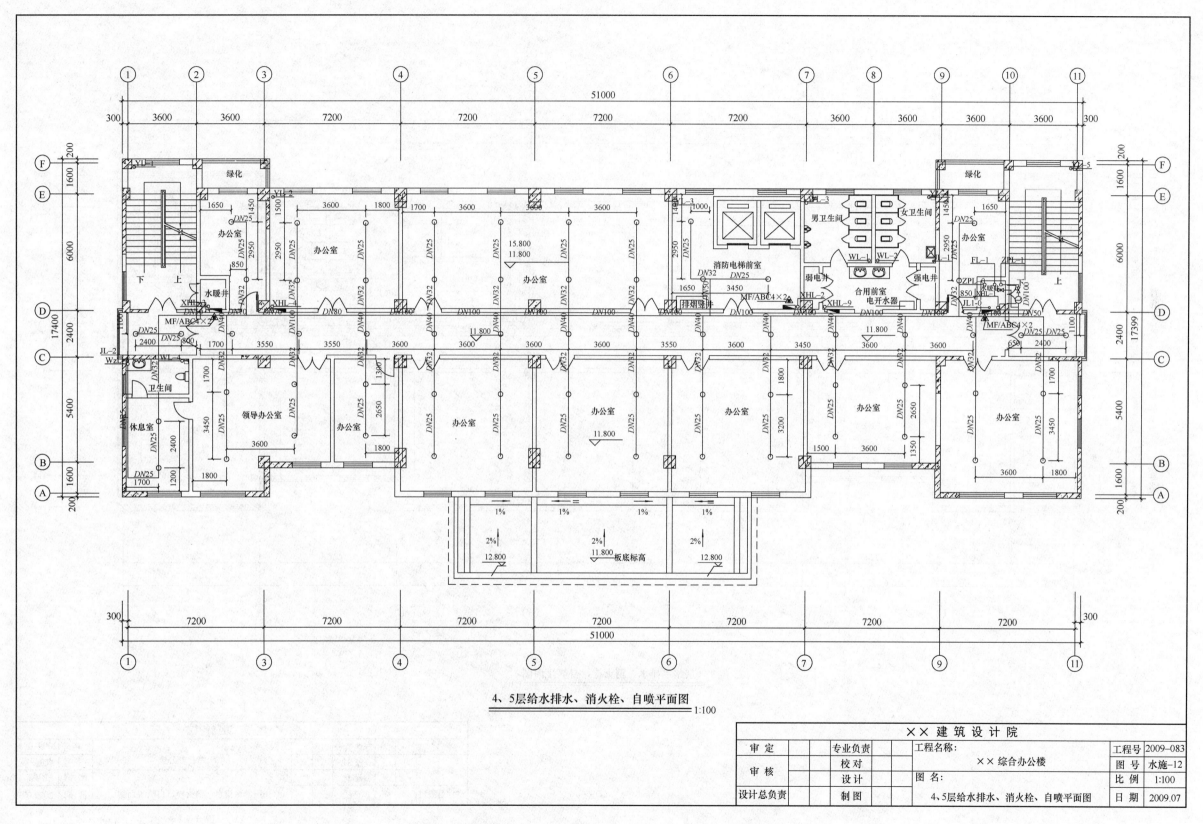

4、5层给水排水、消火栓、自喷平面图 1:100

×× 建 筑 设 计 院			
审 定		专业负责	工程名称：
		校 对	×× 综合办公楼
审 核		设 计	图 名：
设计总负责		制 图	4、5层给水排水、消火栓、自喷平面图

工程号	2009-083
图 号	水施-12
比 例	1:100
日 期	2009.07

123

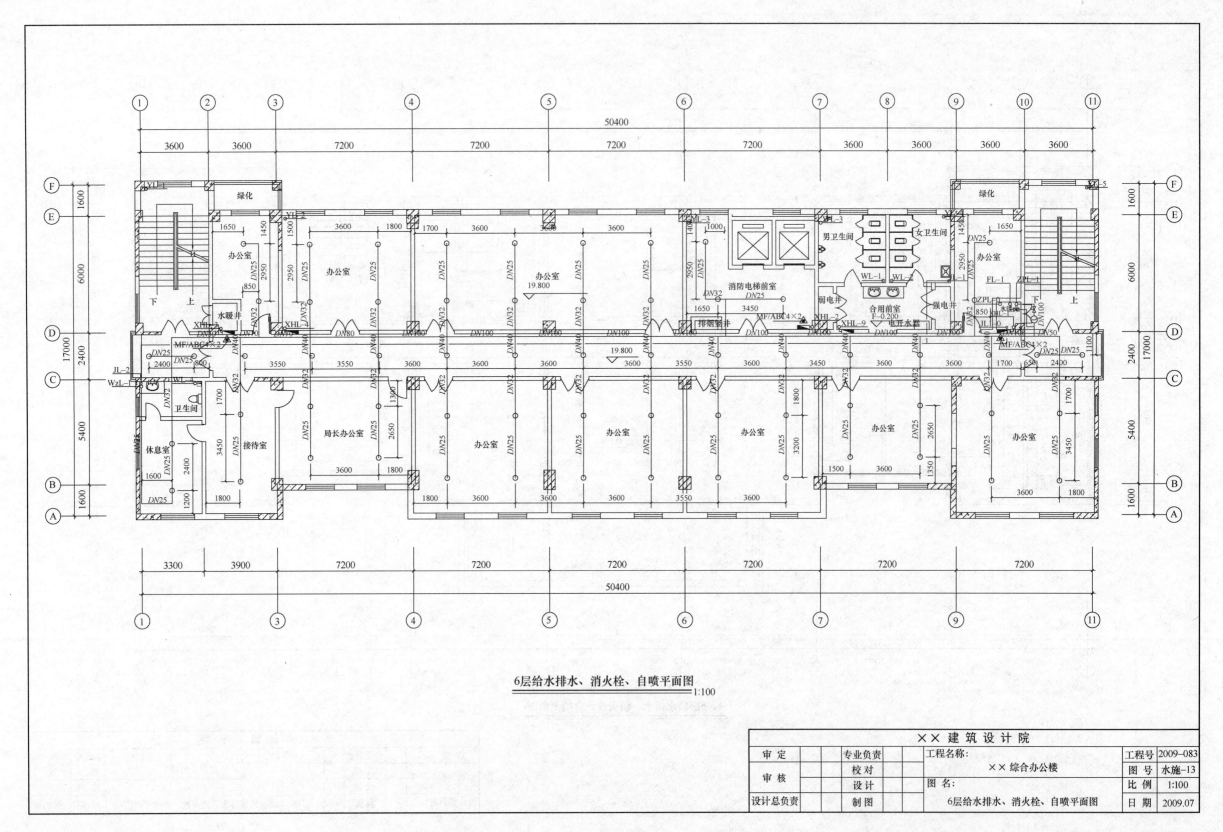

6层给水排水、消火栓、自喷平面图
1:100

×× 建 筑 设 计 院					
审 定		专业负责	工程名称:	工程号	2009-083
审 核		校 对	×× 综合办公楼	图 号	水施-13
		设 计	图 名:	比 例	1:100
设计总负责		制 图	6层给水排水、消火栓、自喷平面图	日 期	2009.07

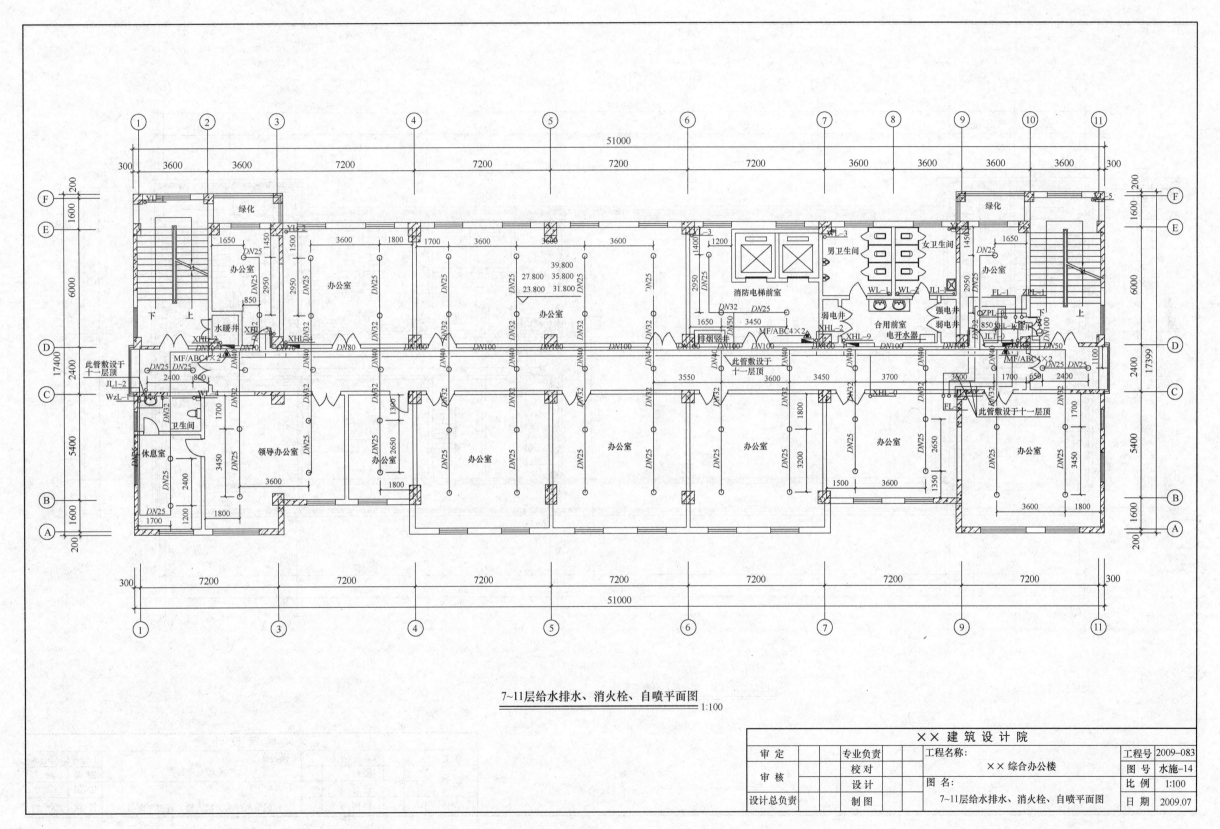

7~11层给水排水、消火栓、自喷平面图 1:100

××建筑设计院

审定		专业负责		工程名称：	工程号	2009-083
审核		校对		××综合办公楼	图号	水施-14
		设计		图名：	比例	1:100
设计总负责		制图		7~11层给水排水、消火栓、自喷平面图	日期	2009.07

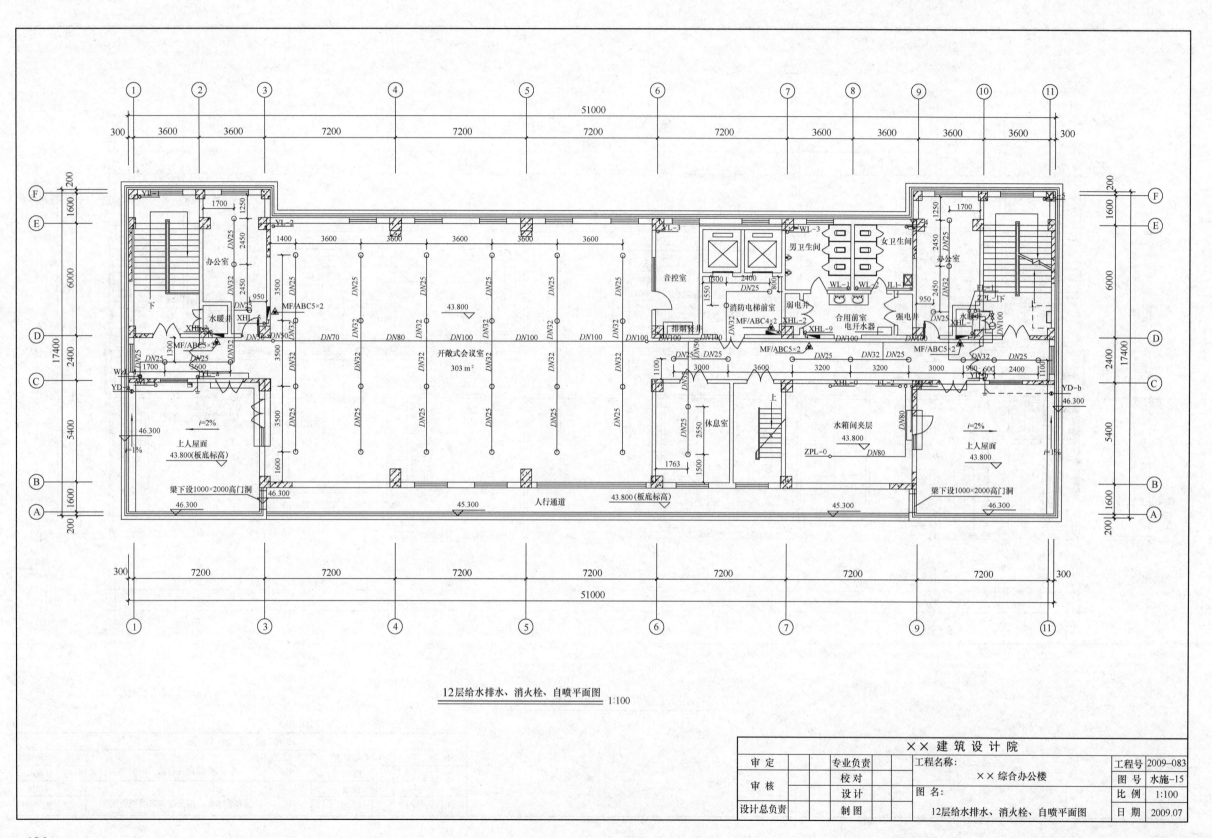

12层给水排水、消火栓、自喷平面图 1:100

×× 建 筑 设 计 院					
审 定		专业负责		工程名称：	工程号 2009-083
审 核		校 对		×× 综合办公楼	图 号 水施-15
		设 计		图 名：	比 例 1:100
设计总负责		制 图		12层给水排水、消火栓、自喷平面图	日 期 2009.07

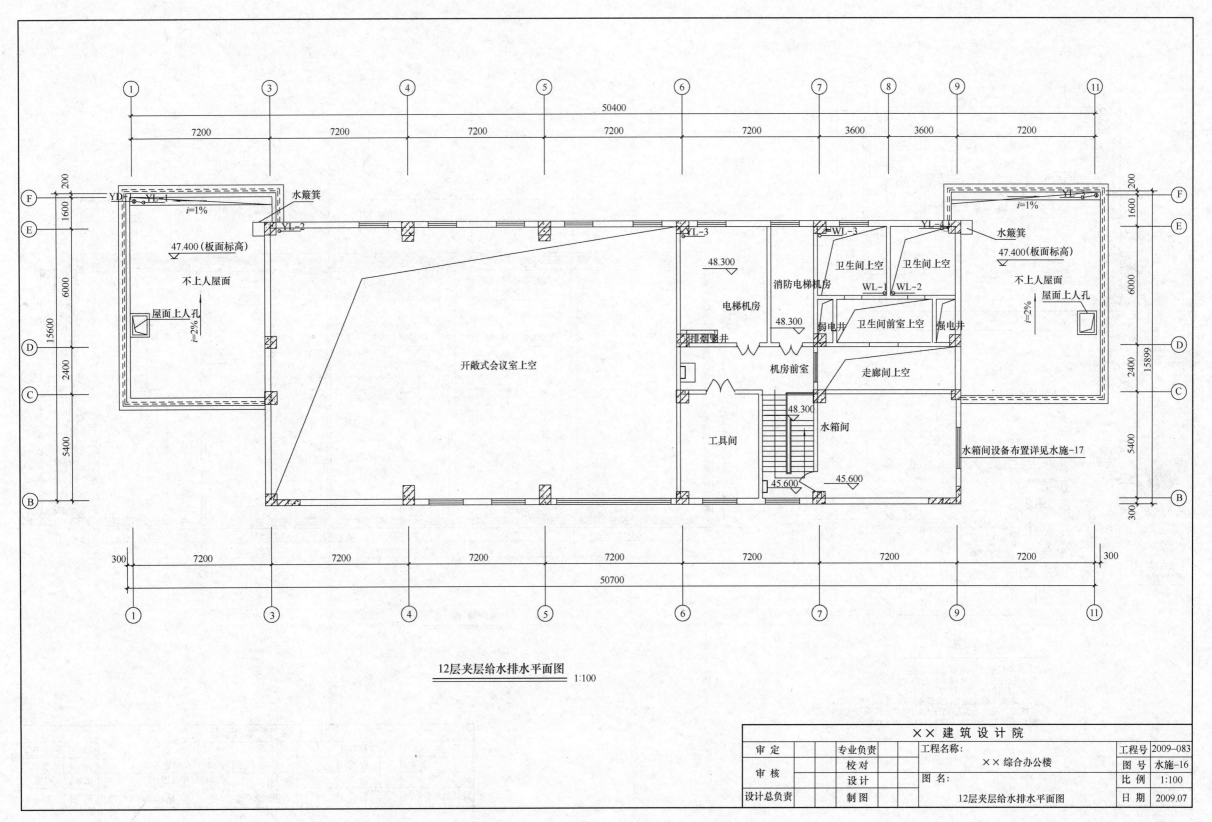

①　　　　　③　　　　　④　　　　　⑤　　　　　⑥　　　　　⑦　　⑧　　　⑨　　　　　⑪

50400

7200　　　7200　　　7200　　　7200　　　7200　　3600　3600　7200

YDL　　YL-1
i=1%
水簸箕
47.400（板面标高）
不上人屋面
屋面上人孔
i=2%
YL-2
开敞式会议室上空
工具间
排烟竖井
电梯机房
48.300
48.300
机房前室
消防电梯机房
水箱间
45.600
45.600
YL-3
48.300
弱电井
WL-3
卫生间上空　卫生间上空
WL-1 WL-2
卫生间前室上空　强电井
走廊间上空
YL-4
水簸箕
47.400（板面标高）
不上人屋面
屋面上人孔
i=2%
YL-3
i=1%
水箱间设备布置详见水施-17

200
1600
6000
2400
5400
15600

200
1600
6000
2400
5400
15899
300

①　　　　　③　　　　　④　　　　　⑤　　　　　⑥　　　　　⑦　　　　　⑨　　　　　⑪

300　　7200　　　7200　　　7200　　　7200　　　7200　　　7200　　　7200　　300

50700

12层夹层给水排水平面图　1:100

×× 建 筑 设 计 院					
审 定		专业负责	工程名称：	工程号	2009-083
		校 对	×× 综合办公楼	图 号	水施-16
审 核		设 计	图 名：	比 例	1:100
设计总负责		制 图	12层夹层给水排水平面图	日 期	2009.07

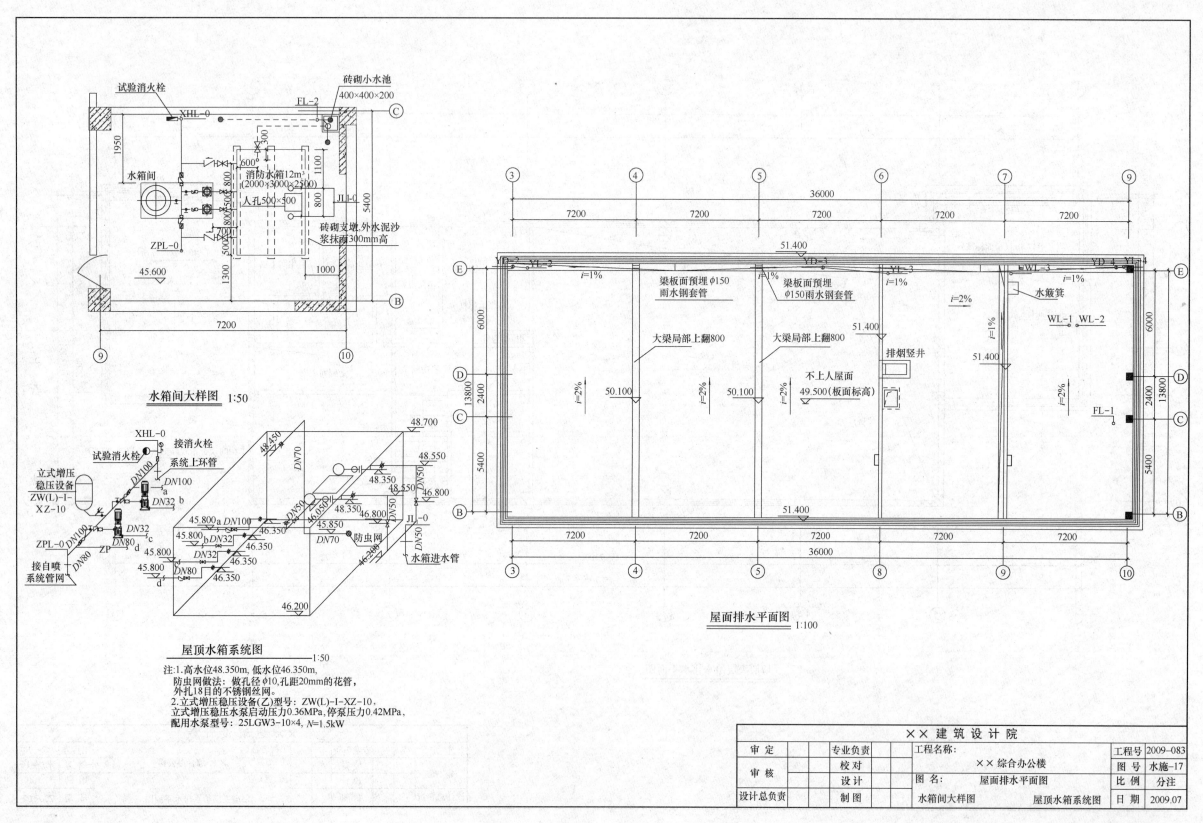

试验消火栓
砖砌小水池
400×400×200
FL-2
XHL-0

水箱间

消防水箱12m³
(2000×3000×2500)
人孔500×500
JL1-0

砖砌支墩,外水泥沙
浆抹面300mm高

ZPL-0

45.600

1950
600
300
1100
800
800
500
300
5400
1300
1000
7200

水箱间大样图 1:50

XHL-0
接消火栓
系统上环管

试验消火栓

立式增压
稳压设备
ZW(L)-Ⅰ-
XZ-10

DN100
DN100
DN32 a b
DN32

ZPL-0 DN100
DN32 c
DN80 d
ZP

接自喷
系统管网 DN80
DN32
DN80
45.800
45.800 b
45.800
45.800

48.700
48.450
48.450
DN70
DN50
DN50
48.350
48.550
48.350
46.800
48.350
46.800
46.050
45.850
JL-0
DN50
45.800 a DN100
46.350
46.350
46.350
46.350
防虫网
DN70
水箱进水管
DN50

46.200

屋顶水箱系统图 1:50

注:1.高水位48.350m, 低水位46.350m,
防虫网做法: 做孔径φ10,孔距20mm的花管,
外扎18目的不锈钢丝网。
2.立式增压稳压设备(乙)型号: ZW(L)-Ⅰ-XZ-10,
立式增压稳压水泵启动压力0.36MPa,停泵压力0.42MPa,
配用水泵型号: 25LGW3-10×4, N=1.5kW

36000
7200 7200 7200 7200 7200

③ ④ ⑤ ⑥ ⑦ ⑨

51.400
YD-2 WL-3 YD-3 YL-3 WL-3 YD-4 YL-4
i=1% i=1% i=1% i=1%
E 梁板面预埋φ150 梁板面预埋 i=2% 水簸箕 E
雨水钢套管 φ150雨水钢套管 i=1%
6000 WL-1 WL-2 6000
大梁局部上翻800 大梁局部上翻800
51.400
D 排烟竖井 D
13800 不上人屋面 51.400 13800
2400 i=2% 49.500(板面标高) 2400
C 50.100 i=2% 50.100 i=2% i=2% i=1% FL-1 C
5400 51.400 5400
B i=2% i=2% i=2% i=2% B

7200 7200 7200 7200 7200
36000
③ ④ ⑤ ⑧ ⑨ ⑩

屋面排水平面图 1:100

	×× 建 筑 设 计 院				
审 定		专业负责	工程名称:		工程号 2009-083
		校 对	×× 综合办公楼		图号 水施-17
审 核		设 计	图 名: 屋面排水平面图		比 例 分注
设计总负责		制 图	水箱间大样图 屋顶水箱系统图		日 期 2009.07

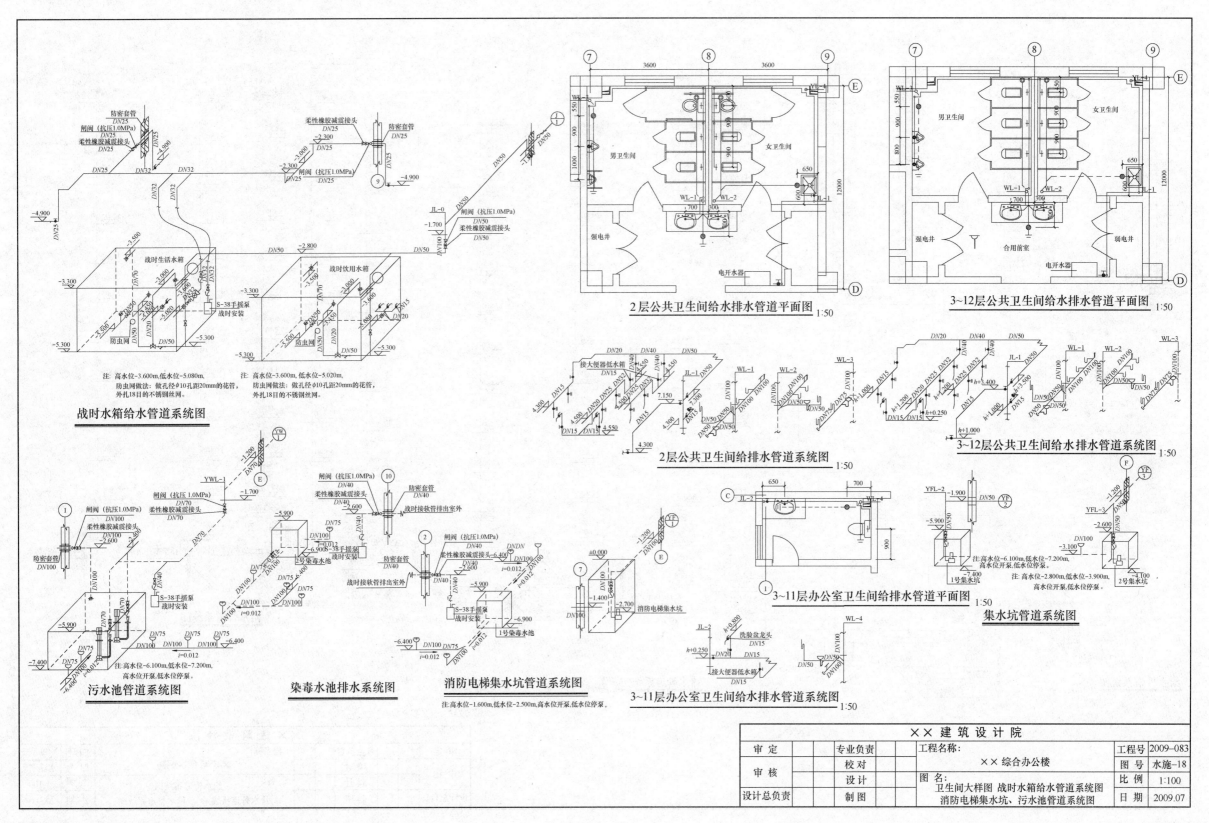

战时水箱给水管道系统图

注: 高水位-3.600m,低水位-5.080m,
防虫网做法: 做孔径φ10孔距20mm的花管,
外扎18目的不锈钢丝网。

注: 高水位-3.600m,低水位-5.020m,
防虫网做法: 做孔径φ10孔距20mm的花管,
外扎18目的不锈钢丝网。

2层公共卫生间给水排水管道平面图 1:50

3~12层公共卫生间给水排水管道平面图 1:50

2层公共卫生间给水排水管道系统图 1:50

3~12层公共卫生间给水排水管道系统图 1:50

污水池管道系统图

注: 高水位-6.100m,低水位-7.200m,
高水位开泵,低水位停泵。

染毒水池排水系统图

消防电梯集水坑管道系统图

注: 高水位-1.600m,低水位-2.500m,高水位开泵,低水位停泵。

3~11层办公室卫生间给水排水管道平面图 1:50

注: 高水位-6.100m,低水位-7.200m,
高水位开泵,低水位停泵。

集水坑管道系统图

3~11层办公室卫生间给水排水管道系统图 1:50

注: 高水位-2.800m,低水位-3.900m,
高水位开泵,低水位停泵。

×× 建筑设计院					
审定		专业负责	工程名称:	工程号	2009-083
		校对	××综合办公楼	图号	水施-18
审核		设计	图名:	比例	1:100
设计总负责		制图	卫生间大样图 战时水箱给水管道系统图 消防电梯集水坑、污水池管道系统图	日期	2009.07

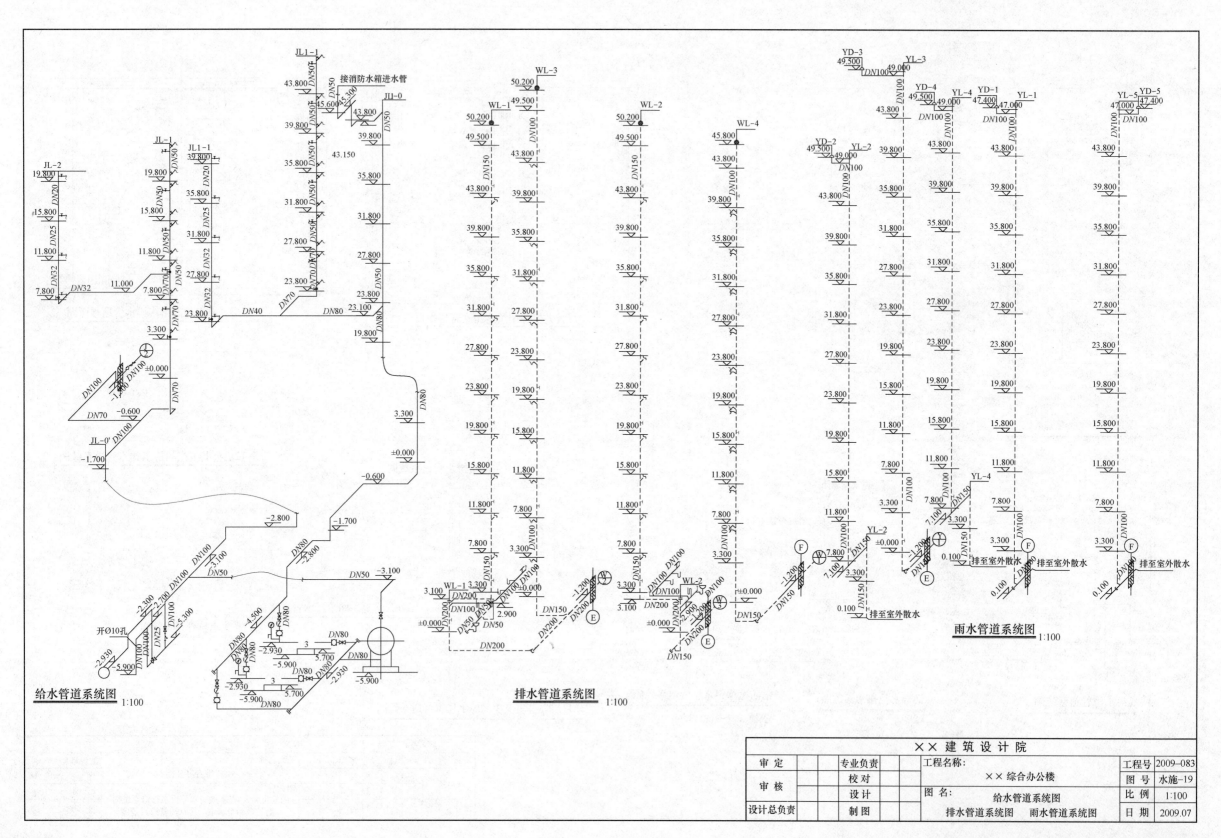

给水管道系统图 1:100

排水管道系统图 1:100

雨水管道系统图 1:100

		XX 建 筑 设 计 院		工程号	2009-083
审 定	专业负责	工程名称: XX 综合办公楼		图 号	水施-19
审 核	校 对	图 名: 给水管道系统图		比 例	1:100
	设 计				
设计总负责	制 图	排水管道系统图 雨水管道系统图		日 期	2009.07

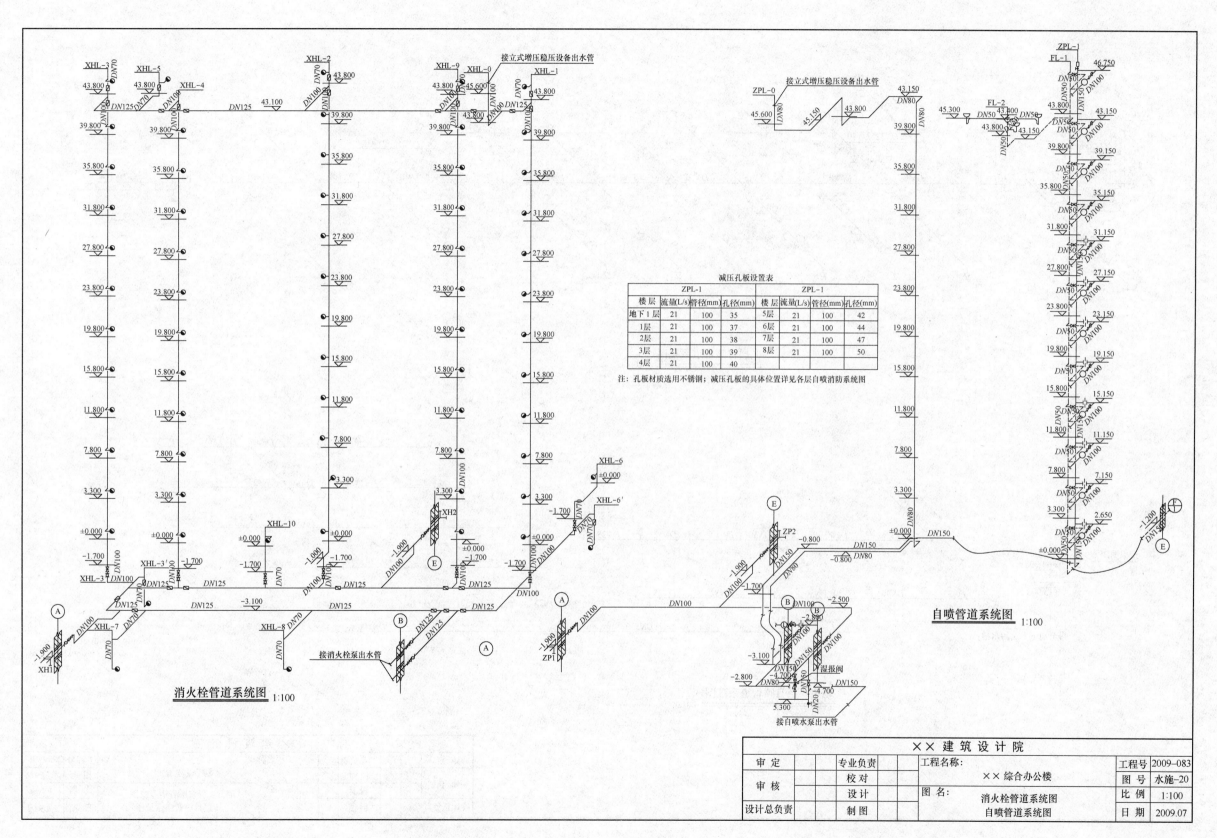

减压孔板设置表

楼层	ZPL-1			楼层	ZPL-1		
	流量(L/s)	管径(mm)	孔径(mm)		流量(L/s)	管径(mm)	孔径(mm)
地下1层	21	100	35	5层	21	100	42
1层	21	100	37	6层	21	100	44
2层	21	100	38	7层	21	100	47
3层	21	100	39	8层	21	100	50
4层	21	100	40				

注: 孔板材质选用不锈钢; 减压孔板的具体位置详见各层自喷消防系统图

消火栓管道系统图 1:100

自喷管道系统图 1:100

×× 建 筑 设 计 院

审 定		专业负责		工程名称:		工程号	2009-083
审 核		校 对		×× 综合办公楼		图 号	水施-20
		设 计		图 名: 消火栓管道系统图		比 例	1:100
设计总负责		制 图		自喷管道系统图		日 期	2009.07

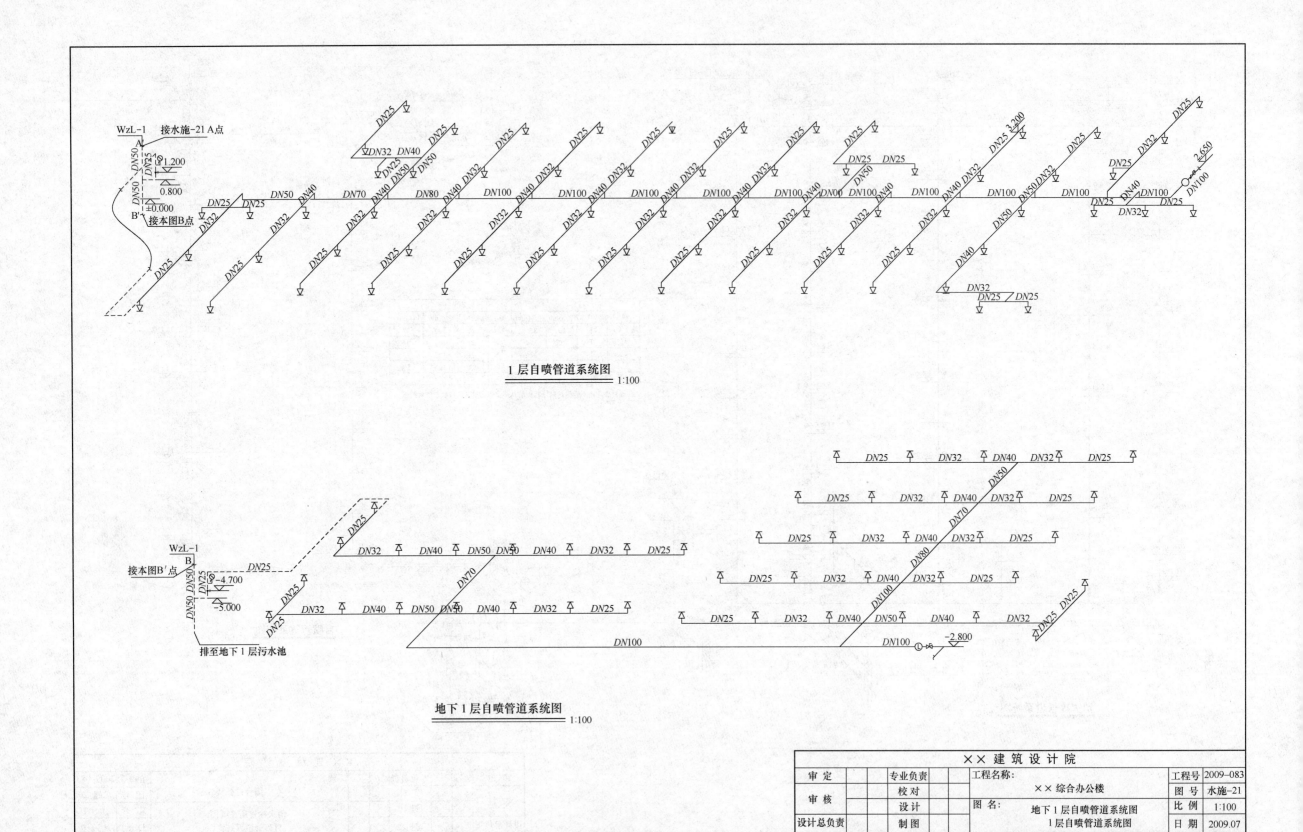

1层自喷管道系统图
1:100

地下1层自喷管道系统图
1:100

×× 建 筑 设 计 院					
审 定		专业负责		工程名称：	工程号 2009-083
审 核		校 对		×× 综合办公楼	图 号 水施-21
		设 计		图 名： 地下1层自喷管道系统图	比 例 1:100
设计总负责		制 图		1层自喷管道系统图	日 期 2009.07

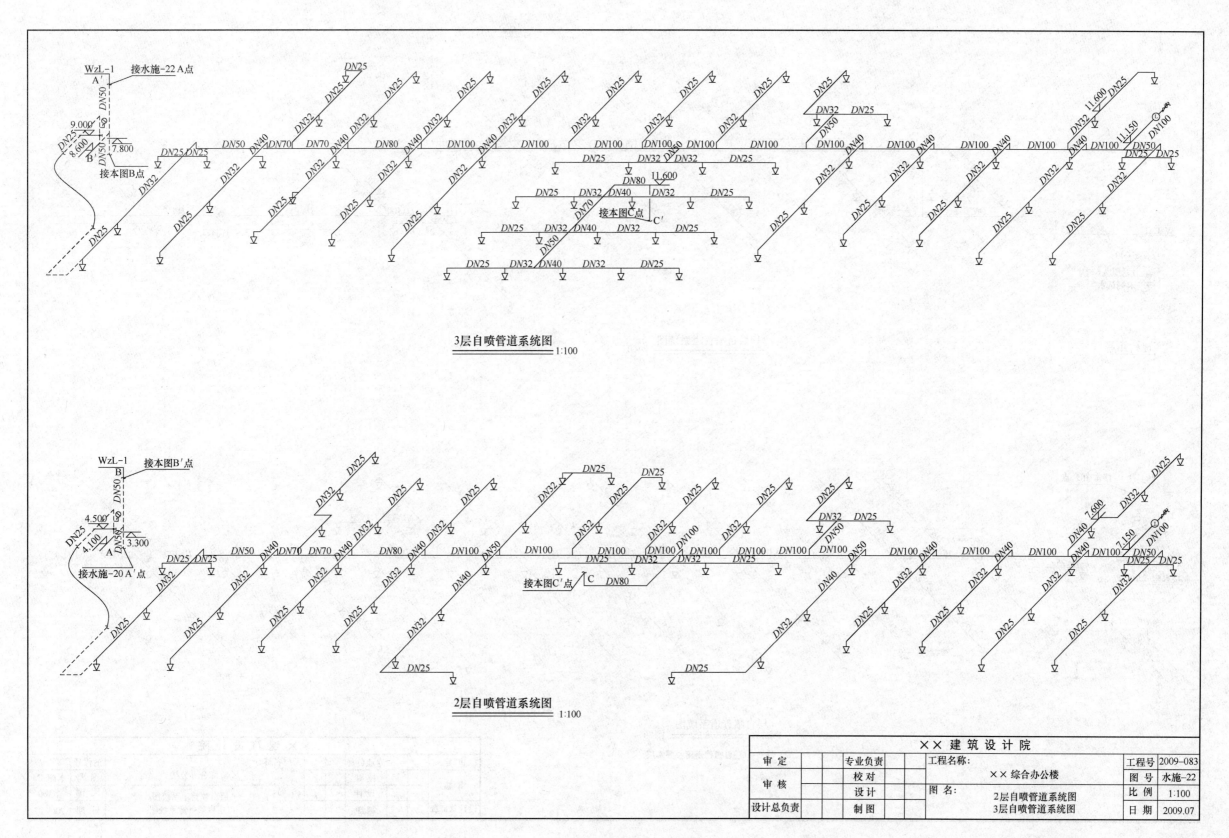

3层自喷管道系统图　1:100

2层自喷管道系统图　1:100

×× 建 筑 设 计 院						
审　定		专业负责		工程名称：		工程号	2009–083
		校　对		××综合办公楼		图　号	水施–22
审　核		设　计		图　名：		比　例	1:100
设计总负责		制　图		2层自喷管道系统图 3层自喷管道系统图		日　期	2009.07

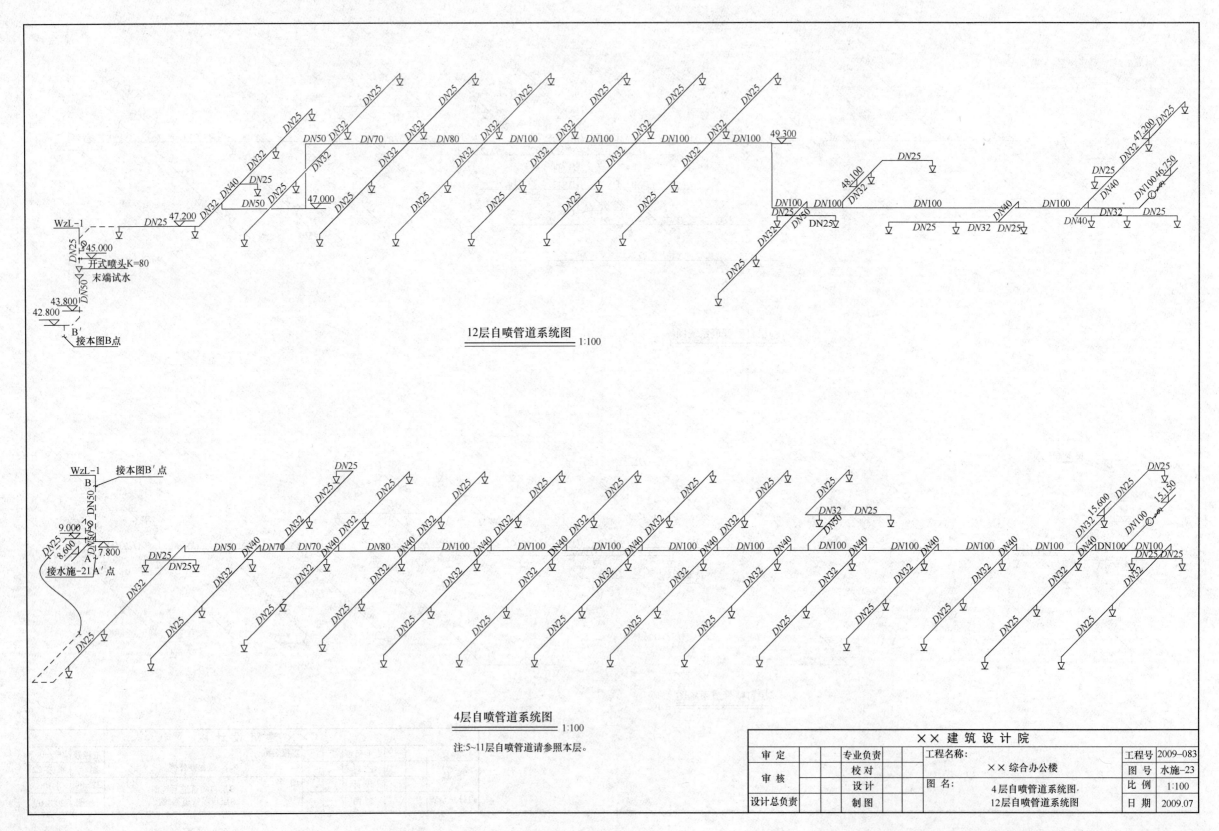

12层自喷管道系统图 1:100

4层自喷管道系统图 1:100

注:5~11层自喷管道请参照本层。

审 定		专业负责		×× 建 筑 设 计 院		工程号	2009-083
		校 对		工程名称:		图号	水施-23
审 核		设 计		×× 综合办公楼			
				图 名:		比 例	1:100
设计总负责		制 图		4层自喷管道系统图、12层自喷管道系统图		日 期	2009.07

参 考 文 献

［1］ GB/T 50106-2010 建筑给水排水制图标准. 北京：中国建筑工业出版社，2010.

［2］ GB/T 50015-2003 建筑给水排水设计规范(2009 年版). 北京：中国计划出版社，2009.

［3］ GB/T 50016-2003 建筑设计防火规范. 北京：中国计划出版社，2006.

［4］ 王付全，许洁. 建筑设备. 北京：化学工业出版社，2004.

［5］ 李亚峰，张吉库. 建筑给水排水工程施工图识读. 北京：化学工业出版社，2012.

［6］ 朴芬淑. 建筑给水排水施工图识读(第 2 版). 北京：机械工作出版社，2013 年.

［7］ 高霞，杨波. 建筑给水排水施工图识读技法. 安徽：安徽科学技术出版社. 2011 年.